高级心理测量学的理论与应用

陈羿君 等/著

苏州大学出版社

图书在版编目(CIP)数据

高级心理测量学的理论与应用/陈羿君等著. —苏州：苏州大学出版社，2016.9
ISBN 978-7-5672-1851-2

Ⅰ.①高… Ⅱ.①陈… Ⅲ.①心理测量学-高等学校-教材 Ⅳ.①B841.7

中国版本图书馆 CIP 数据核字(2016)第 226133 号

书　　名	高级心理测量学的理论与应用
作　　者	陈羿君　等
责任编辑	周建国
装帧设计	吴　钰
出版发行	苏州大学出版社(Soochow University Press)
社　　址	苏州市十梓街1号　邮编：215006
印　　装	苏州市正林印刷有限公司
网　　址	www.sudapress.com
邮购热线	0512-67480030
销售热线	0512-65225020
开　　本	787mm×1092mm　1/16　印张：17　字数：383千
版　　次	2016年9月第1版
印　　次	2016年9月第1次印刷
书　　号	ISBN 978-7-5672-1851-2
定　　价	52.00元

凡购本社图书发现印装错误，请与本社联系调换。服务热线：0512-65225020

序

　　心理与教育测量学作为一门科学诞生在西方，但其思想源头应该说是在中国。主要指依据一定的心理学、教育学理论，使用一定的操作程序，给人的能力、人格及心理健康等心理特性和行为确定出一种数量化的价值。《心理与教育测量学》课程是应用心理学和教育学的专业基础必修课，是以现代教育学、心理学和统计学为基础，运用各种测试方法和手段，配合计算机及相关技术方法，对教育现状、教育效果、学业成绩及能力、人格等方面进行科学测量的教育科学的一门分支学科。《心理与教育测量学》作为一门实践性很强的专业核心课程，在心理和教育领域的基础学科和应用学科之间起着中介作用。一方面，它是心理学和教育学从事基础研究的方法课；另一方面，它又是从事实际应用研究的工具课，是《实验心理学》、《心理研究方法》、《教育研究方法》、《教育测量与评价》、《心理咨询与治疗》等课程学习的先修课程。

　　作为一门高校心理学主干课程，国内外众多学者在心理测量课程教材方面做出了努力。国外心理与教育测量学教材则更加注重培养学生实际运用知识的能力，内容分布也各有侧重，其幽默而丰富的案例教学方法值得我们借鉴。而纵观以往国内心理与教育测量学教材，有几大特点：内容体系上，基础知识、编制程序及实践应用的分布平分秋色并无明显侧重点。内容呈现上，重理论而轻实践。资料性质上，多理论少案例。随着心理测量科学日益发展，心理测量课程之教学水平和教学手段也得到了充分的提升，学生对这门课程的需求从简单了解科学知识逐渐发展为注重应用实践。综上，本书力求对传统的心理与教育测量学教材进行改编，着重体现以下三个特色：

　　1. 内容突出实践性。针对应用心理专业硕士学位强调实践应用能力的特点，本教材采用适合于案例教学的结构模式，通过呈现一个或几个独特而又具有代表性的典型案例及思考题，让学生在案例的阅读、思考、分析、讨论中，建立起一套适合自己的完整而又严密的逻辑思维方法和思考问题的方式，最后进行分析总结，从而在教学中提高学生分析问题、解决问题的能力，进而提高素质，实现从理论到实践的转化。

　　2. 结构具有完整性。本案例教材弥补了以往教材中理论和实践结构不平衡、不完整的缺陷，先导入高级心理测量的基本概念，再通过案例教学给学生呈现生动而有代表性的教学实例让学生学会测量问卷的编制与实施方法，最后加以总结，真正做到了理论知识和实践应用的结合。

3. 内容具有真实启发性。本教材案例通过多方途径收集而来，数据资料实测过程均是真实内容，案例的真实性决定了案例教学的真实性，学生可以根据自己所学的知识，得出自己的结论。此外案例后所设问题不存在绝对正确的答案，目的在于启发学生独立自主地去思考、探索，注重培养学生独立思考能力，启发学生建立一套分析、解决问题的思维方式。

本书各章作者依次为：第一章，陈羿君、马文喆、李捷；第二章，陈羿君、赵钰莹、耿婕、李捷；第三章，陈羿君、欧阳贵美、马媛、李捷、吕京京；第四章，陈羿君、张玲玲、黄毓琦、李捷、胡梦壁；第五章，陈羿君、徐晶磊、赵钰莹、李捷、陈宏；第六章，陈羿君、马文喆、张玲玲、赵伟伟；第七章，陈羿君、欧阳贵美、耿婕、赵伟伟、陈洁琼；第八章，陈羿君、马媛、黄毓琦、赵伟伟、陈翠；第九章，陈羿君、徐晶磊、马文喆、赵伟伟；第十章，陈羿君、张玲玲、赵钰莹、耿婕、赵伟伟；第十一章，陈羿君、欧阳贵美、马文喆、刘培洁；第十二章，陈羿君、马媛、张玲玲、刘培洁；第十三章，陈羿君、欧阳贵美、耿婕、刘培洁；第十四章，陈羿君、马媛、黄毓琦、刘培洁；第十五章，陈羿君、马文喆、徐晶磊、刘培洁；第十六章，陈羿君、徐晶磊、马文喆、张海伦；第十七章，陈羿君、张玲玲、黄毓琦、张海伦、陈洁琼；第十八章，陈羿君、徐晶磊、赵钰莹、郭泽瑶、眭莹；第十九章，陈羿君、欧阳贵美、耿婕、郭泽瑶。

本教材的出版得到了苏州大学教育学院研究生院专业学位硕士案例教材课题及苏州大学研究生高水平新课程课题的资助，特此感谢！

本书适合高等院校心理学、教育学或其他专业的本科生和硕士生阅读，也可供高校教育学、心理学等专业的科研工作者做参考。本书虽然经过多次修改，但难免有疏漏和差错之处，恳请专家、同仁、读者批评指正。

陈羿君
2016 年 7 月 30 日于苏州大学

目 录

第一篇 理 论 篇

第一章 心理测量导论 / 3
　　第一节 心理测量的发展史 / 3
　　第二节 心理测量的概述 / 7
　　第三节 心理测验的概述 / 10
第二章 心理测量指标 / 15
　　第一节 测量误差与测量理论 / 15
　　第二节 信度 / 19
　　第三节 效度 / 22
　　第四节 常模 / 24

第二篇 量表编制篇

第三章 心理测验编制的一般程序及准备 / 29
　　第一节 心理测验编制的一般程序 / 29
　　第二节 心理测验编制的基本方法 / 41
　　第三节 心理测验编制的主题设计 / 42
第四章 心理测验项目的编制与编排 / 45
　　第一节 心理测验项目的编制 / 45
　　第二节 心理测验项目的编排 / 48
第五章 心理测验项目分析与心理测验标准化 / 53
　　第一节 项目分析与合成 / 53
　　第二节 心理测验标准化 / 59
第六章 心理测验的信度分析 / 69
　　第一节 信度系数的估计 / 69
　　第二节 信度的应用 / 75
第七章 心理测验的效度分析 / 79
　　第一节 评估心理测验的效度 / 79
　　第二节 心理测验效度的应用 / 84
第八章 心理测验常模制定 / 89
　　第一节 心理测验常模数据采集 / 89
　　第二节 心理测验常模的应用 / 94

第九章　心理测验手册 / 103
　　第一节　心理测验手册的内容结构 / 103
　　第二节　心理测验手册的编写 / 105

第三篇　应用篇

第十章　心理测验的实施与计分 / 111
　　第一节　测验的实施 / 111
　　第二节　测验的计分 / 113
第十一章　心理测验结果的报告与解释 / 116
　　第一节　心理测验结果报告 / 116
　　第二节　心理测验结果解释 / 118
第十二章　心理测验的选择 / 124
　　第一节　心理测验的来源与评价 / 124
　　第二节　心理测验选择的原则与方法 / 126
第十三章　能力测验（上） / 132
　　第一节　能力概述 / 132
　　第二节　个体智力测验 / 138
　　第三节　团体智力测验 / 152
第十四章　能力测验（下） / 157
　　第一节　多重能力倾向成套测验 / 157
　　第二节　特殊能力测验 / 164
第十五章　学业成就测验 / 173
　　第一节　学业成就测验概述 / 173
　　第二节　经典学业成就测验 / 178
第十六章　人格测验（上） / 187
　　第一节　人格结构概论 / 187
　　第二节　自陈法 / 189
第十七章　人格测验（中） / 201
　　第一节　心理投射技术 / 201
　　第二节　表露法 / 205
　　第三节　选排法与补全法 / 217
　　第四节　联想法与构造法 / 219
第十八章　人格测验（下） / 229
　　第一节　控制观察法 / 229
　　第二节　非介入测量 / 237
第十九章　态度、兴趣和价值观测验 / 243
　　第一节　态度测验 / 243
　　第二节　兴趣测验 / 248
　　第三节　价值观测验 / 251

参考文献 / 255
后记 / 264

第一篇 理论篇

第一章 心理测量导论

【本章提要】
◇ 国内外心理测量的发展史
◇ 心理测量及其理论基础
◇ 心理测验及其理论基础

心理测量学是心理系学生的必修课,是心理学基础研究的方法论,也是心理学与教育学应用研究和解决问题的实用工具。为了学好这门学科,读者既需要了解心理测量的发展过程,也要对基本概念多多掌握。本章以时间为线索介绍中西方心理测量的发展简史,并讨论了心理测量及心理测验的基本概念和基本原理,旨在为以后各章的具体内容提供基本框架。

第一节 心理测量的发展史

一、中国心理测量学的发展

从公元前11世纪西周的"试射"至今,心理测量在中国已有3000多年的历史。《礼记·射义》中记录:"古者,天子以射选诸侯、卿、大夫、士。射者,男子之事也,因而饰之以礼乐也"、"天子之制,诸侯岁献贡士于天子,天子试之于射宫。其容体比于礼,其节比于乐,而中多者,得与于祭;其容体不比于礼、其节不比于乐,而中少者,不得与于祭。"(许嘉璐,1991)除此以外,我国周朝(前1066—前771)学校学习的内容是六艺,即射、御、礼、乐、书、数。周天子选拔人才就是考察候选人的六艺水平,合格者才能做官,否则"不得与于祭"(刘海峰、李冰,2008)。六艺考核的出现表明我国很早就注意到对于人的能力倾向的测量。

《礼记》中还有类似于当代发展心理学的记载,这对现代心理测验内容的编制也有影响。《礼记·本命》中说:"人生而不具者五:目无见,不能食,不能行,不能言,不能化。三月而彻朐,然后能有见;八月生齿,然后食期而生腴,然后能行;三年囟合,然后能言;十有六,情通,然后能化。"(常金仓,2005)

春秋战国时期(771—221)思想家、教育家孔子也曾使用观察法评定学生之间的个别差异,中人、中人以上和中人以下是他所设定的标准,其意义等价于现代心理测量中的次序量表。孔子还说:"中人以上可以语上也,中人以下不可以语上也。"刘兰英等(1989)指出人是有差异的。

战国时期孟子提出:"权然后知轻重,度然后知长短,物皆然,心为甚。"这实际体现了心理测验的一些基本原理(苏世同、钟胜凯、胡卫国,1989)。

三国时期刘劭在《人物志》一书中提出:"观其感变,以审长度。"意思是,观察一个人的行为变化可推测他一般的个性特点(蒋乐兴等,2000)。1937年,美国人将此书译成英文,改名为《人类能力的研究》。

而刘劭在《效难篇》中指出:"众人之察不能尽备……或相其形容,或候其动作,或揆起终始……或循其所言,或稽其行事,……故其得者少,所失者多",所以"必待居止然后识之。"(博文,2002)这里的"居止"是"稳定"的意思,其义在于应该在稳定的状态下加以识别。这就与现代测验不谋而合,在现代测验中,所谓的稳定状态就是指经过控制所得到的标准化条件。

三国时的著名军事家诸葛亮(181—234)特别注重问答法的应用,在言论中把它作为心理鉴定的重要手段。在《心书》中诸葛亮指出知人性的方法有以下七种:问之以是非,而观其志;穷之以辞辩而观其言;咨之以计谋,而观其识;告之以祸难,而观其勇;醉之以酒,而观其性;临之以利,而观其廉;期之以事,而观其信(张耀翔,1983)。

6世纪初,南北朝(420—581)人刘勰在《新论·专学》中提到"使左手画方,右手画圆,令一时俱成","由心不两用,则手不并运也"。有人称之为世界上最早的分心测验。据考量,它比近代西方的分心测验早1300多年出现(竺培梁,2008)。

在6世纪中叶,世界上最早的婴儿发展测验出现在中国民间。"周岁试儿"在我国江南就已成为风俗。古代文豪颜之推在《风探篇》中对此做了详细记录,"江南风俗,儿生一期,为制新衣,盥浴装饰。男则用弓矢纸笔,女则用刀尺针缕,并加饮食之物及珍宝服玩,置之儿前,观其发意所取,以验贪廉、智愚,名之为试儿"(林崇德,2000)。

隋炀帝时期,科举制度得到创立并发展,它在我国通行了1300多年。不过科举测验虽然在我国起步很早,但发展却很慢。在1000多年的科举考试中,它的基本形式没有什么大的革新。在中国文学史上有重要地位的李白、杜甫、陆游等人,他们的科举考试成绩大多不理想。由此可见,科举考试的有效性不是很高。

我国民主革命时期心理测验的引进大事件:

(一)1916年樊炳清首先介绍比奈—西蒙测验。

(二)1923年中华教育改进社主持对92000名小学生进行了测验,为当时语文教学的改革做出了贡献。

(三)1931年成立了中国测验学会。

(四)1932年《测验》杂志创刊。

主要人物:

张耀翔(1893—1964)使用过识字测验。

陆志伟(1894—1970)1924年发表了修订的比奈—西蒙量表。

肖孝嵘(1897—1963)修订过知觉和画人测验等。

艾　伟(1890—1955)编制了汉字测验、小学常识测验等。

丁　瓒(1910—1969)将心理测验用于临床。

二、国外心理测量发展史

近代国外科学测验出现在19世纪,最早是用于诊断心理缺陷,并确定护理的标准。法国医生伊斯奎洛尔(Esquirol)和舍加英(Seguin)是这项标准的早期推动者。伊斯奎洛尔指出心理缺陷有程度上的区别：从正常到白痴(最严重低能)之间是连续变化的(谢小庆,1988)。他试图将这些不同程度划分等级。他认为,一个人语言方面的能力是其智力水平最有效的标志。舍加英建立了第一所专门收容智力落后儿童的学校,并提出可从感觉辨别力和运动控制方面训练落后儿童,实践产生的方法后来被非言语智力测验所采用。

19世纪80年代以后,心理测验的发展以高尔顿、卡特尔和比奈三者为代表。弗朗西斯·高尔顿(Francis Galton)是英国著名的博物学家,19世纪80年代可以说是高尔顿的10年。高尔顿对遗传问题的研究使他逐步意识到了对人的生理和心理特点进行测量的可能性。1884年,高尔顿在国际博览会上设立了一个人体测量实验室,测量人的身高、体重、手击速度、听力、色觉等。参观者只需付三个便士就可以认识到自己的各方面能力水平。

博览会闭幕后,实验室被搬到伦敦的南康圣顿博物馆,存续了6年。高尔顿通过这些方法共测量了9337人,大量有关简单心理过程方面的个别差异资料由此积累下来。高尔顿认为,根据各种基本能力的测量结果可以推估出一个人的智力水平。理由是一个人的感觉越敏锐,他从外界获得的信息量就越大,从而判断和思维越广泛,智力也就越高。并且高尔顿注意到白痴对热、冷、痛的辨别力较低,这一结果更使他坚信：感觉辨别力是心智能力中的最高能力(谢小庆,1988)。

高尔顿对于测验还有一个重要贡献,那就是运用了等级评定量表、问答法以及自由联想法等方法,并用数学方法来处理测量数据。他还使用了一种粗浅计算相关系数的方法,在此基础上,他的学生皮尔逊(Kal Pearson)推出了计算相关系数的积差法。如今,这一方法依旧被数理统计家们广泛地运用着。

19世纪90年代是J. M.卡特尔(Cattell)的10年。波林在谈到卡特尔时这样写道："美国心理学之有今日,自以这个观念明确,不怕斗争的人的劳绩比任何他人要更大一些。"(E. G.波林,1981)而卡特尔提出的明确观念就是"深信个别差异对心理学的重要性"。卡特尔曾师承冯特,他对于个别差异和心理测量的兴趣遭到过冯特的反对,但卡特尔认为老师的反对没有理由,他当时完成了一篇关于反应时的个别差异方面的论文。1890年卡特尔发表《心理测验与测量》一文,这是"心理测验(Mental Test)"一词首次被应用(胡佩诚,2009)。1890年,卡特尔发表了《哥伦比亚大学学生的身体和心理测量》的论文,对大学新生进行了心理鉴定。1891—1917年,卡特尔在哥伦比亚大学任教,并率先创立了哥伦比亚大学的心理学实验室。在自己的实验室内他编制了几十个测验,包括测量肌肉力量、视听敏度、重量辨别力、反应时、记忆力以及类似的一些项目。卡特尔与高尔顿交往甚密,在高尔顿的影响下,卡特尔也认为可以通过测量感觉辨别力和测量反应时来推断智力。

20世纪的前10年则以法国心理学家比奈为代表。很早之前,比奈就开始研究个别差异、智力测量等问题,并发表了《个人心理学中的测量》(1891)、《智力的实验研究》(1903)等论文,还出版了专业著作。他编制了诸如画方形、比较线的长短、记忆数目、词句重组、折纸、回答含有道德判断的问题、了解抽象文章的意义等测验。他还提出,心理测量的根本在于将个人的行为与他人的行为进行比较以归类,这是近代测验理论的基本思想。比奈的研究得到政府的肯定,受法国政府的委托,他开始研究低能儿童的鉴别标准问题。1905年,他与自己的助手西蒙(T. Simon)制定出第一个智力量表。该量表由30个题目组成,题目按照由易到难的顺序排列。主要构成部分是言语方面,且尤其侧重于判断、推理、理解。比奈将这些看成是智力的基本组成部分。较之高尔顿、卡特尔的测验,比奈—西蒙量表明显不同,与其同时代的其他测验相比亦不同。卡特尔等人主要对力量、视力、感觉辨别力等方面的特点进行测量,而比奈的测验则落点于人的较高级的心理活动。1908年、1911年,比奈与西蒙两次对量表进行修订,并开始采用智力年龄的方法计算智力水平。比奈认为,智力发展与年龄发展相关程度很大,因此,80%~90%的同龄人通过的测验题目就可以作为达到这一年龄的儿童的标准智力水平,这一水平即为智龄。这样,比奈就将常模概念引入了测验领域。1916年,斯坦福大学的推孟(Terman)根据美国儿童的施测结果对比奈-西蒙量表进行了修订,《斯坦福—比奈儿童智力量表》由此产生,在这一修订本中推孟第一次采用了智商(IQ)计分。

20世纪的第二个10年是测验大发展的时期。第一次世界大战期间,团体智力测验被用来对入伍新兵进行鉴定,测验决定新兵能否入伍、担任何种职务等,而主要应用的测验是军用α和军用β测验,其是在推孟的学生奥蒂斯(A. S. Otis)所编制的团体测验的基础上发展起来的。第一次世界大战期间,这些测验被施测于150万(亦说200万)官兵。由此,测验从个别施测发展为团体施测,并诞生了选择题和是非题的测验形式。

20世纪30年代出现因素分析,也是测验理论趋于成熟的阶段。1904年英国心理学家斯皮尔曼(C. Spearman)提出了因素分析的思想。他指出,人的智力是由两大部分组成的,可以划分为一般智力和特殊智力。所以,每个人的智力都是由一般因素和特殊因素构成的。在此之后,汤姆生(G. H. Thomson)、加尼特(J. C. M. Garnett)、伯特(C. L. Burt)等人对因素分析的发展做出了贡献。30年代,瑟斯顿(L. L. Thurstone)从数学的角度将因素分析方法升华。很快,这种方法被广泛地应用于编制心理测验。不过因素分析计算繁复,这使得它的推广受到很大局限。一直到20世纪60年代以后,伴随着计算机的发展,它才被广泛应用于地质、气象、生物、医学、经济、社会学等广泛的领域(谢小庆,1992)。

从20世纪40年代到现在,测验的发展平稳。并主要体现在以下几个方面:其一,由最初的单一的智力测量发展为对各种特殊能力的测量。因子分析理论的发展使得人们开始测量如音乐、美术、机械等各种特殊才能,这意味着对于智力的测量也开始转向多元化,它开始注重于探讨智力结构的各个方面。与此同时,智力测验的结果不再是仅仅给出一个笼统的智商数值,更用以说明一个人智力上的所长和所短,并给出反映这种特点的一组分测验分数或者是一个"轮廓图"。其二,智力测验以离差智商取代了比例智商。离差智商是以一个儿童在同年龄组中所处位置来表示他的智力,而比例智商以被测儿童与其他年龄儿童比较之后的结果来表示他的智力。其三,心理测验开始对教育产生影响,其基本原理被应用于学校中的考试。在教育中,出现了一大批根据测验原理编制的知识测验,最早的代表是凯利(T. L. Kelley)、鲁西(G. M. Ruch)和推孟(L. M. Terman)等人编制的《斯坦福成就测验》(1923年)。这之后,大批地区性、全国性以至国际的分学科成就测验不断出现,成为许多学校、机关选拔人才的参考依据。其四,测验不再局限于智力测验,开始扩大到人格方面。涉及人的情感、动机、人际关系、兴趣、爱好、性格、品德等许多方面。在对人格进行测量的过程中,投射性测验发展起来,如罗夏克墨迹测验(Rorschach Inkblots Test)。所谓投射性测验是指那种测验题目比较模糊,被试可以自由发挥的测验。在这种测量中可以克服受测者的防御心理、揭示出受测者的一些真实的心理特点。其五,测验种类多元化,一些操作性测验开始出现,可以应用于文盲或有言语障碍的人(Bryson, Roberts, 2003)。

第二节 心理测量的概述

一、心理测量的定义

测量就是依据一定的法则使用量具对事物的特征进行定量描述的过程。心理测量(psychometrics)是指依据一定的心理学理论,使用一定的操作程序,给人的能力、人格及心理健康等心理特性或行为确定出一种数量化的价值(郑日昌,1987)。心理测量是指通过标准、科学、客观的测量手段对人的特定素质进行测量、分析、评价。这里所谓的素质,是指那些完成特定工作或活动所需要的或与之相关的感知、能力、气质、兴趣、动机等个人特征,是以一定的质量和速度完成工作或活动的必要基础。广义的心理测量不仅包括以心理测验为工具的测量,也包括使用观察法、访谈法、问卷法、实验法、心理物理法等方法进行的测量。

二、心理测量的基本要素

测量必须具备两个基本要素:测量的参照点和测量的单位。

（一）测量的参照点

测量的参照点指的是在测量工作中的变量必须有一个原始的起点,这个起点就称为测量的参照点。参照点有两种:一种是绝对参照点,即以绝对的零点作为测量变量的起点。比如测量重量时的参照点就是0。另一种是相对参照点,许多情况下,当没有绝对的零点时,就以人为确定的零点为测量的起点,即相对零点。如地势高度的测量,就是以海平面为测量的起点。假定海平面的高度为0,然后再去确定陆地高出海平面多少米。在心理测量中,最理想的参照点是绝对参照点。

（二）测量的单位

测量单位不尽相同。理想的测量单位须满足两个条件:第一,意义明确。所有人对同一单位的理解是相同的。第二,价值相等。相邻两个单位之间的距离是相等的。如,20厘米与10厘米之差等于50厘米与40厘米之差。但在实际教育与心理测量中的单位往往很难精确达到第二个要求。

三、心理测量的分类

依据测验的功能不同,心理测量可分为智力测验、能力测验和人格测验。而依据测验的方式不同,心理测验则分为个别测验和团体测验。

（一）智力测验

用于测量个体通过学习后对知识和技能的掌握程度。例如学校的学科测验、某种标准化的资格认证考试。

（二）能力测验

心理测量学中,能力可分为实际能力与潜在能力。实际能力是通过学习后个人持有的知识、经验与技能。潜在能力是当个人拥有学习机会时,其行为有可能达到的水平。能力测验又可分为普通能力测验和特殊能力测验。普通能力测验就是通常所说的智力测验。例如瑞文推理测验、斯坦福—比奈量表等。而特殊能力测验是测量在某个特殊领域的能力,如机械能力测验、音乐能力测验等。

（三）人格测验

人格测验是测量性格、气质、兴趣、态度、动机等方面的个性心理特征。例如埃森克人格问卷、MMPI、16PF、罗夏克墨迹测验等。人格测验又可以分为自陈量表、评定量表和投射测验。

四、心理测量的量表

因为有不同的参照点和单位,所以应运而生了不同的量表。斯蒂文斯将精度测量分为四个水平,由低到高分别为:命名量表、顺序量表、等距量表和等比量表。

（一）命名量表

用数字来对事物进行分类。数字在该量表中本身无意义,不做量化分析,无参照点(没有绝对零点)和单位,无法比较大小或进行运算,只用来表明类别。

（二）顺序量表

主要用于分类和分等论级,表明类别和大小,数字仅表示等级,并不表示某种属性的真实值,无参照点和单位,无法用数学方法进行运算。

（三）等距量表

等距量表既有大小关系,还有相等的单位。其数值可以做加减运算,但不可以做乘除运算,因为没有绝对的零点。适用的统计量有平均数、标准差、积差相关以及 T 检验和 F 检验。

（四）比例量表

量表中的最高水平，既有相等的单位又有绝对的零点，其数值可做四则运算。在物理测量中容易见到，如重量等。除此以外，它还可以计算几何平均数及变异系数等。

五、心理测量的特点

（一）心理测量的间接性

因为无法直接测量人的心理，只能通过对人们的外显行为的测量来间接推断。即我们只能通过人们对测验的反映来推断其心理特质。特质是描述一组内部相关或内在联系的行为时所使用的术语，是在遗传与环境影响下，个人对刺激做出反应的一种内在倾向（叶奕乾，1991）。它是个体所持有的独立且稳定的特征。然而特质是抽象的，不易被测量到。人的心理活动与行为存在因果关系，由"果"推"因"是科学研究的基本方法之一。我们可以利用人的行为来推断其心理特点。

（二）心理测量的客观性

客观性即测量标准化。量具的标准化是对一切测量的共同要求（Kaplan，2005）。测量的标准化是指测验的编制、实施、计分、解释等程序的一致性。测验的编制要遵照严格的程序；测验结构的确定、项目的选择都要以一定依据为基础，并要做好预测。只有当项目的难度、区分度以及测验的信度、效度达到一定标准时才能使用；在测验实施过程中条件要相同，如测试时间、测试的亮度和温度等一切可能影响被试的环境要一致；测试器材规范，如字迹要清晰，大小适中；测试的说明和主试的指导语要统一，主试不能给出任何暗示，一方面不能协助被试，另一方面不能给被试造成紧张；测试程序和时间限制较严谨；测验的分数统计标准；测验的解释一般要依据常模或统一制定的标准。

（三）心理测量的相对性

人的行为没有可参考的标准，即无绝对的零点，只是一个连续的行为序列。所有的心理测量得到每个人在序列上所处位置，因此，该位置具有相对性。比如，个人智力高低的确定是与其所在集体中人们的行为，或某种人为确定的标准相比较而言。同时其参考标准也不是固定不变的。

心理测验与心理测量是区别和联系的两个概念。心理测量是将心理测验作为工具去了解人类心理的实践活动，主要表达了"动词"的意义；而心理测验则是了解人心理的工具，多是"名词"意义。

六、心理测量的作用

第一，通过发现个体间的差异，并由此对个体将来活动中可能出现的差别进行预测，或推测个体未来在某个领域成功的可能性。

第二，测量可以从个体的智力、创造力、能力倾向、人格、心理健康等各方面对个体进行全面描述，解释个体的心理特性和行为。同时对同一个人的不同心理特征进行差异比较,由此认识到相对优势和不足,总结其原因,为决策提供参照。

第三,可以评价不同的人格特点、个体能力以及相对的优势或劣势,从而对儿童的发展阶段进行评价等。心理测量的结果是客观、全面、科学、量化地选拔人才的重要参考。因为它可以预测个体对于某种活动的适宜性,从而提高人才选拔的效率与准确性。心理测量可以反映个体的能力、人格和心理健康等心理特征,从而有助于因材施教或人尽其才。如学校可以根据学生的能力水平分班分组,企业可以将职员安置到与其能力、性格匹配的部门等。

第四,心理测量也可以为升学或就业咨询等提供参考意见,帮助学生根据自己的人格特点和能力倾向寻找到与专业或职业的最优契合,做出最佳选择。心理测量本身可以为心理咨询或治疗提供参考,帮助人们发现心理问题、障碍或疾病的表现及其原因,进而有针对性地给予心理辅导、咨询或治疗。

第三节 心理测验的概述

一、心理测验的定义

心理测验(mental test)是根据一定的法则和心理学原理,使用一定的操作程序量化人的认知、行为、情感的心理活动(郑日昌,2011)。

心理测验包括两层含义:一是指测量心理变量或心理特质的工具。比如:人格测验、能力测验、智力测验等测验工具。二是对心理变量如智力、记忆、才能等的测量。人的心理特性不能直接观察,而且还存在明显的个别差异,但心理特性总会以一定的行为方式表现出来。心理测验就是通过设置的情境让人们产生某些行为,也就是个体对测验题目的反应,并根据个体的不同反应来预测其相应的心理特性。从这层意义上讲,心理测验指的是一种具体的测量心理特质的方法和活动。为了区别上述这两层含义,前者可以称为心理测验(psychological test),后者可以称为心理测查(psychological test)。心理测查是指在标准情况下取出个性心理特征如记忆、智力等样本进行分析和描述。标准情况是指取样方法合适,受测者心理状态稳定。心理变量的样本不是该个体样本的全部,所以样本要有充分的代表性。分析和描述是指将所测心理变量数量化,并分出等级、类别或范畴,以便解释。

心理测验是心理测量的工具,心理测验一般测量代表性显著的问题。心理测验类似于问卷,两者的不同之处是,心理测验要求被试以最好的发挥完成测验,而问卷则只要求被试以平常心态发挥就行。一个正规的心理测验必须具备信度和效度。被试在测验中被测量的问题应该相同,并且对各被试的答案应该一视同仁。

二、心理测验的功能

心理测验的基本功能是测量个体在不同的情境下的反应或个体间的差异。在实际工作和理论研究中被广泛应用。同时,也在实际工作中对诊断、预测、评价、选拔、安置人才等都有重要作用,在理论研究中有搜集资料、建立和检验假说、实验分组等应用。

三、心理测验的种类

(一) 按测验的方式分类

1. 个别测验

通常是对一位被试进行、有一位主试配合的情形。个别测验的优点在于由于只有一位被试,所以主试可以更多更具体地观察被试的行为反应,特别是在一些不能使用文字的特殊人群(如幼儿及文盲),需要由主试记录其反应时,就必须采用面对面的个别测验。个别测验的缺点是资料收集受限,并且手续复杂,主试需要具备较高水平的训练与素养,一般人不易掌握。

2. 团体测验

由一位主试(必要时可配几名助手)对多数人在同一时间内施测。团体测验的优点主要在于可以短时间内收集到大量资料,因此在教育工作中被广泛采用。团体测验的缺点是由于同时施测人数较多,所以被试的行为不易控制,测量误差较大。

(二) 按测验的功能分类

1. 能力测验

从心理测验的角度,能力被分为实际能力和潜在能力。实际能力是指个人当前已掌握的能力,个人已有的知识水平、经验与技能等,是正式与非正式学习或训练的结果。潜在能力是指在具有一定的学习机会时,个人将来可能达到的能力,某种技能可能达到的水平。也有人把对潜在能力的测验称为能力倾向测验(亦称性向测验)。实际上实际能力与潜在能力往往很难分清。从另一角度看,能力也可分为普通能力和特殊能力。前者即通常说的智力测验,后者多用于测量个人在机械、音乐、体育、飞行等方面的特殊才能。

2. 人格测验

主要用于测量个性心理特征,如兴趣、态度、性格、气质、情绪、动机等方面。亦指个体心理特征中除能力以外的部分。现有兴趣测验、态度测验、性格测验、气质测验、情绪测验等。

3. 成就测验

经过某种正式教育或训练之后对个人或团体的知识和技能掌握程度的测量(马惠霞、龚耀先,2003)。由于主要用来测量学习成就,所以称作成就测验。最常见的成就测验是学校中的考试,用来测验学生某学科的知识与技能。

(三) 按测验的材料分类

1. 文字测验

采用文字作为材料,被试也用文字作答,又称纸笔测验。优点是方便实施,受到大多团体测验的青睐。缺点是容易受被试的文化背景影响,在对不同教育背景下的人使用时,其效度会降低,甚至对某些人不能使用。

2. 非文字测验

也称操作测验。测验题目大多是对图形、实物、工具、模型的辨认和操作，被试向主试提供答案是通过指认、手工操作，无须使用文字。优点是不受或少受文化因素的影响，可用于幼儿或受教育程度低的成人。缺点是不宜团体施测，时间要求高。

（四）按测验的目的分类

1. 描述性测验

目的在于对个人或团体的能力、兴趣、性格、知识水平等进行描述与说明。主要是为了对被测者的心理特质或某一阶段的心理问题进行具体说明。

2. 诊断性测验

目的在于对个人或团体的行为问题进行诊断，大多用在教育、咨询和临床治疗中。

3. 预测性测验

目的在于通过测验分数来预示一个人将来的成就或某一心理状况所能达到的水平。人才选拔多采取预测性测验。

（五）按测验的难度和时限分类

1. 难度测验

难度测验的功能在于测量个人在某领域能够达到的最高水平，题目难度不等，排序由易到难，会有极难的题目的设置，几乎所有被试都无法回答。作答时间充足，受测试者可在规定时间内做完会做的题目，因此测量的是被试解答难题的最高能力。

2. 速度测验

速度测验强调的是答题的速度。主要是对被试的反应快慢程度进行测量，题目多且严格限制时间。题目难度不会超出被试的能力水平，较容易，但因时限短，被试几乎都不能答完所有题目。分数高低完全取决于被试的反应速度，以完成题目的数量作为成绩指标。

一般来说，纯难度测验和纯速度测验较为少见，多数测验同时涉及难度和速度两个方面的考查因素。

（六）按测验的标准化程度分类

1. 标准化测验

标准化测验是指从编制测验标准到测验实施都严格遵循测量标准并严格控制与测验目的无关因素影响的测验（张厚粲、龚耀先，2009）。这种测验需要建立常模或解释分数的标准，对所有被试实施有代表性的相同的或等值的测题，在实施测验的程序方面有详细的规定（如指导语要一致），有时间限制，以保证每一个被试都有相同的测验条件，同时有相同的计分方法。衡量标准化测验质量的指标是它的信度和效度。

2. 非标准化测验

非标准化测验是指不符合标准化程序的测验。典型代表有学校中老师所使用的自定义课堂测验(郑日昌、吴九君,2011)。

(七)按测验的要求分类

1. 典型作为测验

典型作为测验没有正确答案,要求被试按通常的习惯方式做出反应。一般情况下,典型作为测验分为人格测验和态度测验两种。

2. 最高作为测验

最高作为测验有正确答案,要求被试尽可能做出最好的回答,被试的答案主要与其认知过程有关。最高作为测验分为能力测验和学绩测验等。

(八)按测验结果的评价标准分类

1. 标准参照测验

标准参照测验对测验结果进行评价时以特定的操作或行为标准为依据,对个体的行为进行判断。

标准参照测验是将被试的分数与某种标准进行比较来解释(郑日昌,1987)。标准是指在编制测验和解释测验时所依据的知识与技能领域。这种测验大多用来检验学习的效果,对指定的内容范围的掌握情况或是达到某一标准。各种资格考试就属于这类测验。

2. 常模参照测验

常模参照测验是以常模作为评价标准的测验(郑日昌,1987)。测验分数要参照常模,它关心的不是一个人的能力的绝对水平,而是其在所属群体中的表现,能力或只是连续体上的相对位置。

常模参照测验是将一个人与其他人的分数进行比较,看其在某团体中所处的位置,也就是把受测者的成绩与具有同种特征的人所组成的有关团体做比较,根据一个人在团体内所处的相对位置来报告其成绩。典型的常模参照测验是智力测验。

(九)按测验的应用领域分类

1. 教育测验

教育测验应用最广的领域是教育部门,学校用得最多的是学绩测验,此外还有能力测验和人格测验。

教师通过教育测验了解到学生的能力水平、性格特点、学习动机等多种资料,有利于教师因材施教。心理测验使教师发现学生的心理问题,以便及时进行心理辅导和干预。

教育评价的重要工具是心理测验。现代教育强调学生的素质的全面发展,学生的智能、个性、品德的发展可以通过心理测验测得,从而为素质教育提供测评的手段。

2. 职业测验

人才问题是各行各业的人事部门经常面临的问题,即要选拔出那些具有极大成功可能性的人。这就需要根据对各个职位的分析,获取各个职位所要求的心理特征,并根据这些特征设计出各种人格测验、成就测验和能力测验,以提高人才选拔和职业训练的有效性。例如,特种工的选拔培训和一些高级技术人员及高级管理人员的选拔等都要用到心理测验以提高选拔的准确性,提高培训的效率,避免造成时间和精力方面的浪费。

通过心理测验,我们还可以将人员分配到与其相适应的工作岗位上去,从而做到人尽其才,提高工作效率。

3. 临床测验

临床测验主要用于医务部门,利用多种人格和能力测验来检查智力障碍或精神疾病,为临床诊断和心理咨询与治疗工作打下基础。

临床工作往往借助于一些专门的心理测验对器质性精神疾病进行鉴别。在临床科研中,借助于心理测验掌握病情程度,疗效比较显著。根据测量的结果量化障碍程度,代替笼统的描述。

其实分类都是相对的,依据不同标准,同一个测验可以归入不同的类别。

本章小结

测量就是根据一定的法则用数字对事物加以确定。"一定的法则"是指在测量时所采用的规则或方法。"事物"是指我们所感兴趣的对象,即引起我们兴趣的事物的属性或特征,测量就是确定这些属性或特征的差异。

测量包括两个要素,即参照点和单位。

通俗地说,心理测验就是通过观察人的少数有代表性的行为,对于贯穿在人的全部行为活动中的心理特点做出推论和数量化分析的一种科学手段。

心理测验的基本功能是测量个体在不同的情境下的反应或个体间的差异。测验在实际工作和理论研究中有着广泛的应用。在实际工作中,可以用于选拔人才、人员安置、诊断、预测、评价、咨询等;在理论研究中则可以用于搜集资料、建立和检验假说以及实验分组等。

思考与练习

1. 什么是测量?什么是测验?心理测量与心理测验的区别是什么?
2. 心理测量有哪些性质?如何理解心理测量的性质?
3. 心理测验有哪些功能?

第二章　心理测量指标

【本章提要】

◇ 测验误差与测量理论
◇ 信度的基本概念、种类及影响因素
◇ 效度的基本概念、种类及影响因素
◇ 常模的基本原理

测量是任何一门学科都需要用到的，而误差与测量的目的和过程都有一定的关系。而效度、信度等心理测量所看重的因素本质就是对误差大小的权衡。为了有效地识别和控制误差，必须具有深刻的功底去理解和掌握误差，这样才能在心理测量中游刃有余。而心理测量的结果必须经过"复测"检验，要有效测量的心理特质并进行合理的解释。因此，这一章将针对误差的来源、误差的分类及其控制方式，信度和效度的定义、影响因素及作用和常模的定义进行介绍。

第一节　测量误差与测量理论

在你曾经历过的测验中，你认为你的知识能力能得到展现吗？你认为你收获了应该得到的分数吗？某一次测验分数的高低是否能影响到你对自己的期望值呢？如果得到的分数大多不能反映你的真实能力水平，那么你就应该想到"误差"这个词了。下面我们就来学习测量中误差的相关知识。

一、什么是误差

误差是实验科学术语，它指测量结果偏离真值的程度。测量任何一个物理量，即使用最完善的方法与技术都不可能得出一个绝对准确的数值，测得数值和真实值存在差异，这种差异被称为误差。比如，由于大自然中存在热胀冷缩的现象，所以一些材料制成的度量工具极易出现误差，这样一来人们害怕误差导致测量结果不准确，就不会用这些材料制成的工具来进行度量。

二、误差的种类

根据误差来源的不同可以将误差分为系统误差(又称偏性)和随机误差(又称机会误差)。

系统误差是指由于与测量目的无关的因素引起的恒定的有规律的误差(胡桂枝,2006)。每一次测量误差都具有一致性,因此测量结果与真实结果有一定距离。例如,一位在每次比赛中都表现得很出色的射击手,由于他的枪准心有些毛病,以致他的射击成绩会有稳定的偏差。又如,在英语测验中,有一道7分题的答案出错了,则所有答对这道题的学生的成绩都普遍下降了7分。这些例子都是系统误差的体现。

随机误差是指由于与测量目的无关的偶然因素引起的变化的无规律的误差(李运甓,1978)。例如,教师对每位学生成绩的评定标准宽严不一致,则学生的成绩将会有较大的波动。再如,手枪射击的新手较难控制手臂的轻微抖动,产生多次射击成绩很不一致的结果,这样造成的误差就为随机误差。

由此得知,系统误差只影响准确性而不影响稳定性,而随机误差既影响准确性又影响稳定性。

三、误差的来源

为了使得测量结果准确可信,同时减少误差,我们需要了解误差的来源。导致误差产生的因素来源广泛,与物理测量一样,心理测量的误差来源主要有三个,即测量对象、测量工具和施测过程。

(一)测量对象

通常受测者的心理特质是相对稳定的,但由于测试的内容和形式在接受测试时引起的生理与心理的变化,受测者在心理测量过程中便会产生误差。例如,焦虑情绪会对被试的反应水平产生影响,从而影响其成绩。另一个不可忽视的因素是测量经验,不同受测者对技能熟悉程度不一样,且测验程序的要求也不一样,所以不能直接比较受测者的所得分数。由一般发展变化引起的测验分数上的差异在多数情况下只构成恒定误差,但是有个别人获得了特殊训练和教育后就会减少误差。另外,任何一个测试在反复使用时,因为受试者对测试的内容与程序已经非常熟悉,就会形成联系效应从而使得测试成绩得到提高。同时,个体的反应倾向也会影响测验成绩,比如选择题中对某个位置的选项偏好的倾向、对答题速度与准确性的不同追求倾向等都会影响测验成绩。加之,一些疲劳、生病等生理因素与体力、情绪等方面的生物节律对测验成绩也会造成影响而导致误差的产生。

(二)测量工具

心理测量的工具常常是问卷或是量表,这一点同物理测量不同。测验编制过程的不同是测量工具造成误差的主要原因,即我们所测与预测的目的的偏差,其中影响最大的是项目取样。比如,当化学测试有偏题时,取得好成绩的是押中题的人,反之,则不能取得好成绩,这样该测试就不能反映受测者的水平。另外,化学测验的好坏如果由对文字的理解能力决定,那么此测验也会出现误差。

其次,一个量表,不同的人员进行测量,而结果几乎完全不一,则可判断该量表缺乏稳定性,而量表的稳定性以及它能否测出预期的结果是考察量表的依据。

最后,因为测验项目是从某一行为总体中选出的行为样本,所以不同的测验复本也可能得出不一致的结果。由于测量的项目内容不同,而同一学生使用不同副本进行测量,其结果是不一致的,因此,误差的重要来源之一便是测量内容的差异。

（三）施测过程

一些偶然的因素在施测过程中往往成为导致误差产生的主要原因,这也是最容易检验和控制的。其误差主要来源于测试环境、时间、主试因素及评分计分等。首先,测试现场的温度高低、噪音大小以及座位安排、测试时间安排等都属于测试环境的变量。其次,主试因素包括主试的性别、年龄、表情、动作以及指导语等。再次,意外干扰有测验过程中突然停电、有人在考试中作弊、发现题目或答题卡印刷不清等。最后,未能给操作者提供合适的指导语,被试不能正确填写答题卡或者在答题纸上做记号等都可能造成误差,如果测验用手写去计分则误差可能更大。

四、测量理论

测量理论一般被分为经典测量理论、概化理论和项目反应理论三大类,也称三种理论模型。其中经典测验理论(Classical Test Theory,简称CTT)是以真分数理论(true score theory)为核心的测量理论及其方法体系的统称,也称真分数理论。

最早实现数学形式化的测量理论是从19世纪末开始兴起直到20世纪30年代形成比较完整的体系,逐渐趋向成熟就是真分数理论。艾里克森的著作使其具有完备的数学理论形式。而真正将经典真分数理论发展至巅峰状态并实现了向现代测量理论转换的是1968年洛德和诺维克的《心理测验分数的统计理论》一书的出版。

所谓真分数是指被测者在只有随机误差的测量下所得到的分数(陈社育、余嘉元,2001)。利用一定的测量工具如测验量表和测量仪器进行测量,在测量工具上直接获得的数值叫观测值或观察分数。测量误差使得观察值不等于所测特质的真实值,即观察分数中包含真分数和误差分数。获得真实分数的一个途径是将测量的误差从观察分数中分离出来。

为了解决这一问题,真分数理论提出了三个假设(戴海琦,2012):其一是真分数的不变性,这里的真分数指的是被测的某种特质必须具有一定程度的稳定性,至少在所讨论的问题范围内或者说在一段特定的时间内,个体的特质为一个常数且保持恒定。其二是误差是完全随机的,这一假设一方面的内涵是指测量误差是平均数为零的正态随机变量。多次测量中误差有正有负,若测量误差为正值,观测分数即其实际分数就会高于真分数;若测量误差为负值,则观测分数即其实际分数就会低于真分数,所以观测分数会出现上下波动的现象。但是只要经过多次的反复测量,这种正负偏差会两相抵消,测量误差的平均数恰好为零。用数学式表达为$\sum(E)=0$。该假设另一方面的内涵是指测量误差与真分数之间是相互独立的。

不仅如此,测量误差之间、测量误差与所测特质外的其他变量之间也是相互独立的。其三是观测分数应为误差分数与真分数的和。

基于上述三个基本假设,真分数理论有以下两个重要的推论。

一、真分数等于实得分数的平均数 $T = \sum(X)$。

二、在一组测量分数中实得分数的变异数方差等于真分数的变异数方差与误差分数的变异数方差之和,即 $SX^2 = ST^2 + SE^2$。

基于真分数理论的假设,经典测量理论构建起了其理论体系,主要包括信度、效度、项目分析、常模、标准化等基本概念。

1. 信度(reliability)

信度是指同一被试在不同时间内用同一测验(或用另一套相等的测验)重复测量所得结果的一致程度(吴毅、胡永善,2002)。在经典测量理论中,信度是指一组测量分数与真分数的方差变异数在总方差总变异数中所占的比例。

由于真分数和误差分数的方差是无法获得的,因此信度概念还停留在理想的基础上,不能直接计算。经典测量理论提出了平行测验(Parallel Test)的概念以解决这个问题。

所谓平行测验是指能够对同一被试的同一特质做相同准确测量的不同测验形式(测验题目)。若某个测验有很多平行式,于是某被试可以在每个形式上获得一个观测分数,这样一来,一个观测分数的分布就产生了,真分数就被称为这一分布的平均值(田慧生,孙智昌,2012)。事实上,平行测验是构想的概念,想在实际的测验编制中实现是非常有难度甚至是不可能完成的,顶多也只能是较接近。

以平行测验假设为基础,经典测量理论提出了估计测验信度的一些方法,如采用相关方法进行重测信度(test-retest reliability)、复本信度(equivalent-forms reliability)、分半信度(split-half reliability)的估计,提出同质性的概念如克伦巴赫(Cronbach α)系数、库德和理查逊(G. F. Kuder, M. W. Richardson, 1937)以保证反应的一致性,提出估计一致性的两个公式——20公式和21公式,荷伊特信度(Hoyt, 1941)等进行同质性估计。

2. 效度(validity)

效度是指所测量的与所要测量的心理特点之间符合的程度(李灿,辛玲,2009)。任何测评首先必须解决的问题就是效度问题,而对效度的考查是一个很复杂的问题,特别是对人的潜在特质的测量,因为潜在特质不是一个可触的物质实体,而是一种观念构想。对于潜在特质的测量只能采用间接的方法,其测量模型可用行为主义的公式表示,在测量过程中给被试呈现可人为控制的刺激,被试对刺激的反应是可以观测到的。而潜在特质是存在于这一过程的中间对传入大脑的信息做出了处理,处理后的信息以某种方式输出。简而言之,效度要搞明白的是在信号传入大脑后哪种或最主要的是哪种特质参与了对输入信号的处理环节。

在效度问题上,经典测验理论指出了许多解决方法,例如预测效度、相容效度、效标关联效度、实证效度、经验效度、表面效度等等。在效度问题的探究与解析上,为了做到规范化,1974年美国心理学会将测量效度划分成三大块:内容效度

(content validity)，意为测验内容对待测范围的内容的代表性程度；结构效度(construct validity)，意为测量结果和测验的理论假设两者之间的一致性程度。效标关联效度(criterion-related validity)，又叫作实证效度，指测量结果和某种外部效标之间的一致性程度，一般将其表示成效标与测验分数间的相关系数。

学科测验或者成就测验主要是检测知识的考试，更能有效获得更高的内容效度。而内容效度也常是这类测验注重考查的方面。可是对于内容效度的考查是比较困难的，例如个性、能力、品德、态度测验等，通常多使用效标关联效度。效度无法通过一次性检验而得出，需要持续积聚效度材料来证明其有效性，为此人们通常会使用累积证据的方式。结构效度是依据某个理论结构模型对个性、智力等进行的测验，也通常使用累积证据的方法。

3. 项目分析(item analysis)

经典测验理论十分看重测验类别的质量，并以此来提升测验的信度与效度，除对试题的类别、功能和编制技术的深入研究外，还发明了统称为项目分析的一系列筛选、鉴别的方法，其中区分度分析与难度分析是最为主要的。通过率是判断项目难度的重要指标，它是指在此题上正确的人数和所有被试的比例或均分与此题全分的比例。与此同时，经典测验理论提出，题目质量的好坏不仅仅体现在难度上，还体现在用题目对被试水平区别鉴识能力上，作为评鉴试题优劣程度的区分度的概念。

4. 常模(norm)

经典测验理论指出，被试个人明确的地位信息无法仅仅通过测验分数来获得，因此，常模的概念又被提出来解释测验分数的合理性。常模是解释心理测验分数的基础，是一种用作比较的标准量数，由标准化样本测试结果计算而来，通常是某一标准化样本的平均数和标准差，是一群人测验分数的分布情形(廉串德，梁栩凌，2011)。可以使用原始分数(raw score)转化为量表分(scale score)来完成这种表达。这种类别的测验被经典测验理论称为常模参照测验(norm-referenced test)。标准参照测验是与此相对应的测验(criterion-referenced test)，其对所测分的解释和转化方式与常模参照测试不同。

5. 标准化(standardization)

测验的标准化是测验编制的一个重要环节。它要求在测验实施之前，对测验的内容、测验实施的情境、测验的时间、主试、测验指导语及评分等制定明确的统一的标准，以保证测验的全过程都能按照这一标准严格进行。自然科学之中，严格控制实验条件来减少测量误差的方式使得标准化思想得以产生，实验心理学领域控制无关变量与干扰变量是其主要方法。

第二节 信 度

为了让我们所要的信息在心理测验中能被稳定、可靠地测量出来，测量工具一定要可复测性高。尽管每次测量都会发生误差,并且无法消除这种误差,可是假如测验分数在一定范围里波动,多次测量结果具备一致性,使得测量结果可信,那就可以肯定该测量工具。接下来我们就一同探讨心理测量中的稳定性,即测量信度(reliability)。

一、何为信度

信度是指同一被试在不同时间内用同一测验(或用另一套相等的测验)重复测量,所得结果的一致程度(吴毅、胡永善、范文可、孙莉敏,2004)。通常为了编制一个有效的心理测量工具,前期一定要进行深入的调查研究,明确一个清晰的方向,搜索相关因素,排除无关因素,来确保测量工具是稳定可靠的。因此一个优秀的心理测量工具,在不违反操作规则这一前提下,它的结果就不能因使用者的不同或是使用时间的区别而产生较明显的变化。比如用一个标准规格铁尺测量同一块木板的长度,其结果在任何时间由任何人测量均应该是一致的,表明其信度高。然而换成是一种弹性良好的皮尺,如果在温度条件不同时或是由不同的人测量时得出的结果不尽相同,则说明该测量工具的信度不高。

二、信度的原理

任意测试的实得分数(X)都是由真实分数(T)与误差(E)构成的,得到:

$$X = T \pm E$$

我们探讨某组测验分数的特性时,具体分数可由方差代替,公式表示为:

$$SX^2 = ST^2 + SE^2$$

式中,$SX^2(x)$是实得分数的方差,$ST^2(t)$是真分数的方差,$SE^2(e)$是误差的方差。

信度的理论基础是测验分数的变异理论,通常用两种方法检测信度:

(一) 信度是某受测团体的真分数的变异数比上实际分数的变异数,即

$$r_{xx} = ST^2 / SX^2$$

但由于无法统计真实分数的方差,公式变化为:

$$r_{xx} = \frac{SX^2 - SE^2}{SX^2} = 1 - \frac{SE^2}{SX^2}$$

(二) 信度指数是观测分数和真分数的相关,等同于真分数标准差与观测分数标准差之比:

$$r_{xt} = \frac{SD_{(T)}}{SD_{(X)}}$$

三、信度的种类

(一) 重测信度

重测信度(test-retest reliability),又叫作稳定性系数,即使用同一测验,在同样条件下对同一组被试前后施测两次测验,求两次得分间的相关系数。重测信度用来检验一个测验的结果是否具有跨时间的稳定性(朱燕波、折笠秀树、郑洁,2004)。

（二）复本信度

复本信度（alternater-form reliability），又称等值性系数。它是用两个等值但题目不同的测验（复本）来测量同一群体，然后求得被试在两个测验上得分的相关系数，这个相关系数就代表了复本信度的高低（戴海崎、张峰、陈雪枫，2011）。

（三）分半信度

分半信度（split-half reliability）指采用分半法估计所得的信度系数（柴辉，2010）。使用此方法估计信度系数只需实施一次测验。测验实施后，将测验题目按奇偶数分为等值的两半，分别计算每位被试在两个半测验上的得分，并求出这两个分数之间的相关系数。相关系数的高低表示了两个半测验内容取样的一致程度。所得半测验的信度必须经过矫正。值得注意的是，分半信度不适用于速度测验。

（四）内部一致性信度（homogeneity reliability）

内部一致性信度主要反映的是题目之间的关系，表示测验能测量相同内容或特质的程度（曾五一、黄炳艺，2005）。

（五）评分者信度（scorer reliability）

评分者信度用于测量不同评分者之间所产生的误差。衡量评分者之间的信度高低时可随机抽取若干份测试卷，由两位以上的评分者按评分标准分别给分，以考查多个评分者之间的一致性（赵其娟、赵其顺，2006）。

（六）速度测验的信度

内部一致性系数与分半信度不适用于速度测验，因为计算这两种信度都需要把项目分奇偶，借助被试的通过率来演算；但速度测验完成的项目需要考虑的并不是错误和通过率，所以按项目分半演算就有可能产生假性高相关。

速度测验的信度计算有以下这些方法：

1. 再测信度；
2. 复本信度；
3. 时间被分半的信度，即一个测验氛围分成两半，实测时间不同；
4. 总时间被分成四个等分，分别由1、4等分和2、3等分形成两半，计算其相关。

四、信度的影响因素

信度与许多方面均存在着联系，测验中的许多因素都可能影响测验信度。雷曼（H. B. Lyman，1971）认为误差的产生有5个来源：

（一）被试方面——一些因素可能会影响心理特质水平的稳定性，如单一被试的身心状态、测试动机、注意力等。就被试团体而言，同质程度越高（个体间差异越小），获得的相关系数（信度）越低；异质程度越高（个体间差异越大），获得的相关系数（信度）越高。

（二）主试方面——主试没有规范地进行施测，对被试进行暗示协助，或者指导语不恰当，或者施测者有显著的期望等都会对测验信度产生影响。对于评分者，评分标准不统一，也会使测验信度降低。

（三）测试情境——施测时附近的环境因素，如温度高低、空间拥挤程度、噪音高低等，也会对测验信度产生影响。

（四）测量工具——就测量长度来说，测试越长，信度越高；就测验难度来说，过难或过易均会减少个体差异，降低信度；就测验内容而言，题目取样不适，或者内部一致性较低，或者题意不明确，都会降低测验信度。

（五）两次测试的间隔时间——前后两次测试间隔时间的长度与测验信度高低呈反比。

第三节　效　度

测试或量表中最核心的评估指标是效度。如果测量者对所操作的测量工具产生怀疑，可以用一个受认可的准确性高的测量工具来检验之前测得的值。这种使用新证据来衡量某种测量工具的准确程度的方法，就是在探究测量中的效度问题。

一、效度的定义

效度（validity）是衡量某个测验有效性的指标，是指某个测验能够测量到其所想测量的特质或功能的程度（刘瑞霜，2004）。例如，由于无法准确辨明题意导致多数学生的数学测验成绩受到影响，即认为数学能力这个特质在实测中测量到的程度不高，即测验效度不高。

二、效度的性质

效度的真实含义是指测验结果的准确程度。

（一）效度的相对性

任意测验的效度都是针对某一目标而言的，要实现测验有效，就要使得测验的目标和场合一致。因此在评定测验的效度之前，一定要思考测验的目标和功能。

（二）效度的连续性

测验效度往往用相关系数来表示，仅有程度上的差异，没有"全有"或者"全无"的区分。效度是指向测验结果的。

（三）效度的间接性

效度无法直接测量，它是通过已获得的证据推论而得来的。

三、效度的种类

对测量效度的评定取决于对测量目的的解释。这主要从三个角度进行解释：一为通过测量的内容来解释测量目的——内容效度；二为借助心理学中的理论结构来解释测量目的——结构效度；三为通过应用的实际效果去解释测量目的——效标效度。

(一) 内容效度(content-related validity)

内容效度是指测验题目对有关内容或行为取样的适用性,从而确定测验是否是所欲测量的行为领域的代表性取样(史静琤、莫显昆、孙振球,2012)。

(二) 结构效度(construct-related validity)

结构效度是指测验能够测量到理论上的构想或特质的程度。其目的是以心理学的概念说明和分析测验分数的意义(郑日昌,2008)。

(三) 效标效度(criterion-related validity)

效标效度是指测验分数与效度标准的一致程度(黄颖、林端宜,2005)。例如,军队在选拔后勤兵时,假如用测验选出的人员,那么在后勤要求学习以及后期任务表现等方面均优于未经测验选取、随意指定的后勤兵,这说明这个测验的效标效度较高。因为效标效度需要实际证据,因此又称实证效度。实证效度根据效标资料在搜集时间的差别可被分为同时效度和预测效度:

1. 同时效度(concurrent validity)指测验分数与当前的效标之间的相关程度(戴海崎、张峰、陈雪枫,2011)。

2. 预测效度(predictive validity)指测验分数与将来的效标之间的相关程度(王素华、李立明、韦丽琴、马淑一、程子英、张慧,2001)。

此外,研究者在实际应用中又开发出另外两种效标:

合成效度(synthetic validity)指分别求出各测验分数与工作项目之间的相关系数,再按权重计算,得出合成效度(Lawshe,1952)。

区分效度(differential validity)是以一两种性质不同的职业作为效标,分别求出其与测验分数的相关系数,再以二者之差作为区分效度(靖新巧、赵守盈,2008)。

四、影响效度的因素

测验的效度在测验中会受到与测量目的无关的变异来源(无论稳定不稳定)的影响。换言之,测量的效度会受到接受测试对象的特点、测验本身的结构、测试过程、评价、分数转化和解析等因素的影响。

(一) 测验的构成

试题的编制与测量目的不一致,试题编排的合理性不足,测验的指导语不明确、试题答案含糊,难度过高或过低,试题的答案呈现规律性排布,等等,都可能对测验产生影响。通常,提高测验的时间长度不仅能提升测验的信度,也能在一定程度上使测验的效度提升。

(二) 测验的施行

不遵守测试指导语、被试舞弊、测验环境过于简陋、评价标准过于主观、记分失误等,都会对测验效度产生影响。

(三) 受测被试

被试的反应可能受到测验过程中被试的情绪、动机、兴趣、态度、身体状态等的影响,从而对测验效度产生影响。不仅如此,测验的效度与样本团体的特点之间有很大的相关性。同一项测验在测试不同的样本团体时,其效度存在很大的差异,因此在进行效度分析时,一定要选用代表性好的被试团体。样本团体的异质程度对于测验效度是非常重要的。在其他条件一致的前提下,样本团体同质程度越高,分数分布波动越小,测验效度越低;样本团体异质程度越高,分数分布波动越大,测验效度越高。

(四) 所选效标的性质

效标也会影响到测量的可靠程度和效标与测验分数之间的关系类型。总而言之,一切与测验目的不一致且会带来误差的因素都会使测验的效度降低。

五、信度和效度的关系

高信度的必要不充分条件是高效度。测验的效度高,其信度也一定高,但信度高的测验,其效度却不一定很高。测验的信度制约其效度,效度系数的最高限度是信度系数的平方根。测验的信度大于等于其效度。公式表示如下:

$$r_{xy} \leq \sqrt{r_{xx}}$$

第四节　常　模

如果缺乏额外的解释材料,任意心理测验所得的原始分数都是没有意义的。要使得其有意义,就必须有参照数据。解释心理测验分数,通常要借助参照常模。

一、原始分数和导出分数

原始分数就是将被试者的反应与标准答案相比较而获得的测验分数(廉串德、梁栩凌,2011)。可是被试间具体的差异情况无法由原始分数直接反映,也无法通过原始分数来表明在另外的等值测验上被试会获得怎样的分数。为了使原始分数可以与不同测验的分数进行比较,就一定要把其转化为导出分数。导出分数是在原始分数的基础上,根据一定的准则,经过统计处理后获得的具有一定参考点和单位且可以相互比较的分数(郑日昌、蔡永红、周益群,1999)。

二、常模与常模分数

(一) 常模

常模是解释心理测验分数的基础,是一种供比较的标准量数,由标准化样本测试结果计算而来,通常是某一标准化样本的平均数和标准差,是一群人测验分数的分布情形(郑日昌,2011)。

(二) 常模分数

常模分数就是施测样本被试后,将被试者的原始分数按一定规则转换出为导出分数,使导出分数与原始分数等值、有意义、等单位、带参照点。

三、常模团体

计算常模的标准化样本,就是常模团体。常模团体是由具有某种共同特征的人所组成的一个群体,或者是该群体的一个样本(许军、陆艳、冯丽仪、丘金彩、邹俐爱、屈荣杰,2011)。

(一) 构成条件

1. 构成一定要清晰界定

样本内所有成员都是同质的并且有明确的界限,必须能很好地代表所测群体,其构成和得分分布情况要与总体尽可能一致。

2. 关注常模的时效性

常模是一定时空的产物,过期的常模将严重影响测量的结果,因而常模只在一定时期内有效。

3. 样本量要适宜

假如总体数量大,相应地样本量也要大,一般大于等于100。像全国性常模,通常适宜的人数为2000到3000人。

(二) 取样方法

取样即从目标人群中选择有代表性的样本。

1. 简单随机抽样(random sampling)

利用随机顺序表随机抽选出被试作为样本;或者是在抽样范围中,将每个人或者每个抽样单位编号,随机进行选择。

2. 等距抽样(interval sampling)

将编好号码的个体按照一定顺序排列,每间隔若干个体之后分别抽取样本。

3. 分组抽样

当总体数目太大而无法编号,而群体又具有多样性时,可将群体分为一定的小组,分别在各小组内进行随机抽样。

4. 分层抽样(stratified random sampling)

按照总体的某些特征将其分成几个不同的部分,分别在每一部分中进行随机抽样。

本章小结

测量误差是指测量结果偏离真值的程度。依据误差来源可以将误差分成系统误差(也叫作偏性)和随机误差(也叫作机会误差)。系统误差是一种稳定而具有规律性的效应,是由与测量目的无关的变量引发的。这种误差存在于每次测量之中,一致性高,但是实测结果与真实水平之间存在差异。随机误差是指那些与测量目的无关的由偶然因素引起的效应,并且误差的方向与大小呈现随机性。心理测量中主要有三个误差来源,分别是测量工具、测量对象和测试过程。

研究者通常将测量理论划分为三大类或叫作三种理论模型:经典测量理论、概化理论和项目反应理论。

信度是指测量结果的稳定性和一致性程度。信度可以分为重测信度、内部一致性信度、复本信度、评分者信度和分半信度等。影响信度的因素主要有被试因素、主试因素、环境因素、施测间隔时间和测量工具。

效度是指一个测验能够测得其所想测量的特质或功能的程度。比较常见的效度有：内容效度、结构效度和效标效度。影响效度的因素主要有测验本身的构成、受测被试的特点、施测与评分过程、分数转换和解释等。

常模分数(导出分数)构成的分布就是常模，即常模团体或样本的标准化的得分分布。常模团体的取样方法有简单随机抽样、等距抽样、分组抽样和分层抽样。

思考与练习

1. 什么是信度？信度有哪些种类？
2. 效度的影响因素有哪些？
3. 常模团体的取样方法有哪些？

第二篇 量表编制篇

第三章　心理测验编制的一般程序及准备

【本章提要】

◇ 测验编制的一般程序
◇ 测验编制的准备
◇ 测验编制的主题设计

心理测量的工具通常叫作测验（test），追求高质量和较强的适用性是任何测量都具有的特征，这样才能最大限度地发挥测验的效能，从而实现它的科学功能。科学地编制测验是进行心理测量的第一步，是实现心理测量科学性的基本前提。在学习并掌握心理测量的效度、信度、项目分析等理论后，应进行实践操作，以便检验已有的心理测量工具进而开发出符合特定的研究或实践目的的测量工具。本章将着重介绍心理测验编制中需要注意的基本问题，希望帮助读者学习心理测验编制。

第一节　心理测验编制的一般程序

心理测验的编制方法会因其性质和用途的不同而不同，但是其基本程序是一致的，因为任何测验所必须遵循的测验原理是相同的。下面介绍编制测验的一般程序。

一、确定测验目的

（一）明确对象

明确对象就是明确测验对象，即测验所适用的个人或者团体。在编制测验之前，需要对测验对象的特征有一定的了解，其具体特征包括年龄、阅读水平、智力水平、文化水平等指标。

（二）明确目标

即明确测验目标，要明确测量的内容，看其到底是测量智力、人格、能力，还是学业成就。然后需要进一步分析测量目标，将其实际化。如美国著名心理学家瑟斯顿通过因素分析，将智力具体分为七个因素：

1. 语文理解——阅读时了解文义的能力。

2. 语词流畅——准确而迅速拼词并敏捷联想词义的能力。
3. 数字运算——准确而快速使用数字解答数学问题的能力。
4. 空间关系——准确而迅速判断空间分享与空间位置关系的能力。
5. 机械记忆——对事物进行强记的能力。
6. 知觉速度——准确迅速观察和识别事物的能力。
7. 一般推理——根据已知判断推出未知判断的能力。

1941年瑟斯顿根据这七种具体的因素编制了《基本心理能力测验》。

（三）明确用途

即明确测验的用途，也即明确测验的具体作用。测验目的不同，其取材范围和难度选择也就不同。一般来说，测验的用途包括诊断异常心理、选拔人员、描述被试的心理状态等。

二、制订编制计划

对测验的总体构思和设计包括两个方面。一方面是确定代表性的测验内容和项目形式，另一方面是对每项内容和目标的相对重视程度占总项目量的比例及分值比重。不同的测验相应地就会有不同的编制计划。

编制测验计划主要有两个用途：

第一，在编制阶段，测验计划要指出应该编哪些种类的项目。项目编好后，应根据实际情况来确定测验是否可以代表所要测验的领域，核对信息是否有漏洞。

第二，在记分时，每类测验项目的分数标准能通过编制计划中的比例及比重实现。

三、设计测验项目

三个待解决问题：第一，测验资料的收集。测验资料要有趣味，内容丰富且具有普遍性。第二，对项目形式的选择。项目形式应该使受测者清楚地知道测验方法，使得受测者在完成测验时不会因为测验项目的形式不当而出错，测验也就省时省力。第三，测验项目的编写。编写测验项目时要注意：①测验项目的取样应选择具有代表性的。②取材范围要与编制计划所列项目保持一致。③测验项目的难度必须有一定梯度，需要服从一定的分布范围。④编写测验项目要尽量简单明了。⑤为了便于筛选或编制复本，初编题目的数目要多于最终所需要的数量。

四、预测和项目分析

编制测验计划时要看在内容和形式上符合要求的项目是否具有鉴别作用与适当的难度，这要通过预测并进行项目分析来确定，接着进行修改工作。

（一）预测

预测的目的是获得被试对测验项目所做的反应。项目性能的好坏，不能只靠测验编制者主观决定，必须将初步筛选出的项目组合成一种或几种预备测验，经过实际的试测而获得客观性资料。预测必须注意以下几个问题：

（1）注意取样的代表性，预测对象应与将来正式测验准备应用的群体保持一致，人数不能太多或太少。

（2）预测的情境和实施过程应该尽量与将来正式测验时的情境和实施过程保持一致。

（3）使每个被试都能将测验项目做完以搜集较为充分和完整的反应资料，预测的时间可适当延长，使统计分析的结果更加可靠。

（4）在预测过程中，应随时记录被试的反应。

（二）项目分析

测验项目分析即对预测结果进行统计分析，确定测验项目的难度和区分度（郑日昌，1987）。项目分析包括对质与量两个方面的分析。前者是从测验题目的思想、内容取样以及表达是否清楚等方面加以分析，后者是通过对预测结果的统计分析，确定项目的区分度、难度、备选答案的适宜性等。

五、合成测验

经过预测和项目分析获得了可靠的资料，并以此作为评价的根据，选择出性能优良的测验项目，并且通过适当的编排，将其编制成有组织的测验。

（一）测验项目的选择

在选择测验项目时，需要考虑以下指标：① 考虑测验的目的、性质与功能。好的项目是只测定所需的特质，并能对该特质加以有效区分。难度大小并无绝对标准，而要根据测验目的来确定。选拔性测验难度偏大，考查性测验难度偏小。② 项目的区分度。一般来说，项目的区分度越高越好。

（二）测验项目的编排

编排的一般顺序是将测验项目由易到难排序，可以避免受测者在难题上浪费时间，影响对后面项目的测量。最后可排布少数难度较大的题目，以测验受测者的最高水平。常见的测验项目排列方式有并列直进式和混合螺旋式两种。

（三）编造复本

为了提升实际效用，一种测验有时需要有两个以上的等值型，也被叫作复本，复本越多，使用起来越便利。

测验的各份复本必须等值，等值必须符合以下几个条件：

（1）各份测验测量的是同一种心理特质；

（2）各份测验包含相同的内容、形式和范围；

（3）各份测验有相等数量的项目，且有大体相同的区分度和难度的分布。

只要题目数量足够多，编造复本是很简单的。将所有适用的题目按难度排列，顺序为 1、2、3、4、5、6……要分为两个等值的测验，可采用下面的分法：

A 本：1、4、5、8、9、12、13、16、17、20……

B 本：2、3、6、7、10、11、14、15、18、19……

如果要分成三个等值的测验本，可采用下面的分法：

A 本：1、6、7、12、13、18、19、24……

B本:2、5、8、11、14、17、20、23……
C本:3、4、9、10、15、16、21、22……

采用上面的分法使得复本之间的难度基本相等,因此获得大体相同的分数分布。复本编好后需要试测一次,以判定各复本究竟是否等值。

六、测验使用的标准化

为了减少误差,就要控制无关因素对测验目的的影响,这个控制的过程称作标准化(郑日昌,吴九君,2011)。测验的标准化包括:测验内容的标准化,即对所有受测者施测的题目相同或等值;施测过程标准化,即受测者在相同的测验情境下,指导语相同,在规定的测验时限内完成测验;测验评分标准化,即对同一份测验不同的评分者的评定标准是一致的;测验分数解释的标准化,即同一测验结果给出相同的解释。

七、鉴定测验的信效度

在编好测验后,须评估测量的有效性和可靠性,为此必须进行测量学方面的分析,搜集信度和效度资料。

(一)信度

测量的可靠性就是信度。对一个测验进行标准化时,必须确定它的信度。信度也是衡量测验质量的最基本的指标,因而编好的测验首先要鉴定测验的信度。

(二)效度

测量的有效性就是效度,就是看一个测验在多大程度上能够测得它所要测得的内容。效度也是对测量工具的最基本的要求。衡量一个测量工具有效与否,就要看它测量所得的是不是它所要测量的内容。

八、编写测验手册

测验手册用于向使用测验者说明如何使用该测验的,这样才能保证测验的信度和效度。测验手册就下列问题做出明确详细的说明:

(1) 本测验的目的和功用;
(2) 测验的理论背景以及选择项目的根据;
(3) 测验的实施方法、时限与注意事项;
(4) 测验的标准答案和记分方法;
(5) 常模表或其他有助于分数转化与解释的资料;
(6) 测验的信度和效度资料,包括信度系数、效度系数以及这些数据是在何种情境下得到的。

❋ 案例

《初中生学业情绪问卷》的编制

一、研究目的

自编《初中生学业情绪问卷》并且检验其信度和效度。

二、研究对象

(一)《初中生学业情绪问卷》开放式问卷调查对象

本研究依据分层随机抽样从苏州市田家炳实验中学初一、初二、初三年级分别抽取40人发放开放式问卷,总共发放问卷120份,有效回收107份,有效回收率为89.17%。

(二)《初中生学业情绪问卷》初测对象

根据分层随机抽样原则,本研究从苏州市田家炳实验中学初一、初二、初三年级分别抽取240人进行前测,共发放问卷720份,有效回收634份,有效回收率为88.06%。学生的平均年龄为13.57岁(SD=1.010),其中男生334人,占总人数的52.7%,女生300人,占总人数的47.3%;初一、初二、初三年级学生数分别占总人数的31.2%、34.4%、31.4%;大部分的学生是独生子女,占总人数的63.1%;学生干部的比例达到32.3%;家庭居住地为城市的初中生比例最多,占总人数的91.2%;家庭教养方式中民主型最多,占总人数的47.0%,家庭月收入为2001~6000元的家庭共占总人数的77.0%。在家庭类型方面,双亲家庭的初中生最多,共455个,占总人数的71.8%;且这些初中生的父母文化程度以初中和高中为主。

(三)《初中生学业情绪问卷》正式施测对象

本研究是以江苏省苏州市在校初中生,根据分层随机抽样原则,选取苏州工业园区第六中学、斜塘学校、草桥中学、平江实验中学、田家炳实验中学、昆山葛江中学这六所中学初一、初二、初三年级的在校生为研究对象,共发放问卷2220份,去除字迹潦草的和回答明显不认真的问卷后,获得有效问卷1910份,有效回收率为86.81%。学生的平均年龄为13.21岁(SD=2.174),其中男生977人,占总人数的51.2%,女生933人,占总人数的48.8%;初一、初二、初三年级学生数分别占总人数的35.8%、43.7%、20.4%;大部分学生是独生子女,占总人数的67.7%;学生干部的比例达到36.4%;家庭居住地为城市的初中生比例最多,占总人数的75.5%。家庭教养方式中民主型超过半数,占总人数的53.7%;家庭月收入为2001~4000元的家庭最多,占总人数的38.4%。在家庭类型方面,双亲家庭的初中生最多,占总人数的66.0%,且这些初中生的父母文化程度以初中和高中为主。

三、问卷的形成

(一)初测问卷的形成

1. 初中生学业情绪开放式问卷调查

在苏州市的某个初中随机抽取120名初中生填写开放式问卷,回收107份有效问卷,用以了解各种学业情绪的具体表现。如有学生表示"课堂上对老师讲的内容不理解时,会很紧张、郁闷、怕自己功课落下,使成绩下降;听懂时感到愉快、轻松";

"现在比小学辛苦,一直不停地写作业会让人觉得烦躁并有些压抑,但当解出难题来时就很开心";"学习成绩下滑感到无助,知识弄不明白会苦恼、烦躁、担心";"一旦考试没考好我就会很难过,没有好心情"等,依此开放式问卷结果在 Pekrun 学业情绪理论基础之上,为收集问卷项目提供了重要的补充信息。

2. 初中生学业情绪问卷初测项目的形成

(1) 初中生学业情绪结构的提出

本研究依据 Pekrun 等人的学业情绪理论(Pekrun, Elliot, Maier, 2009),将初中生学业情绪问卷分为四个分问卷,即积极高唤醒学业情绪、积极低唤醒学业情绪、消极高唤醒学业情绪、消极低唤醒学业情绪。

(2) 初中生学业情绪问卷项目的形成

初中生学业情绪问卷项目主要来自两个方面。一是来自已有的理论基础,以 Pekrun 关于学业情绪的控制—价值理论为基础,借鉴国内学者俞国良和董妍(2006)的青少年学业情绪问卷、王妍(2009)的小学生学业情绪问卷;二是来自初中生开放式问卷调查的结果,其为问卷编制提供了初中生各种学业情绪发生的情境。

邀请 1 名心理学教授、3 名经验丰富的初中班主任和 7 名心理学专业硕士研究生对预测问卷进行评估,合并表达类似的项目,保留了 82 个项目,形成初中生学业情绪初测问卷。并采用 5 点计分,从完全不符合到完全符合,分别记为 1—5 分。其中包括积极高唤醒学业情绪维度 27 个项目;积极低唤醒学业情绪维度 12 个项目;消极高唤醒学业情绪维度 21 个项目;消极低唤醒学业情绪维度 22 项目。

(二) 项目分析

项目分析是问卷编制的重要环节,主要是对问卷项目的区分度进行分析以向正式问卷提供选题的参考。首先,计算出各项目与所属分测验总分之间的相关性,相关系数越高则该项目的区分度越好。其次,对各项目的辨别力进行检验,方法:将各个分问卷总分最高的 27% 与总分最低的 27% 分别称为高分组与低分组,进行独立样本的 t 检验,剔除掉差异没有达到显著水平的题目。采用以下标准来筛选题项:各项目与分测验总分之间的相关达到 0.30 以上;各项目的决断值(CR 值)大于 3 且达 0.001 显著水平。

(三) 探索性因素分析

在理论建构下自编《初中生学业情绪问卷》包括积极高唤醒分测验、积极低唤醒分测验、消极高唤醒分测验、消极低唤醒分测验四个分测验。分别对四个分测验进行球形 Bartlett 检验,结果均显著($P<0.001$,KMO 值分别为:0.932、0.902、0.912、0.930),表示四个分测验均都适合进行因素分析。

1. 积极高唤醒分测验

首先,对包含 27 个项目的积极高唤醒分测验进行因素分析可行性检验。由于因素分析要求观测变量之间呈线性关系,所以在进行因素分析前进行变量的线性检验。KMO 和 Bartlett 检验结果表明:$\chi^2 = 7432.993$,$df = 351$,$p = 0.008$ 相关矩阵间有共同因素存在,很适合进行因素分析。

本研究采用主成分分析法与最大变异数转轴来抽取主要的因素。根据方差解释百分比和碎石图,抽取3个公共因素较合适。再用方差最大正交旋转法(varimax)求出最终的因子负荷矩阵。经过探索,删除负荷值小于0.40以及共同负荷值接近的项目即24、34、36、45、47、55、56、57、63、68、72、73、74共13个题项,保留14个项目,可以解释总方差的56.028%。因素矩阵见表3-1:

表3-1 积极高唤醒分测验旋转后的因素矩阵(N=634)

	1	2	3	共同度
E75	0.762			0.634
E2	0.758			0.612
E76	0.693			0.510
E13	0.677			0.528
E35	0.642			0.450
E64	0.597			0.470
E46	0.512			0.290
E82		0.766		0.606
E25		0.785		0.685
E3		0.679		0.525
E14		0.645		0.572
E12			0.823	0.716
E1			0.788	0.667
E23			0.736	0.569

根据方差解释百分比碎石图可以发现,第1个因素包含7个项目,主要涉及学习过程中的喜欢、快乐、惊喜等体验,可综合命名为"愉快";第2个因素包括4个项目,主要涉及学习过程中的希望、期待、渴望等体验,可综合命名为"希望";第3个因素包括3个项目,主要涉及自豪、光荣等体验,可综合命名为"自豪"。

2. 积极低唤醒分测验

对包含12个项目的积极低唤醒分测验进行因素分析可行性检验。KMO和Bartlett检验结果表明:$\chi^2 = 2718.814, df = 66, p = 0.000$ 相关矩阵间有共同因素存在,适合进行因素分析。

根据方差解释百分比和碎石图,抽取2个公共因素比较合适。再用方差最大正交旋转法求出最终的因子负荷矩阵。经过探索,删除负荷值小于0.40以及共同负荷值接近的项目,即4、26、38、48共4个题项,保留8个项目,可以解释总方差的55.865%。因素矩阵见表3-2。

表3-2 积极低唤醒分测验旋转后的因素矩阵(rotated component matrix)

	1	2	3	共同度
E15	0.756			0.598
E16	0.749			0.614
E27	0.740			0.549
E5	0.687			0.504

	1	2	3	共同度
E37	0.658		0.453	
E81		0.836		0.709
E80		0.654		0.564
E49		0.616		0.479

根据方差解释百分比和碎石图可以发现,第1个因素包含5个项目,主要涉及学习过程中的平静、安心、心平气和等体验,可综合命名为"平和";第2个因素包括3个项目,主要涉及学习过程中的轻松、放松等体验,可综合命名为"放松"。

3. 消极高唤醒分测验

对包含21个项目的消极高唤醒分测验进行因素分析可行性检验。KMO和Bartlett检验结果表明:$\chi^2 = 4630.797, df = 210, p = 0.000$ 相关矩阵间有共同因素存在,适合进行因素分析。

根据方差解释百分比和碎石图可知,抽取3个公共因素比较合适。再用方差最大正交旋转法(varimax)求出最终的因子负荷矩阵。经过探索,删除负荷值小于0.40以及共同负荷值接近的项目,即6、19、28、30、58、78共6个题项,保留15个项目,可以解释总方差的53.488%。因素矩阵见表3-3:

表3-3 消极高唤醒旋转后的因素矩阵($N = 634$)

	1	2	3	共同度
E59	0.811			0.659
E29	0.804			0.648
E18	0.784			0.641
E66	0.770			0.595
E7	0.668			0.503
E40	0.632			0.464
E51	0.542			0.344
E65		0.745		0.583
E79		0.709		0.520
E8		0.662		0.459
E17		0.659		0.463
E50		0.428		0.261
E39			0.794	0.688
E77			0.748	0.623
E41			0.688	0.572

根据方差解释百分比和碎石图可以发现,第1个因素包括7个项目,主要涉及学习过程中的乏味、讨厌、没有兴趣、没意思等体验,可综合命名为"厌倦";第2个因素包括5个项目,主要涉及学习过程中的担心、紧张、难过等体验,可综合命名为"焦虑";第3个因素包括3个项目,主要涉及痛苦、困惑、不满意等体验,可综合命名为"痛苦"。

4. 消极低唤醒分测验

对包含22个项目的消极低唤醒分测验进行因素分析可行性检验。KMO和

Bartlett 检验结果表明:$\chi^2 = 5256.171$,$df = 210$,$p = 0.000$ 相关矩阵间有共同因素存在,适合进行因素分析。

根据方差解释百分比和碎石图可知,抽取 3 个公共因素比较合适。再用方差最大正交旋转法求出最终的因子负荷矩阵。经过探索,删除负荷值小于 0.40 以及共同负荷值接近的项目,即 10、20、31、32、33、52、54、60、61、62 共 10 个题项,保留 12 个项目,可以解释总方差的 56.907%。因素矩阵见表 3-4。

表 3-4 消极低唤醒旋转后的因素矩阵(Rotated Component Matrix)(N = 634)

	1	2	3	共同度
E22	0.782			0.618
E11	0.770			0.600
E67	0.692			0.511
E21	0.608			0.442
E44	0.530			0.568
E71		0.810		0.658
E70		0.809		0.669
E69		0.709		0.643
E9		0.439		0.256
E43			0.832	0.702
E53			0.758	0.689
E42			0.559	0.471

根据方差解释百分比和碎石图可以发现,第 1 个因素包括 5 个项目,主要涉及学习过程中的心浮气躁、心烦意乱等体验,可综合命名为"烦躁";第 2 个因素包括 4 个项目,主要涉及学习过程中的惭愧、内疚等体验,可综合命名为"羞愧";第 3 个因素包括 3 个项目,主要涉及窘迫、学不好等体验,可综合命名为"无助"。

四、正式问卷的信、效度分析

(一)信度分析

《初中生学业情绪问卷》的信度是由内部一致性信度(α 系数)和分半信度两个指标来鉴定的。《初中生学业情绪问卷》各个分测验的内部一致性信度和分半信度各指标除放松因素其余均在 0.6 以上,达到良好水平,表明本问卷具有良好的信度。

(二)效度分析

本研究利用结构效度对问卷进行效度分析。

1.《初中生学业情绪问卷》分测验与各因素之间的相关

问卷的结构效度是由各因素之间的相关及其与对应分测验的总分之间的相关来检验。根据编制问卷的要求,各因素与其所属分测验之间应中高度相关,而各因素之间应呈中低度相关。在本研究中,积极高唤醒分测验与愉快、希望等因素均达到显著正相关,相关系数介于 0.594 和 0.891 之间;积极低唤醒分测验与平和、放松等因素均达到显著正相关,相关系数介于 0.751 和 0.914 之间;消极高唤醒分测验与焦虑、厌倦、痛苦等因素均达到显著正相关,相关系数介于 0.680 和 0.763 之间;消极低唤醒分测验与烦躁、羞愧、无助等因素均达到显著正相关,相关系数介于 0.

617 和 0.796 之间。同时,愉快、希望、自豪彼此之间均为中低度相关,相关系数介于 0.256 和 0.537 之间;平和、放松彼此之间均为中低度相关,相关系数为 0.418;厌倦、焦虑、痛苦彼此之间均为中低度相关,相关系数介于 0.124 和 0.524 之间;烦躁、羞愧、无助彼此之间均为中低度相关,相关系数介于 0.077 和 0.473 之间。由此可见,问卷的结构基本符合编制要求。

2. 验证性因素分析

通过验证性因素分析进一步来验证初中生学业情绪问卷的结构效度。

(1) 积极高唤醒分测验

本研究用实际调查的数据进行验证性因素分析,根据拟合良好模型的标准, χ^2/df 须小于 5,$RMSEA$ 须小于 0.08,GFI、$AGFI$、IFI、CFI 和 NFI 均须大于 0.90,初中生学业情绪积极高唤醒分测验测量数据与构建模型的拟合优度指标见表 3-5。由研究结果得模型各项拟合指标均较为理想。说明《初中生学业情绪问卷》积极高唤醒分测验具有较好的结构效度。初中生积极高唤醒分测验验证性因素分析路径图和标准化参数估计值见图 3-1。

表 3-5 积极高唤醒分测验模型拟合检验

	χ^2/df	P	GFI	AGFI	RMSEA	IFI	NFI	CFI
积极高唤醒	4.893	0.000	0.973	0.961	0.045	0.963	0.954	0.963

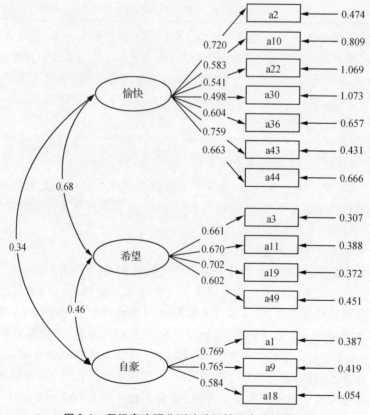

图 3-1 积极高唤醒分测验验证性因素分析模型

(2) 积极低唤醒分测验

初中生学业情绪积极低唤醒分测验测量数据与构建模型的初次拟合指标不符合良好模型的标准。修正后的测量数据与构建模型的拟合优度指标表明初中生学业情绪问卷积极低唤醒分测验具有较好的结构效度，见图3-2。《初中生学业情绪问卷》积极低唤配分测验，验证性因素分析路径图和标准化参数估计值见表3-6。

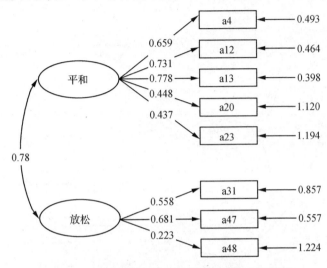

图3-2 积极低唤醒分测验验证性因素分析模型

表3-6 积极低唤醒分测验模型拟合检验

积极低唤醒		χ^2/df	P	GFI	AGFI	RMSEA	IFI	NFI	CFI
	修正前	16.138	0.000	0.962	0.928	0.089	0.920	0.915	0.970
	修正后	4.207	0.000	0.991	0.980	0.041	0.985	0.980	0.985

(3) 消极高唤醒分测验

初中生学业情绪消极高唤醒分测验测量数据与构建模型的初次拟合指标不符合良好模型的标准。修正之后测量数据与构建模型的拟合优度指标见表3-7，由表可得，该测验具有较好的结构效度。《初中生学业情绪问卷》消极高唤醒分测验验证性因素分析路径图和标准化参数估计值见图3-3。

表3-7 消极高唤醒分测验模型拟合检验

消极高唤醒		χ^2/df	P	GFI	AGFI	RMSEA	IFI	NFI	CFI
	修正前	5.720	0.000	0.966	0.952	0.050	0.951	0.942	0.951
	修正后	4.850	0.000	0.972	0.960	0.045	0.962	0.952	0.962

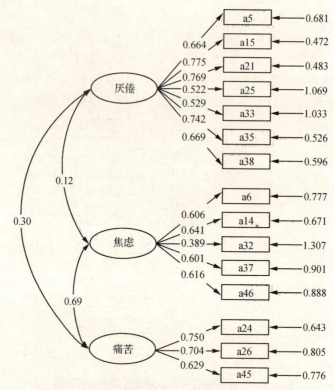

图 3-3 消极高唤醒分测验验证性因素分析模型

(4) 消极低唤醒分测验

初中生学业情绪消极低唤醒分测验测量数据与构建模型的初次拟合指标不符合良好模型的标准。经过修正的消极低唤醒分测验测量数据与构建模型的拟合优度指标见表 3-8，表明初中生学业情绪问卷消极低唤醒分测验具有较好的结构效度。《初中生学业情绪问卷》消极高唤醒分测验验证性因素分析路径图和标准化参数估计值见图 3-4。

表 3-8 消极低唤醒模型拟合检验

消极低唤醒		χ^2/df	P	GFI	AGFI	RMSEA	IFI	NFI	CFI
	修正前	16.687	0.000	0.802	0.892	0.091	0.855	0.847	0.855
	修正后	4.643	0.000	0.982	0.969	0.044	0.971	0.963	0.971

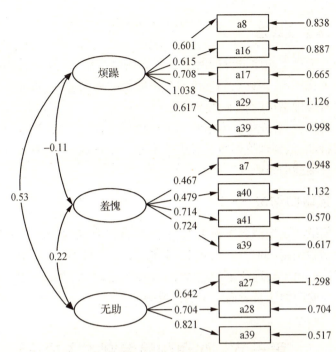

图 3-4　消极低唤醒分测验验证性因素分析模型

五、结论

《初中生学业情绪问卷》包括四个分测验,分别为积极高唤醒学业情绪、积极低唤醒学业情绪、消极高唤醒学业情绪、消极低唤醒学业情绪。各个分测验的同质信度及分半信度均在 0.6 以上,且验证性因素分析较好地拟合了观测数据,支持了探索性因素分析的结果。可见,《初中生学业情绪问卷》理论构想合理,信度和效度指标均达到了心理测量学的要求,可以用于评量初中生学业情绪水平,适合初中 1~3 年级的学生。简言之,《初中生学业情绪问卷》具有良好的信、效度。

此案例引自《初中生学业情绪现状及干预研究》(吕京京,2013)

思考题:

1. 问卷编制的一般程序有哪些?
2. 尝试自己编制一份测验问卷。

第二节　心理测验编制的基本方法

编制测验前做好准备工作很重要,合适且高质量测验的编制需要编制者对测验编制的基础知识、编制程序及原理有充分的了解。

总的来说,测验编制前需要对测验编制的基本程序、基本方法和主题进行了解。下面我们将简要介绍测验编制的基本方法。

测验编制的方法主要有两种:经验归纳法和理论演绎法。在操作上两种方法有区别,但是在把握心理结构的特征和确定具体心理结构上这两种方法是一致的。

一、理论演绎法

按照自上而下顺序进行的测验编制方法是理论演绎法(方钧,2011)。理论演绎法十分重视理论,因此在用理论演绎法编制心理测验时,首先需要寻找成熟的心理学理论对心理结构的特征进行界定。

在此过程中,首先需要根据测验目标建立或者引用成熟的心理学理论,界定心理结构的特征,强调理论的重要性。如《大五人格测验(NEOPI)》就是用理论演绎法编制心理测验的典范。

二、经验归纳法

经验归纳法是按照自下而上的顺序,根据研究经验提出的测量心理结构为依据进行的测验编制(刘宝华、何渝军、徐琰、张安平、李春穴、童卫东,2009)。经验归纳法被广泛运用于心理测量的过程中,如我国心理学家编制的《中国人个性量表》就是依照经验归纳法自下而上编制而成的。

第三节 心理测验编制的主题设计

测验编制主题设计也是测验编制准备过程中的一个重要步骤,本节就测验编制主题设计的具体步骤进行叙述。

一、确定测验对象

在进行测验编制前需要弄清楚测验对象,明确测验群体,根据测验对象的文化背景、社会经济背景、年龄、阅读水平、教育水平等维度开展调查研究,从而能够对测验对象有一个基本明确的划分。

二、确定测验目的

测验的用途包括描述被试者的心理状态、选拔人员、诊断异常心理等。按照测验的目的一般将测验分为显示性测验和预测性测验。

显示性测验指测验题目与要测得的心理特征相似的测验,又分为标记测验和样本测验。标记测验的题目来源于一个全开放的总体的测验,如智商测验。样本测验的题目来源于一个很明确的总体的测验,如测量学生的四则运算能力,就要从这一类题目中挑选一组进行测验,推断被试能够完成的程度。

预测性测验的目的在于根据测验分数预估一个人将来的表现和某一心理状况所能达到的水平(郑日昌、吴九君,2011)。一般根据测验的分数能够预测某个人在某一特定情境下产生的行为。编制预测性测验的重点在于了解测验分数和预测行为之间的联系,对可以进行预测的因素加以区分。

显示性测验与预测性测验并不是截然分开的,也不是孤立存在的。

三、确定测验类型

在明确目的后,就需要明确测验所属的类型。通常可以从测验的功能、测验方式、严谨程度和测验材料的性质等角度来区分测验类型。测验功能是指测验是用来测量什么心理功能的;测验方式是指测验采用的是个别测试还是团体测试等;测验严谨程度是指测验测验材料是文字测验还是操作测验。

四、确定测验的主题及维度体系

确定测验的主题即明确测验所要测量的心理特征。编制者要根据想要测量的某种心理特点或品质,对该心理品质下定义,发现该品质所包含的维度,然后探索这种维度是通过什么样的行为表现出来的。

确定维度体系是编制测验的关键,通常采用两种方法。一是根据实际需求来确定测评维度;二是根据某一心理学理论建构测评维度,两者各有所长,在实际编制过程中常常结合使用。

测评维度的过程中需要遵循以下三个原则:

(一) 内涵分明

测评维度之间需要相互独立,每一个维度都有明确的定义,防止彼此之间出现模棱两可或者重复交叉的现象。

(二) 针对性

测评维度体系是针对特定的测评目的而设置的。测评目的不同,构建测评维度体系也不同。

(三) 可操作性

测评维度要能够通过测评中的一些具体行为展开有效的测量,也就是测评维度是否具有明确的可操作化的定义。

本章小结

问卷编制的基本过程与测验编制准备工作是本章的主要内容。

心理测验编制的一般程序包括八个步骤:确定测验目的、制订编制计划、设计测验项目、预测和项目分析、合成测验、测验使用的标准化、鉴定测验的信效度、编写测验手册。

心理测验的准备包括理清测验编制的基本思路、熟悉测验编制的基本程序和对心理测验编制的主题设计。

心理测验编制的主题设计分为四个过程,分别是确定测验对象、明确测验目的、确定测验类型、确定测验主题及维度体系。

思考与练习

1. 心理测验编制的一般程序是什么？
2. 实施心理测验应注意哪些问题？

第四章　心理测验项目的编制与编排

【本章提要】

◇ 心理测验项目编制的基本程序
◇ 心理测验项目编制的原则及测题的种类
◇ 心理测量项目编排的原则

编制心理测验过程中最重要的一点便是编制和编排心理测验项目，测验项目的编制、编排与选择直接关系到测验的品质和信效度。只有合理地编制出好的心理测验项目才能实现一个好的心理测验的科学功能。本章通过介绍如何进行资料收集编写合适的项目，从而合理编制测验项目并合理编排，从更加细致的角度切入心理测验编制环节以帮助读者真正掌握如何编制心理测验的项目并合理排列。

第一节　心理测验项目的编制

一、编制心理测验项目的流程

编制心理测验项目，我们只有收集了相关测验的资料，选择了恰当的项目形式，才能编写测验项目。下面将就这三个具体步骤进行分析。

（一）收集相关测验资料

测验的价值受效度影响，只有选择了恰当的测验材料，才能使测验具有良好的效度。选择合适测验材料的基本原则有三条：丰富性、普遍性、趣味性。

（二）选择恰当的项目形式

要使受测者能看懂测验项目，施测者就必须以某种恰当的形式来呈现项目。如何恰当地呈现项目呢？可以从几个方面来考虑：测验目的、测验项目的性质、受测者的年龄和人数等。

我国的廖世承、陈鹤琴先生曾提出几条选择测验形式的原则：使被试容易明了测验做法；在做测验时不会弄错；做法简明省时；记分省时省力；经济（许祖云、廖世承、陈鹤琴，2002）。

（三）编写测验项目

要经过多次反复修改，修改内容包括修改语意不明的词汇、删掉重复及不恰当的项目和添加有效项目等。

二、编制测验项目的一般准则

虽然测验的性质各不相同，而不同性质的测验对项目编制的要求又有区别，但编制项目时要遵守以下这些基本原则：

1. 根据测验目的编写试题。
2. 有代表性地进行内容取样。
3. 题目的样式应当易于理解，排除误解。
4. 文句言简意赅，包含所依据的主要条件即可，避免用晦涩难懂的字词，排除无关因素。
5. 项目有固定答案，但是答案不会引起争议（除创造力、人格测验之外）。
6. 每个项目相互独立无牵连，一个项目的回答与另一个题目的回答无关。
7. 暗示该题或其他题目正确答案的线索不应出现于题目中。
8. 修改题目项目时要结合受测团体的知识和能力。
9. 有关社会禁忌及个人隐私的问题应当避免。
10. 设定省时的评分施测方法。

三、测验题目的不同种类及编制

测验项目可以要求受测者采用多样的应答方式，测验项目可分为主观型和客观型。主观型题目又称自由应答型项目，主要包括简答题、操作题、论文题、填空题、应用题和联想题等。下面用简答题为例来介绍主观型题目的编制方法。

简答题即用简单的文字或正确的短语来完成题目。虽然简答题测量的内容不能过于复杂，需要的时间也比较长，而且由于靠主观评价，评分不够客观，但是简答题依旧有许多优点，主要包括：① 应用非常广泛，应用于多种能力的评估。② 题目编写过程灵活、简易，并且少受猜度影响。③ 简答题无选项，避免了选项间存在的同质性问题，因此最易编制。

客观型题目也叫作固定应答型题目，主要包括选择题、匹配题和是非题等。下面分别介绍这三种题型的编制方法。

（一）选择题

选择题主要包括题干和选项两个部分，要求被试从列出的几个选项中选出自己认为最正确的一项。选择题的难度取决于所测知识点的难易和备选错误选项的迷惑性大小，但是要编制出迷惑性大又不至于引起争议的选项实属不易，高难度选项就需要编拟者具有较高的能力水平。由于选择题只让被试做出选择，因此无法测出被试的组织概括及语言表达能力，难以排除被试猜测的可能，但是选择题由于其应答方式的特殊性适合图形、数字和文字等多种材料，因而应用范围极其广泛，且其评分更为客观、简易且非常节省时间。

（二）是非题

这是一种判断一个或多个陈述句或疑问句是否正确或在两种可能结果之间做出判断的题型，判断题只适合测量一些比较简单的知识或观念，而容易忽略教材的重点，因被试易于通过猜测而得出判断，因此答案的可靠性较差，且被试在做出判断的同时容易记住一些无关的知识。但是判断题无论在填答、评分方面都比较省时、简便，因而经常被使用于教育测验中。

（三）匹配题

匹配题主要包括两个部分，一部分为刺激项目，另一部分为反应项目，要求被试从后者选项中选择与前者相适应的题目。匹配法不仅可以考核众多相互有关系的材料，而且兼具选择题之优势，但是由于匹配题要求选项有较高的同质性，因此可能会编入一些不太重要的内容。

❋ 案例

大学生外显完美主义测验项目的编制

一、搜集有关资料

根据原则：资料要有丰富性、普遍性、趣味性。本研究查阅了大量国内外文献，在文献中寻找有关的项目，也搜集了与完美主义倾向有关的问卷（如强迫等），如多维完美主义问卷编制的大学生自我完美主义问卷等（Frost, Marten, Lahart, & Rosenblate, 1990）。

二、选择项目形式

根据廖世承、陈鹤琴先生提出的几条选择测验形式的原则：使被试容易明了测验做法；在做测验时不会弄错；做法简明省时；记分省时省力；经济（许祖云、廖世承、陈鹤琴，2002）。根据大学生课业较多、施测人员采用团体测量的方式等测验项目的性质，决定采用陈述方式，使用Likert自评式5点量表。

三、编写测验项目

对测验项目多次反复修改，更改意思不明确的词语，删减一些重复和不适当的项目，增加有用的项目等，得到最终项目34条：

1. 比起大多数人，我定下更高的目标。
2. 我期望在日常工作中比大多数人有更出色的表现。
3. 我希望能胜任所做的每一件事情。
4. 我做事情时时、处处追求完美。
5. 我努力成为一位有条理且做事很有组织性的人。
6. 我认为用完东西应该收好放回原来的地方。
7. 我希望事情能够按照原计划进行和发展。
8. 我是个爱整洁的人。
9. 如果我在工作或学习中失败，表明我不再优秀。
10. 如果我不能表现出色，可能会失去别人对我的尊敬。

11. 我觉得偶尔出点差错没什么大不了的。
12. 做事或学习的时候若是出错,我会觉得自己完全失败了。
13. 我很在意别人对我的评价。
14. 我不能忍受他人的忽视和冷落。
15. 我很在意能否得到别人的肯定。
16. 我经常对一些日常小事犹豫不决。
17. 我要花很长时间才能把一些事情做得足够好。
18. 我常常认为,如果换一种方式可能会取得更好的结果。
19. 尽管我很认真,还是经常感到自己做得不够好。
20. 做完一件事会及时对过程当中的个别环节进行反思。
21. 对决定的事情进行反复思考,以确定是对还是错。
22. 大多数人已经说很好,自己仍感觉有待于改进。
23. 经常对自己的失误或懈怠感到自责。
24. 长时间内一直思考令自己感到遗憾的问题,并常责备自己。
25. 我对自己太苛刻,以至于常有疲惫感。
26. 我的父母亲友希望我出人头地。
27. 只有把事情做得十分出色才能对得住父母。
28. 我的父母希望我在各个方面的表现都是最好的。
29. 我甘于奉献、乐于助人。
30. 我追求善良的人性。
31. 我追求内在完美、心地善良。
32. 我必须是诚实的、有良心的、可以依赖的。
33. 我对自己太苛刻,常常有一种心理上的自虐情结。
34. 我经常有种自卑的感觉,害怕与人竞争。

此案例引自《父母教养方式、个人完美主义对大学生强迫症状的影响研究》(胡梦璧,2013)

思考题

1. 测验项目的编制包括哪几个步骤?
2. 测验项目的编制过程中应当遵守哪些基本原则?
3. 自己设计编制一个心理测验的项目。

第二节 心理测验项目的编排

测验的项目编制好以后,我们面临的问题就在于如何将这些测验项目以合适的形式编排起来,这必须根据被试的答题倾向,也必须结合测验的目的。总的来说测验项目的编排原则有:

1. 同类型测验项目排列在一起,但是注意匹配和重组题的所有选项应当在一张纸上;是非题和选择题不要将选项相同的题目排列在一起。
2. 测验难度由易到难,先用容易的题目让被试平静心情,树立信心,熟悉作答要求,这样做也避免了被试在难题上花费太多时间而影响后面的题项作答。

3. 最后要放有难度的题目,目的是测出被试的最高水平。

测验项目常见的编排方式主要有两种:并列直进式和混合螺旋式。以下将着重介绍这两种排列方式。

一、并列直进式

将测验题目按内容或形式分为若干份测验,再将同一份测验内部的内容从易到难排列起来。

二、混合螺旋式

将各个题目根据难度分为不同的等级或层次,组合不同题型,难度依旧由易到难排列,这种排列方式可以保持填答者的填答兴趣。

❋ **案例**

并列直进式案例

韦克斯勒成人智力量表(以前两部分测验为例)

一、知识测验

由 29 个常识问题构成,包括历史、天文、地理、文学和自然等内容。主要测量知识广度和远事记忆。所有受试均从第 5 项开始,由施测者逐一提问。若第 5 项或第 6 项失败,便回头做第 1—4 项,连续 5 项失败(得 0 分)停止。每正确回答一项记 1 分,个别项目可记 0.5 分,第 1—4 项免答者补记 4 分。最高 29 分。

指导语:现在我来问你一些问题,请你回答。这些问题有的很容易,你很快便可回答;有的可能要想一想才能回答,你想好了便可以回答。懂了吗? 好! 现在我们开始。

测验例题:

1. 钟表有什么作用?
2. 球是什么形状?
3. 一年有多少个月?
4. 国庆节是哪一天?
5. 一年中哪个季节白天最长?
6. 一天中什么时间影子最短?
7. 夏天穿深色衣为什么比穿浅色衣要热些?
8. 端午节是哪一天?
9. 鱼用什么来呼吸?
10. 月亮在一个月中的什么时候最圆?

二、领悟测验

由 14 项有关社会习俗、社会价值观念和一些现象的存在理由等问题组成。主要测量社会适应能力,特别是对伦理道德的判断能力。所有受试者从第 3 项开始,逐一提问。若第3、第4或第5项中任何一项未得满分,便回头做第1—2项,连续4项得0分则停止。第1—2项分别按0、2计分,第3—14项分别按0、1、2三级记分,第1—2项免做者补记4分,最高28分。

测验题目:
1. 为什么要经常洗衣?
2. 火车为什么要有发动机?
3. 在路上捡到一封信,信封上写了地址和收信人姓名,贴了邮票,你将怎么办?
4. 城市里为什么要有交通警察?
5. 为什么说不要同坏人交朋友?
6. 耕种为什么要按季节?
7. "趁热打铁"是比喻什么?
8. "独木不成林"是比喻什么?
9. "过河拆桥"是比喻什么?
10. 为什么要纳税?
11. 结婚为什么要办登记?
12. 在电影院看电影时你第一个看到电影院冒烟火,你将怎么办?
13. 白天如果在森林里迷了路你将怎么办?
14. 生而聋的人,为什么一般都是哑巴?

此案例引自《卡特尔文化公平智力测验与韦氏成人智力测验的相关性研究》(史树林、曾艳、罗一凡、李米、邓伟,2014)

混合螺旋式案例

斯坦福—比奈量表(以10题为例)

指导语:本测验共有题目60个,你应该在45分钟内做完,不要超时。

1. 五个答案中哪一个是最好的类比?
工工人人人工人 对于 2211121 相当于 工工人人工人人工 对于
(1) 22122112 (2) 22112122
(3) 22112112 (4) 11221221
(5) 21221121

2. 找出与众不同的一个:
(1) 铝 (2) 锡 (3) 钢 (4) 铁 (5) 铜

3. 五个答案中哪一个是最好的类比?

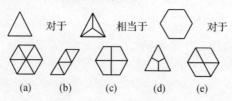

4. 找出与众不同的一个:

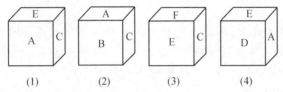

5. 全班学生排成一行,由高往矮数或由矮往高数沃斯都是第 15 名,问全班共有学生多少人?

(1) 15　(2) 25　(3) 29　(4) 30　(5) 31

6. 一个立方体的六面,分别写着 A B C D E F 六个字母,根据以下四张图,推测 B 的对面是什么字母?

(1) A　(2) B　(3) C　(4) D　(5) E

7. 找出与"确信"意思相同或意义最相近的词:

(1) 正确　(2) 明确　(3) 信心　(4) 肯定　(5) 真实

8. 五个答案中哪一个是最好的类比?

脚对于手相当于腿对于_____

(1) 肘　(2) 膝　(3) 臂　(4) 手指　(5) 脚趾

9. 五个答案中哪一个是最好的类比?

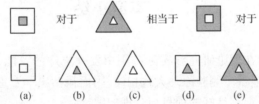

10. 如果所有的甲是乙,没有一个乙是丙,那么,一定没有一个丙是甲。这句话是:

(1) 对的　(2) 错的　(3) 既不对也不错

答案与解释

题号	答案	解释
1	3	工 = 2,人 = 1
2	3	钢是合金,而其他是纯金属。
3	a	都是顶角平分线交于一点并将多边形等分。
4	c	只有 3 是由两条直线组成,其他均为三条直线组成。
5	3	高于沃斯的 14 人,低于沃斯的 14 人,加上沃斯自己共 29 人。
6	5	从图 2 可知,B 的对面就是 A 的尖头所指的方向,从图 1 可知其为 E。
7	4	"确信"与"肯定"意义最相近。
8	3	脚和手分别与腿和臂相连。
9	6	正方形变为三角形,阴影与亮处对换。
10	1	例如:所有的狗都是动物,没有动物是植物,那么,没有植物是狗。

本测验每答对一题计1分,相加后得到总分,总分要转换为智商,才能真正知道智力水平。在自己的年龄那一列中找到自己的题目得分,对应的最右边一列的数值即你的智商(IQ)。例如,如果你是20岁,答对40道题,那么你在20岁这一列中找到40,右侧即你的智商122。

智商是智力的数量化体现,一般认为智力低常者的智商在70分以下,这部分中有些人通过特殊训练可以学会基本的知识,从事简单的工作;另一些被称为白痴,生活不能自理。

智商在80~120分之间,表明智力属于中等或接近于中等,这部分人约占全部人口的80%,是生活中正常的人。80~89为中下,90~109为中等,110~119为中上、聪慧。

120~139为优秀,而被人们称为天才的人其智商在140分以上。天才具有的特征是:比普通人身体更健康,行动更活跃,身材更高大,情绪更稳定;学习成绩优异,兴趣广泛;社交能力强,一般是团体中的领导者。

白痴(智商在25分以下),通常生活不能自理,无学习能力。不过有些"白痴"可能在某些方面表现出极高的天分。

此案例引自《斯坦福—比奈智力量表第四版的试用研究》(温暖、金瑜,2007)

思考题
1. 测验项目的编排方式有哪几种?
2. 并列直进式和混合螺旋式的编排方式各有什么特点?

本章小结

为了使测验在理论研究和实际应用中发挥更好的效能,必须编制出各种高质量、合适的测验项目。测验原理大致相同,因而概括出一套通用的编制程序。一个好的心理测验必定有良好的项目与合理的编排。

测验项目的编制主要包括三个步骤:收集相关资料、选择项目形式和编写测验项目。编制的题型主要有固定应答型题目和自由应答型题目,固定应答型题目包括选择题、是非题、匹配题;自由应答型题目主要包括填空题、应用题、简答题、联想题、论文题、操作题等。

测验编排的主要形式有并列直进式和混合螺旋式。

思考与练习

1. 结合具体测验讲解心理测验项目的编制程序。
2. 比较并列直进式和混合螺旋式项目编排方式。
3. 自己设计编制一个心理测验。

第五章　心理测验项目分析与心理测验标准化

【本章提要】

◇ 项目分析的基本过程
◇ 项目合成的基本过程
◇ 心理测验标准化的一般要求

整体与个体是辩证统一、密不可分的。尽管整体不是个体的简单相加,但是个体的质量很大程度决定了整体的质量。一个测验的好坏与具体项目的支持密切相关。项目分析技术即对构成或将要够成整体的个体进行分析,特别是对难度与区分度的分析;测验的标准化是对测验项目进行校正,以便更好地服务整体。本章将介绍项目分析的基本方法与过程、项目的合成以及心理测验标准化的一般方法。

第一节　项目分析与合成

项目在英文中的原词是"item",译成中文则是"项目",就是组成测验的题目。项目分析可分为两种类型:定量分析和定性分析。定量分析是对项目的统计属性进行分析,定性分析是对项目的内容和形式进行分析。定性分析主要考虑内容效度、项目的适当性和有效性、测验的信度和效度。定性分析最终由项目的特性决定。通过项目分析,可以对项目筛选、修改或替代,以便提高测验的信度和效度。

一、项目难度

(一)难度的意义

难度(difficulty)是指项目的难易程度(郑日昌,2011)。一个测验项目,如果大部分被试都能答对,该项目的难度就小;如果大部分被试都不能答对,则该项目的难度就大。

难度常以题目(被试样组)的通过率或答对率(一般用符号 P)来表示大小,通过率是指被试通过题目或正确回答的人数与被试总人数之比,即 $P = R/N$。式中,P 表示题目难度,R 表示被试通过题目或正确回答的人数,N 表示参加测验的所有被试人数。

此定义下的难度,P 值越小,表示题目越难;P 值越大,表示题目越简单。其数值与含义恰好相反,准确地说,应该叫"易度"。因此,另外定义难度的方法是题目(被试样组)的未通过率、失分率或答错率(一般用符号 Q 来表示),这种方法直接描述了"困难程度",公式为:$Q = 1 - P = 1 - R/N$。

但是,由于通过率与未通过率满足 $P + Q = 1$,并且未通过率一般要根据通过率来求取,在实际应用中反而不方便,因此,此定义公式不常用,难度指数一般取前一种,即 $P = R/N$。

(二)难度的估计方法

根据项目分数的不同性质以及被试团体的大小,分别使用不同的公式来计算项目难度。

1. 项目分数二分变量

当项目的分数是二分变量时,即答对记 1 分,答错记 0 分,项目难度计算公式如下:

$$P = R/N$$

式中的 P 是项目难度,R 是答对项目的人数,N 是参加测验的总人数。

2. 项目分数连续变量

当项目分数是连续变量时,项目难度计算公式如下:

$$P = \bar{X}/X_{max}$$

式中的 $\bar{X}$ 为全体被试该项目得分的平均数,X_{max} 为该项目的满分值。

3. 大型被试团体

当被试团体人数众多时,可以采用两端分组法,其步骤如下:

(1)根据测验总分高低排列试卷。

(2)取出得分最低的 27% 的试卷作为低分组即 L 组。同样,取出得分最高的 27% 的试卷作为高分组即 H 组。

(3)分别计算低分组的项目难度和高分组的项目难度。

(4)计算和的平均数,即为总项目难度。

(三)项目难度的矫正

有人做选择题时是做对的,而有人则是猜对的。这样的猜测会降低项目难度。使用矫正可以去除猜测的成分,恢复原本的项目难度,公式如下:

$$CP = (KP - 1)/K - 1$$

式中的 CP 为矫正后的项目难度,K 为选项数目,P 为未加矫正的项目难度。

(四)项目难度的等距量表

项目难度 P 的优点是计算简单。它的不足之处有两点:

(1)项目分数二分变量时,$P = R/N$。$P = 0$ 表示 $R = 0$,即无人答对。而 $P = 1$,表示 $R = N$,即人人答对;换句话说,P 值越小,项目越难;P 值越大,项目越易。或者说,难度 P 是反序量表,这不合常规。

(2)难度 P 用答对项目的人数百分比来表示。百分量表是等级量表而不是等距量表。即难度 P 只代表项目的等级关系,也就是说,P 只代表相对难度,而不表示项目之间的差异。

怎样才能解决上述两个问题呢？

其一，数学中有"负负得正"，此处则有"反反得正"。难度 P 是反序量表，不妨再反一次，将其转成正序量表。这是解题的逻辑思路。具体方法是，将从右向左的难度 P 转成从左向右的概率 P。

其二，将登记量表概率 P 转成等距量表 Z。

（五）难度对测验的影响

1. **难度影响测验分数的分布形态**

每个题目的难度对整个测验的难度以及分数的分布形态产生影响。反之，通过分析测验分数的分布形态可直观分析测验难度。因为人的心理特质多数呈正态分布，以及根据统计方法的理论基础可知，大多标准化测验在设计时希望分数呈正态分布模式，但是，测验难度过大或过小，都易造成测验分数偏离正态分布，因此，可通过改变项目难度来调整测验分数的分布形态。一般而言，中等难度的测验，其分数分布呈正态分布。

当难度值 P 趋向 0 时，说明大部分被试得了低分；当难度值 P 趋向于 1 时，说明大部分被试都得了高分。在这两种情况下，被试得分分别集中在低分端和高分端（0 和 1），学生间的实际差异被掩盖。因此，有两种非常态的分布：负偏态、正偏态。负偏态时被试得分集中在高分端，表示题目偏易；正偏态时被试得分集中在低分端，表示题目偏难。

2. **难度影响测验的鉴别力（区分度）**

测验中，被试之间相互配对比较的可能性越多，就越利于准确地鉴别被试的不同能力。假设 100 个学生参加考试，若某题 P=0.50，则必有 50 人答对，50 人答错，此题就有 2500（50×50）次配对比较；若 P=0.70，则有 70 人答对，30 人答错，可组成 70×30=2100 次配对比较；若 P=1 或 P=0，则没有比较的可能。因此，P 值越接近 0.50，题目的鉴别力就越高；P 值越接近 1 或 0，题目的鉴别力就越低。

3. **难度影响测验的信度**

测验分数的离散程度和信度受到测验难度影响。难度太大或太小的测验，分数的全距缩小，使测验信度降低。一般难度 P=0.50 时，测验题目的信度最佳。

测验过难或过易，被试得分集中在高分或低分段，测验分数之间的差异变小，则测验分数的方差也变小，根据信度公式，测验分数的方差减小，则其信度 R 值会降低。

二、项目区分度

（一）区分度的意义

区分度（discrimination）是指测验项目对被试心理品质水平差异的区分程度，又称鉴别力（黄颖、林端宜，2005）。区分度良好的测验，实际水平高的被试应得高分，水平低的被试应得低分，即区分度高的项目，能将不同水平的被试区分开来，而区分度低的项目，则不能很好地鉴别被试水平。区分度一般用 D 表示，取值范围在

±1之间。通常 D 为正值,称为积极区分;D 为负值,称为消极区分;D 为 0 称为无区分。一般来讲,D 值越大,区分效果越好。

评价测验项目的区分度高低主要通过对被试水平的准确测量,其测量结果一般称为校标分数。测验项目区分度的校标分数更多的是使用测验总分,又叫内部校标。

(二)项目区分度的估计方法

1. 区分度指数

区分度指数(index discrimination)的具体公式如下:

$$D = P_H - P_L$$

式中的 D 为区分度指数,P_H 为高分组的项目难度,P_L 为低分组的项目难度。

显而易见,高低分两组越是极端,区分度指数就越是明显。但是,个案人数过少则会降低所得结果的信度。凯利指出,在正态分布中,兼顾两者的最佳百分数是 27%,而对于小样本,如一个常规教学班,可取 25% 至 33% 之间的任何数字(T. L. Kelley,1939)。

伊贝尔提出了区分度指数的大致检验标准,参见表 5-1。

表 5-1 区分度指数的评价标准

D	$D \geq 0.40$	$0.30 \leq D < 0.40$	$0.20 \leq D < 0.30$	$D < 0.20$
评价	优秀	良好,修改更好	尚可,必须修改	劣等,必须淘汰

2. 方差法

被试在某一项目上的得分越分散,则该试题鉴别力越大。

3. 相关系数

这种方法以项目分数与总分之间的相关系数来估计项目区分度。相关系数越小,则项目区分度越低;相关系数越大,则项目区分度越高。

测验总分通常是连续变量,根据项目分数的不同性质,分别使用对应的相关系数公式。例如,如果项目分数也是连续变量,那么使用积差相关系数;如果项目分数本身也是连续变量,但人为的处理为二分变量,那么使用二列相关系数;如果项目分数是二分变量,那么使用点二列相关系数。

(三)测验区分度与信度、难度的关系

1. 区分度与信度的关系

区分度与信度的关系密切,一般情况下,测验的信度随区分度的提高而增长。美国测量学家 R. L. 艾伯于 1962 年发表了关于区分度和信度关系的理论,假定全部题目(共 100 题)的难度均为 0.50,其预测的信度系数见表 5-2。由表可知,测验信度随区分度的提高而增长,且信度增长的速度较区分度快。因此,提高题目的区分度是提高测验信度的方法之一。

2. 区分度与难度的关系

难度和区分度是针对一定的团体而言的。一般地,较易的项目对低水平被试的区分度高,较难的项目对高水平被试区分度较高。由表 5-3 可知,当难度为 1 或 0 时,区分度将是 0,即题目没有区分被试实际水平的能力;难度为 0.50 时,题目的区分度达到最大值(P=1)。

表 5-2 区分度和与信度的关系

区分度(D)	信度
0.1225	0.000
0.1600	0.420
0.2000	0.630
0.3000	0.840
0.4000	0.915
0.5000	0.949

表 5-3 区分度与难度的关系

难度(P)	区分度(D)
1.00	0.00
0.90	0.20
0.70	0.60
0.50	1.00
0.30	0.60
0.10	0.20
0.00	0.00

（四）区分度的相对性

1. 计算方法不同，所得区分度就不同。同一测验的各个项目都必须用同一种区分度指标。

2. 区分度的大小受样本容量大小的影响。一般样本容量越大，其统计值越可靠。

3. 分组标准影响鉴别指数。分组越极端，其区分度值越大。

4. 被试样本的同质性程度影响区分度的大小。被试团体越同质，个体间水平越接近，其测验题目的区分度越小。

（五）题目的综合分析和筛选

在题目的综合分析和筛选过程中要注意以下几点：

第一，要看区分度。低区分度的题目是无法有效鉴别被试的。根据测验目的，选择测题优劣的评鉴标准，一般来说，区分度为 0.3 以上比较好。但考虑到区分度的相对性，在评价项目的有效性时，应考虑到测验的目的、功能以及被试团体的总体水平，区分度不能作为筛选试题的绝对标准。

第二，要考虑难度。难度一般在 0.35 到 0.65 之间较好，但是就整个测验而言，难度为 0.5 的测题应居多，仍要使得难度呈一个 0.5 为平均分的正态分布，保留一些题目难度较小和较大的测验题目，难度分布广、梯度大，这样测得分数才能区分出各种水平的人来，且区分得较细。但是同时要考虑到量表的信度，难度的分布又不能太广，这样不利于良好信度的形成。

如果是心理健康测验、人格测验等测验，所需的则不是提高难度，而是一般将难度定为 0.1~0.3，以保证每个被试能理解题意。如果是标准参照测验，则应根据编制测验时确定的目标来选择合理的难度。

根据区分度和难度水平选择出合适的测验题目后,应该对照与原来的双向细目标考虑所选的测验题目所代表的行为类别之间的比例是否失调,如果失调,则必须加以调整。

第三,要进行选项分析。就是对选择题后面提供的几个答案的分析。此时主要的异常情况有:正确答案无人选择,或者选择正确选项的人数少于选择其他选项的人数,太多的人选择错误答案,选择高分组错误选项的人数又多于选择低分组错误选项,选择高分组正确选项的人数少于低分组正确选项,某个选项无人选,未答的人数较多。

第四,对出现异常情况的原因进行分析,并对选项或题目酌情修改。不要轻易删掉不合要求的项目,这是因为:① 用内部一致性分析求得的区分度不一定能代表试题的效度。② 区分度指数低的试题不一定表示该题有缺点。要详细分析区分度低产生的原因,并保留题目,作为测验意向重要的学习结果的记录,以备日后使用。③ 课堂测验的项目分析资料的有效性是变化的,并非固定的。④ 研究表明,编制 I 型项目需要的时间几乎比修订现存项目长 5 倍。

第五,如果做因素分析,还要看题目的负荷量与题目间的相关,对于题目过少的因素,也要考虑删除。题目的筛选要考虑量表的长度。一个测验的长度应该根据测验的时限、测验的性质、对象的年龄而定。

❋ 案例

《大学生隐性逃课问卷》的项目分析

项目分析是编制问卷过程中的重要环节,主要是分析项目的区分度,以提供正式问卷的选题参考。

一、计算各项目与量表总分的相关

首先,计算各项目与量表总分之间的相关,相关系数越高即表示该项目的区分度越好,反之则越差。删除标准是:各项目与量表总分之间的相关未达到 0.30。根据这一标准将 A4、A6、A8、A9、A10、A11、A12、A14、A16、A25、A26、A30、A33、A37、A39 这 15 个项目删掉,具体参见表 5-4。

二、检验各项目的辨别力

其次,检验各项目的辨别力。具体方法:高分组为问卷总分最高的 27%,低分组为总分最低的 27%,然后进行独立样本 t 检验,剔除掉差异未达到显著水平的题目。先看 Levene's Test for Equality of Variances 的方差齐性检验值,判断是否显著(即 Sig. 值是否小于 0.05),若 Sig. < 0.05,则差异显著,说明方差不齐性,则 t 检验结果要看各题中方差非齐性条件下的数据,反之则看方差齐性条件下的数据。此时 t 检验的结果,若是 t 值显著,即 $p < 0.05$,说明此题具有区分度,可以区分出不同被试的反应程度,则题目予以保留;反之,则予以删除。根据这一标准删除了初测问卷中的 A15、A17、A19、A20、A21、A28、A29、A35、A36、A39 这 10 个显著水平不符

的项目,具体参见表 5-4。

表 5-4　初测问卷项目分析结果(N=189)

项目	平均数差异	与量表总分的相关	项目	平均数差异	与量表总分的相关
A1	11.804***	0.675**	A21	3.412	0.362**
A2	12.295***	0.692**	A22	5.499***	0.388**
A3	8.879***	0.599**	A23	8.234***	0.480**
A4	5.887***	-0.480**	A24	4.401***	0.393**
A5	9.877***	0.680**	A25	6.059***	0.283**
A6	-6.988***	-0.422**	A26	6.689***	-0.364**
A7	13.018***	0.582**	A27	19.761***	0.653**
A8	8.788***	-0.048**	A28	1.580	0.464**
A9	7.056***	0.240**	A29	3.454	0.515**
A10	8.849***	0.284**	A30	4.362***	0.284**
A11	4.346***	0.280**	A31	6.699***	0.604**
A12	4.472***	0.227**	A32	5.969***	0.564**
A13	4.226***	0.344**	A33	8.646***	-0.017**
A14	7.171***	0.160**	A34	7.807***	0.435**
A15	-0.206	0.524**	A35	0.741	0.607**
A16	8.645***	0.230**	A36	3.143	0.351**
A17	1.793	0.489**	A37	5.805***	-0.459**
A18	13.383***	0.616**	A38	1.791	0.577**
A19	1.570	0.605**	A39	7.799***	0.266**
A20	-0.248	0.479**	A40	4.329***	0.470**

注:** 表示 $p<0.01$,*** 表示 $p<0.001$。

此案例引自《当代大学生隐性逃课现状及成因分析》(眭莹,2014)

思考题:

1. 项目分析要从哪几个方面去考虑?
2. 项目分析应当在什么时候进行?
3. 尝试用 SPSS 进行项目分析。

第二节　心理测验标准化

测验的标准化水平决定了测验的好坏。所谓测验标准化是指测验的编制、施测、评分以及测验分数解释程序的一致性。具体地说,测验标准化包括以下内容。

一、取样(sampling)

心理测验作为标尺衡量某一心理品质,这个标尺从样本中产生。由于人们的心理活动各不相同,在取样时,必须照顾取样的代表性。根据样本结果使测验标准化,这个样本就是测验的标准化样本。在选择测验时不仅要了解所取样本的代表性,还要注意样本与受试的情况是否相符。一般情况下,要考虑样本的年龄、性别、地区、民族、职业、教育程度等基本特征。若是临床量表,还应有疾病诊断、病程及治疗等背景。受试者在这些方面与样本相符,所得结果才与样本有可比性。实际工作中,不是任何情况下都有适合的工具可以使用,有时也会用不很相符的量表。这时,必须在解释中加以说明,保持谨慎态度,否则很易造成错误。

二、常模(norm)

常模是一种可供比较的普通形式。通常有如下几种:

(一)均数

均数是一种常模的普通形式。受试测得成绩(粗分,或称原始分)与标准化样本的平均数比较后,才能确定受试的测得成绩的高低。

(二)标准分

均数解释的问题是有限的,若不注意分散情况,所得受试者的信息非常受限。若用标准分做常模,则可提供更多的信息。标准分表示受试者的测验成绩在标准化样本的成绩分布图上的位置。标准分(Z) = 受试者成绩(X)与样本均数($\bar{X}$)之差(即 $X - \bar{X}$)除以样本成绩标准差(SD)。简化成 $Z = (X - \bar{X})/SD$。由此,不仅表明受测者的成绩与样本比较在其上或其下,还表明相差几个标准差。

许多量表采用这种常模或采用由此衍化出来的常模。例如:在韦克斯勒量表中(杜玉凤、李建明,2002),离差智商 = $100 + 15(X - \bar{X})/SD$ 便是其中的一种。离差智商与标准分常模的不同之处在于:一是标准分均数为0,二是离差智商均数为100。即 $Z = X$ 在标准分时为0,在离差智商时为100;二是标准分的SD值随样本决定,而离差智商中是令标准差为15(Stanford Binet 为16)。

(三)T分

T分常模是标准分衍化出的另一种常模。例如MMPI便采用此种常模。它与离差智商的区别是所设的均数值与标准差不同。T分常模的计算公式如下:

$$T = 50 + 10(X - \bar{X})/SD$$

(四)由标准分衍化而来的其他形式的常模

标准20和标准10均属于这一类,都是改变均数及标准差值而得。其计算公式如下:

$$标准20 = 10 + 3(X - \bar{X})/SD$$
$$标准10 = 5 + 1.5(X - \bar{X})/SD$$

在韦氏量表中,有粗分、量表分以及离差智商诸量表分数。其中量表分的计算方法即属此处的标准20计算法。

(五)划界分(cut off score)

在筛选测验中常用此常模。如教育上的100分制以60分为及格分,此即划界分。入学考试时的划界分取决于考生成绩和录取人数。在临床神经心理测验中,比较正常人与脑病患者的测验成绩,设立划界分,以这个分数作为有无脑损害的划分。如果某测验对检查某种脑损害比较敏感,说明设立的划界分很有效。病人被划入假阴性的人数就很少甚至没有,正常人被划为假阳性的也很少或没有。若是某测验对检查某中脑损害不敏感,则被划入假阳性或假阴性的机会均会增加。

(六)百分位(percentile rank,PR)

这是另一类常用常模,比标准分应用得更早,也更通用。它的优点不需要统计学的要领便可理解。习惯上其成绩的排列是差在下,好在上,计算出样本分数的各百分位范围。将受试者的成绩与常模做比较。如相当百分位为50(P50),表示此受试者的成绩相当标准化样本的第50位。也就是说,样本中有50%的人数其成绩比他差(其中最好的至多和他一样),另外50%人数的成绩比他好。如百分位为25,说明样本中25%的人的成绩在他之下(或至多和他一样),另有75%的人的成绩比他的好。依此类推。

(七)比例(或商数)

这一类常模也较常用。在离差智商计算方法出现之前,便使用比例智商。其计算方法:智商 IQ = MA/CA × 100,是将 MA(心理年龄)与 CA(实际年龄)相等的设作100,以使 IQ 成整数。H.R.B.中的损伤指数也是比例常模。损伤指数 = 划入有损的测验数/受测的测验数。

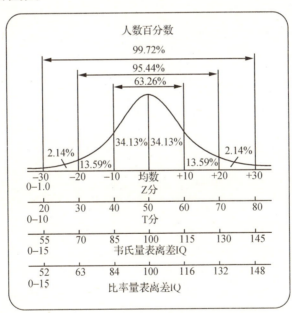

图 5-1 不同测验分与 Z 分和正态分布的关系

以上是通用的常模形式,此外还有各种性质的常模。如年龄常模(按年龄分组建立的)、性别和各种疾病诊断的常模。从可比性的角度看,常模特异性越高,则常模越有效。从适应性讲,通用常模方便使用。例如智力测验,全国常模运用范围广,区域常模应用的地区则有限,但后者较前者更精确。有的常模虽然具有区域性,但因该区域有代表性,所以也可用于相似地区。

三、信度(reliability)

心理测验的信度是指同一受试者在不同时间用同一测验(或用另一套相等的测验)重复测验,所得结果的一致性程度(吴毅,胡永善,2002)。信度用系数(coefficient)来表示。一般情况下,系数越大,表明一致性高,测得的分数可靠;反之系数越小表明一致性低,测得的分数不可靠。信度的高低与测验性质有关。通常,能力测验的信度高(要求0.80以上),人格测验的信度低(要求0.70以上)。标准化的测验手册都需要说明本测验用各种方法所测得的信度。考验信度通常有如下方法:

(一) 重测信度

对同一组受试分别在两次不同时间做相同测验所得结果进行相关性检验。

(二) 分半相关

将一套测验的各项目(要求按难度为序)按奇偶数序号分成两半,对所测结果进行相关性检验。

(三) 正副本相关

有的测验同时编制了平行的正副本,将同一组受试的两套测验结果进行相关性检验。

其他尚有因素信度、测量标准误差等。

四、效度(validity)

效度即有效性,某测验是否得到所要测查的特质? 测到何种程度? 如一项智力测验,若测验结果确实表明的是受试的智力水平,而且量准了智力水平,即表示此智力测验的效度好;反之则不好。效度检查也与信度检查一样,有许多方法,并有各种名称,如内部效度、因素效度、预测效度、内容效度等。美国心理协会在《心理测验和诊断技术介绍》(简称《APA》)(1954)及《教育和心理测验的标准与手册》(1966)(唐平,2005)中将效度分为三类,即结构(construct)效度、内容(content)效度和校标(criterion)效度三类,以后得到广泛沿用。

(一) 结构效度

反映编制某测验所依据理论的程度。如编制一个智力测验,必定依据有关智力的理论。该测验所反映智力的程度,可用结构效度来检验。

(二) 内容效度

指测验反映所测量内容的程度。如算术成就测验反映受试者运算能力的程度。测验与之相关的标准是老师的评定,日常工作或生活中表现出的能力等。

(三) 校标效度

即将测验结果与某一标准行为进行相关检查(车文博,2001)。如智力测验与学习成绩、诊断测验与临床诊断进行相关检查等均属之。

五、方法的标准化

施测方法、记分方法、标准结果的换算法等均要遵从一定的规范,才符合标准测验的条件。

（一）准备

保证测试顺利进行和测验实施标准化的必要环节是测验前的准备。准备工作包括以下几方面：

1. 预告测验

事先告知受测者，使受测者明确测验的时间、地点和试题的类型、内容范围等，使其有所准备，并调整好自己的情绪以及生理状态。心理测验根据需要有时可以不告知被试真实目的。

2. 施测者自身的准备

首先，施测者本身要对测验指导语熟练掌握并流利讲出，这是心理测验实施的最基本要求。只有这样才会使得测验顺利进行，否则会影响到测验的效果。

其次，施测者必须对测试的具体程序很熟悉。测验的实施不只是分发、收集试卷，对一些个别测验和团体测验来说，测验的施测者一定要受过专门训练。比如，韦氏智力量表包括言语、操作两大部分，操作部分的测试涉及物体如何摆放、如何示范等具体程序；而针对聋哑儿童使用的希内学习能力测验则更加复杂，其甚至包括手势语的应用；一些团体施测还会涉及幻灯显示的问题。对施测者的训练，一般包括讲解或阅读测验手册、观察演示和操作练习等。由于测验的种类及施测者的条件的因素，这些训练的时间长短可以不同。

最后，施测者需要做好心理准备以应付突发事件或受测者的提问。例如，智力测验过程中，过分紧张的学生晕倒或者夏季中暑，精神病患者突然发作，突然停电，等等。都需要施测者做好充分的心理准备，还要准备一些应急措施。

3. 测验材料的准备

测验材料指的是测验题目、指导书、答卷纸、记分键、纸、笔及计时表等必需的材料和工具。为了观察材料是否准备齐全，施测者还要详细地模拟一遍测验。

4. 测验环境的准备

心理测验对环境有很高的要求。许多研究表明，测验环境会影响测验的结果。比如，在酷暑和正常气温下同一人所做智力测验的结果有差别。所以，施测者必须对环境做好安排，统一布置，比如对测验时的光线、通风及噪音水平等物理条件的控制。测验房间最好有标识，示意正在进行测验，外人不能随便进入。

（二）施测

做好前期准备后便可施测了。努力减少无关因素对测验结果的影响是实施标准化测验的基本原则。对于标准化的测验，施测者一定要遵循既定的程序施测，才能得到可靠的结果。由于对测验标准化的意义及方法不了解，一些人在使用测验时往往自行改变施测的程序，对实施的具体要求如指导语、记分方法等视而不见，从而导致结果出现误差。

1. 指导语

指导语一般是指对测验的说明和解释，有时也包括对特殊情况发生时应如何处理的指示（戴海崎、张峰、陈雪枫，2011）。在实施测验时要使用统一的指导语。

指导语包括两部分,一部分是对受测者的指导语,另一部分是对施测者的指导语。

在纸笔测验中,在测验的开头部分印有对受测者的指导语,受测者可以自己阅读或由施测者统一宣读。指导语应该简明扼要、思路清晰且有礼貌。一般由以下内容组成:

(1) 如何选择反应形式(画、口头回答、书写等);
(2) 如何记录这些反应(答卷纸、录音、录像等);
(3) 时间限制;
(4) 如果不能确定正确反应,应如何去做(是否允许猜测等);
(5) 例题(当测验题目采用陌生形式时,例题是必要的);
(6) 有时也告知测验目的。

念完指导语后,施测者应询问受测者是否有疑问。回答疑问时应严格遵循指导语,不可对测验做出额外的解释,否则施测者的暗示会对受测者产生影响。对受测者的指导语应简单短小,不可占用太长的时间,以免引起受测者的焦急及反感情绪。

对施测者的指导语是进一步对测试细节进行说明,以及对测验中发生的意外情况(如停电、迟到、生病、作弊等)的处理等。这部分指导语往往印在测验指导书中,严格规范着施测者的一言一行。

总之,指导语严格地规定了受测者的反应态度和方式与施测者的行为方式、说话方式等。

2. 时限

时限也是测验标准化的一项内容。测验的具体时间限制应提前告知受测者。对于有分测验,应该根据有关时限来执行操作语。比如速度测验中,特别要注意时间限制,不可以随意延长或缩短测验时限。

(三) 记分

记分的标准化主要是使评分方法尽可能客观化,对同一测验反应(答案)应该由不同评分者赋予近似的分数。很多测验使用选择题等客观题型,使得记分更客观、简便。有些标准化测验配有记分键,即标有标准答案及正确反应的模板,或者采用光电阅读机记分,对于论文式作答的测验则给予记分要点。标准化的记分方法应力求客观、准确、经济、实用。

施测者在实施记分过程中,应当做到以下几点:

(1) 及时、清楚并详细地记录受测者的反应,尤其是口试和操作测验,必要时需要录音或录像。对于测验的环境与测验时的一些突发事件,施测者也应进行详细记录,以供解释时参考。

(2) 施测者必须熟练掌握记分键,尤其要遵循对非客观题目的记分要求,不可随意记分。比如,在韦氏智力测验中,对于什么样的反应得1分、2分、3分都有详细解释,并举了例子。施测者应以客观、公正的态度严格依据记分键或评分标准记分。

(3) 在施测的过程中,施测者不应对受测者的反应做出点头、皱眉等暗示性的反应。施测者应保持和蔼、微笑的态度。个别施测时,施测者可用纸板等物品遮挡不能让受测者看见记分。这样一是避免影响受测者的测验情绪,二是避免受测者的注意力分散。

❋ 案例

《儿童情绪调节能力问卷》的标准化过程

一、取样

（一）问卷初测对象

在昆山市柏庐实验小学的配合下,本研究从昆山市四所学校随机抽取被试共1200人作为初测对象发放调查问卷,回收有效问卷990份,有效回收率为82.5%。其中男生为484人(占48.9%),女生为506人(占51.1%)。

（二）问卷正式施测对象

在昆山市柏庐教育行政部门的协助下,本研究随机抽取昆山市四所小学的学生为研究对象,问卷发放8500份。回收有效问卷6203份(有效回收率为72.9%);男生较多,为3293人(占53.1%);四年级学生最多,有1254人(占20.2%)。父亲及母亲文化程度均为"大学(大专)及以上"者最多,分别占55.2%及47.8%。68.6%的被试为独生子女,家庭氛围多为和睦(占97.3%),父母婚姻关系好(占90.9),以双亲家庭为主(占57.2%),父母亲为主要照顾者(占84.1%),并且大多数被试父母亲的教育态度一致(占91.3%)。

该样本符合本问卷欲测量对象小学儿童的定义,由样本资料表可以看出样本在各方面分布均匀,样本来源异质,做到了取样标准化。

二、常模

该问卷采用T分数作为常模,首先根据受试者在Likert五点量表的填答情形,计算每题得分(最低1分,最高5分),然后计算总分,以作为各分量表的原始分数,转化为标准分数后,以此建立儿童情绪调节能力常模表。

儿童情绪调节能力问卷中T分平均分(M=50)以下一个标准差作为标准,量表总分T≤40提示存在情绪调节困难。根据儿童情绪调节能力年级常模发现,一、二年级儿童原始分≤106分时,存在情绪调节困难;三年级儿童原始分≤108分时,存在情绪调节困难;四年级儿童原始分≤110分时,存在情绪调节困难;五年级儿童原始分≤113分时,存在情绪调节困难;六年级儿童原始分≤115分时存在情绪调节困难。

三、信度

本研究使用两个指标鉴定儿童情绪调节能力问卷的信度,分别为同质性信度(内部一致性信度,又称克朗巴赫α系数)和分半信度,见表5-5。由表可看出,量表的信度系数令人较满意,总量表和各分量表的一致性程度较高。

表 5-5　儿童情绪调节能力问卷信度表

因素	Cronbach α 系数	分半信度
情绪控制	0.734	0.781
情绪理解	0.654	0.794
表达抑制	0.599	0.877
移情能力	0.627	0.797
情绪识别	0.706	0.782
认知重评	0.689	0.832
总量表	0.977	0.761

另外,各项目与量表总分的相关系数在 0.220** 到 0.644** 之间,在 0.01 水平上达到显著,说明各项目与总量表一致性程度较高。各分量表与总量表之间相关系数在 0.350** 到 0.891** 之间,而各分量表之间相关系数在 0.015** 到 0.621** 之间,皆在 0.70 以下。参考量表编制要求,分量表与总量表间呈中高度相关,而各分量表之间呈中低相关,本研究较符合这一要求。由此可见,本问卷的同质性信度较高。

四、效度

本研究主要运用专家效度、结构效度进行效度分析。

(一) 专家效度

在《儿童情绪调节能力问卷》初测问卷编制完成之后,请相关领域教授以及小学专职心理教师作为专家对问卷进行了审核、建议、修改,以考察专家效度。

在问卷结构方面,5 位专家对问卷层面进行了评价。其中有一位专家对情绪知觉层面以及移情能力层面提出质疑,在重新查阅相关文献,并对情绪理解与情绪知觉进行更加细致的界定后,决定保留 5 个层面,分别为情绪理解、情绪知觉、情绪控制、调节策略、移情能力。

在具体题项方面,5 位专家对每个题目的表述及各自代表的含义进行了评价。其中专家 100% 同意的题项有 28 个,80% 同意的题项有 10 个,60% 同意的题项有 4 个,40% 同意的题项有 1 个。对于专家意见较为集中的 5 个题项,根据意见进行了修改。

初测问卷项目主要来自相关的权威性的问卷,并经过 4 位儿童发展与教育领域的心理学专家和一位学校心理教师的分析评价,对问卷维度、结构和题目表述都进行了多次修改。然后又经过项目分析和因素分析,在一定程度上保证了问卷的项目能够反映小学儿童情绪调节能力的实际情况,内容效度较好。

(二) 量表结构验证

本研究用实际调查的数据进行验证性因素分析,根据拟合良好模型的标准,χ^2/df 要小于 5,$RMSEA$ 要小于 0.08,GFI、$AGFI$、IFI、CFI 和 NFI 都要大于 0.90。表明量表达到拟合指标,表明修订后的《儿童情绪调节能力问卷》模型拟合良好。

以上多指标、多角度的效度检验表明了理论构想和量表的合理性。

五、方法的标准化

(一) 准备

1. 预告测验

本研究在进行问卷调查之前通知了受测者测验时间、地点、内容范围和试题类型等,使受测者对测验有所准备,及时调整自己的情绪和生理状态。

2. 施测者自身的准备

在测验开始之前施测者熟悉过多次测验指导语并能流利地用表达出来,且熟悉测试的具体程序。测验的实施由2名心理学研究生完成。在测验实施前,施测者选择了有空调的舒适的教室,以免发生突发事件。

3. 测验材料的准备

施测之前,施测者准备了完整的测验材料,包括测验题目、答卷纸、记分键、指导书、纸、笔及计时表等必需材料和工具。同时,施测者还详细地模拟了一遍测验,以防遗漏。

4. 测验环境的准备

测验的环境选择了舒适的有空调的教室,白天有充足的光照,通风良好,温度适宜,环境安静。测验房门上挂上测试牌,示意测验正在进行,不许外人随便进入。

(二) 施测

该问卷施测者也十分注重标准化施测。

1. 指导语

尊敬的家长:

您好!这是两份有关儿童情绪与行为表现的评估问卷,用以了解儿童的情绪状况与行为表现。请您仔细阅读以下题目,根据您的孩子近半年以来的情绪与行为表现情况,按不同程度在每个项目右边打钩(√),回答没有对错的区分。本量表仅供学术研究用,个人资料绝不对外公开,请放心作答,谢谢您的合作!

测试采用统一的指导语,施测者念完指导语后,再次询问受测者有无疑问。施测过程严格遵守指导语的一般要求。

2. 时限

该问卷的答题填答时限为1小时,基本上保证每个被试都有足够的时间来答题。

(三) 记分

在记分时研究者也注意到了标准化问题。本研究的记分标准是首先根据被试在Likert五点量填答情形,计算每题得分(最低1分,最高5分),然后加总各题项成为各分量表的原始分数,并转化为标准分数。

其中儿童情绪调节能力问卷中T分平均分($M=50$)以下一个标准差作为标准,量表总分$T \leq 40$时显示存在情绪调节困难。根据儿童情绪调节能力的年级常模,一、二年级儿童原始分≤106分时;三年级儿童原始分≤108分时;四年级儿童原始分≤110分时;五年级儿童原始分≤113分时;六年级儿童原始分≤115分时,均存在情绪调节困难。

施测者在测验的时候对测验环境和测验时的突发事件进行了详细记录。测试结束后,施测者以客观、公正的态度严格依据记分键或评分标准记分。在施测的过程中,施测者不能对被试做出点头、摇头等暗示性的反应而且保持和蔼、微笑的态度。

此案例引自《认知行为改变策略对情绪调节困难儿童社会技能成效研究》（陈宏,2014）

思考题

测验的标准化包括哪些内容？如何做到测验的标准化？

本章小结

项目分析分为两种类型：定性分析和定量分析。定性分析是对项目的内容和形式的分析，定量分析是对项目的统计属性的分析。

项目分析是对测验中每个项目细化的具体分析，信度与效度都是高质量的项目的综合反映。预测之后分析测验的各个项目或题目，是测验编制和修订的重要环节。项目分析是对预测结果的统计分析，明确题目的难度、区分度、备选答案的合适度等。通过对项目的筛选与修订，在项目分析的基础上能够使测验的信度和效度提升，使其变得更简洁、有效、可靠。

测验标准化指测验的编制、施测、评分以及解释测验分数的程序的一致性，这对测验来说，非常重要。

思考与练习

1. 请说明难度与区分度的关系。
2. 在人格测验中如何进行难度分析？试以一测验为例进行说明。
3. 测验的计分如何做到标准化？

第六章 心理测验的信度分析

【本章提要】

◇ 信度系数的估计方法
◇ 信度系数的意义、作用和标准
◇ 提升信度系数的常用方法

复测是心理测验经常要进行的一项内容。若两次测验所得的结果较一致,那么测量者会认定这个结果;若两次测量结果不太一样,测量者就不能够认定某一结果。因此,能够经得起复测的检验是判断心理测验可靠性的一个标准。若两次测验的结果存在较大的差异,那么测验的结果则难以令人信服。信度系数被广泛应用于测验领域。本章介绍了信度系数估计的方法,目的是让学生更理解现实测量过程当中所存在的误差,利用不同的估计方法以使测验更接近真实。

第一节 信度系数的估计

信度是指测量结果的稳定性程度(吴毅、胡永善,2002)。实际测量过程是没有办法对误差分数和真分数进行测量的。测量一致性的指标一般是同一样本得到的两组资料的相关。对信度进行估计有不同的方法,常使用的方法有再测信度、复本信度、等值稳定性系数、内部一致性系数、评分者信度等。

一、再测信度(test-retest reliability)

再测信度,也称重测信度或稳定性系数(刘冰,2002)。再测信度是一个相关数值,即对同一组被试前后分为两次施测同一个测验,计算两次施测结果分数之间的相关,所得的相关系数就叫作再测信度。再测信度的计算方法用皮尔逊积差相关公式的变式表示为:

$$r_{xx} = \frac{\sum X_1 X_2 / N - \overline{X}_1 \overline{X}_2}{S_1 S_2}$$

式中 X_1、X_2 是同一个被试的两次测验分数,$\overline{X}_1$、$\overline{X}_2$ 为全体被试两次测验的平均数,S_1、S_2 为两次测验的标准差(金瑜,2001),N 是被试人数。

当需要在测验手册上报告再测信度时,需要报告测验信度时样本的大小、性质以及两次施测间隔多长时间等,以方便测验使用者了解被试因素以及时间因素对测验稳定性的影响。

计算再测信度时,应注意以下几个问题:

(一)所测量的特性必须是稳定的

在实际生活中,绝对稳定的心理特性是不可能存在的,但相对稳定的心理特性是存在的。若所要测的是智力、兴趣、人格等心理特质,因其特性较为稳定,能够使用再测法;若是情绪、知识等心理特质,因为这些特质不是稳定的,就不能采用再测法。

(二)练习和遗忘的效果基本上相互抵消

因为再测信度测量需要被试重复做两次测验,因此在第二次测验时被试可能因为第一次测验的积累而学会某些应付测验的技巧,但是这种技巧的学习效果可以通过时间间隔来抵消。

因此,再测信度需要考虑时间间隔的问题。最适合的时间间隔会随着测验的性质、目的以及被试的特点而变化。一般地讲,两次测验相隔时间越短,稳定系数越高。对于儿童来说,其前后两次施测的时间间隔应比年纪较大的被试短,因为心理特性个体发育的早期变化更快。一般来讲,无论哪种被试,再测与初测的间隔最好不要超过6个月。

此外,还有一种对同一测验进行两次测量的情况,即我们在间隔很多年后对被试做同样的智力测验,这时的目的主要是考察智力随着年龄发展的变化,而不是用来估计测验的信度。

(三)再测法适用于速度测验而不适用于难度测验

再测法适用于速度测验的原因是速度测验要求被试在严格规定的时间内完成大量的试题,过重的任务使被试无心记住测验内容,记忆效果可以忽略不计,因此在第二次测验时受到第一次测验的影响较小。

(四)应注意提高被试者的积极性

再测法的原理就是把原测验重新测一遍,在第二次测验的时候被试很有可能会降低对测验的兴趣,呈现消极的态度,从而使第二次测验的质量下降。因此,再测法计算信度能够成功的一个前提条件是提升被试者的积极性,使他们像第一次测验时那样认真负责。

要知道,由于多种因素的存在,任一测验都有不会只有一个再测信度系数。因此在报告再测信度时,在测验手册中应详细报告两次施测的时间间隔以及在此间隔中被试的经历,比如在两次施测间隔中被试有没有接受过心理治疗、受过教育训练以及其他何学习经历等。

再测信度的误差来源有:所测验的心理特性不稳定、被试的成熟、练习效应和记忆效果等变量、被试个体差异、知识的积累以及偶发因素带来的误差。

二、复本信度

复本信度(alternate form reliability),也称为等值性系数(coefficient of equivalence)。

使用两个平行(等值)的测验对同一组被试施测,得到两组测验分数,求出这两组测验分数的相关系数,这就是复本信度。因为这反映了两个测验的等值程度,因此又称等值性系数(张大均,2005)。其计算方法与再测法相同。

应用复本信度时需注意以下几点:

(1)复本信度得以信任的关键在于两次测验必须完全等值,即测验必须具有相同的难度、长度、题型、区分度等。同时要保证两次施测的条件也都相同,只有达到这些要求,求出的复本信度才有价值。

(2)复本测验的两次施测时距要尽量短,避免两次施测间隔中存在练习效应、知识的积累等影响因素。

(3)因为设置的两次测验完全等值,所以两次测验在许多方面会存在相似,计算出的信度系数容易有偏高的倾向。

(4)在两次测验中被试容易出现失去积极性、出现疲劳状态,还会出现迁移——因为两次测验所测内容一致,只是具体题目有所变换,所以被试很有可能把第一次测验中的解题技巧应用到第二次测验中,从而提高第二次测验的成绩。这种迁移称为顺序效应。为了消除这种顺序效应对信度测量的影响,可以通过随机的方式,让其中一半的被试先做复本 A 再做复本 B,另一半的被试先做复本 B 再做复本 A,通过这种方法平衡顺序效应。

三、等值稳定性系数

等值稳定性系数是用两个平行的(等值的)测验,间隔适当时段施测于同一组被试,得到两组测验分数,求这两组测验分数的相关,其相关系数就是等值稳定性系数(杨异军,1988)。

等值稳定性系数的做法也是采用两个复本对被试进行测验,但等值性系数的测验要求两次测验间隔的时段尽可能短,而计算等值稳定性系数的两次测验却需要间隔恰当的时段。

值得关注的是,等值稳定性信度系数的值比等值性系数和稳定性系数的值要低。这是因为心理特质并不像物理特质那样稳定,它会随着时间的改变而变化。另外,两次测验被试取样的不一致也会影响测验分数的相关性。因此,我们普遍认为等值稳定性系数是最严格的信度估计方式,它计算得到的数值是信度系数的下限。

四、内部一致性系数

上述的信度估计方法,其共同点都是需要对被试进行前后两次测验,然后求出这两次测验结果的相关系数以作为信度系数。但是,很多时候对被试进行前后两次施测在操作上是不可行的。比如人格测验等测验没有复本,很难编等值的测题,编制复本很难;又如有的测验在施测一次后,因为被试不易召集或流动,再测一次比较困难。因此,我们要利用一次测验所获得的资料来计算信度系数。这样计算出来的信度系数反映的是测验内部的一致性,即测验项目的同质性,也就是测验内部所有题目间的一致性,叫作内部一致性系数,也叫同质性系数或同质性信度。

计算内部一致性系数的方法如下:

(一) 分半法(分半信度)

分半信度(split-half reliability):分半信度的做法是首先将测验题目分成等值的两半,分别求出两个分半量表的总分,再计算两部分总分的相关系数(吴玲、王小丹、刘玉梅、方桂红、周虹,2008)。

在实际操作中,我们可以把分半法看作是一种另类的复本法,即把分开的对等的两半测验视为在最短的时间进行测验。

因为分半的标准不同,所以有很多不同的分半的方法,最常见的方法是将测验按照奇偶数题号分为两半,一半为奇数题,一半为偶数题,求出每人的偶数题和奇数题的总得分,再计算两半总分之间的相关系数,最后对相关系数进行校正。需要校正的原因是分半以后,我们实际上计算的是测验的一半题目的信度,而不是整个测验的信度,在某种程度上也可以视为我们把一次测验分成两个复本(两个分半测验等值),然后计算两个复本之间的相关,而测验信度往往会随着测验长度的增加而提高,分半信度会降低整个测验的信度系数。因此,要对求出的相关系数进行校正。

校正公式有(顾明远,1992):

1. 斯皮尔曼—布朗(Spearman-Brown)公式:

$$r_{xx} = \frac{2r_{hh}}{1 + r_{hh}}$$

式中,r_{xx}代表分半测验分数的相关系数,r_{hh}为整个测验的信度估计值。

采用斯皮尔曼—布朗公式进行信度估算时,假设我们区分的两半测验完全等值,即两半测验的平均数和标准差相同。当假设不能被满足时,可以采用下面两个公式来估计信度。

2. 弗朗那根公式:

$$r = 2\left(1 - \frac{S_a^2 + S_b^2}{S_x^2}\right)$$

式中,S_a^2、S_b^2分别为两半测验分数的变异数,S_x^2为测验总分的变异数。r为信度值。

3. 卢伦公式:

$$r = 1 - \frac{S_d^2}{S_x^2}$$

式中,S_d^2为两半测验分数之差的变异数,S_x^2为测验总分的变异数。r为信度值。

(二) 其他计算内部一致性系数的方法

分半法实际上是对测验量表的内在一致性的估计。但正如上述所示,分半的方法有很多,因此分半信度也有很多,分半信度并不是估计内在一致性系数的最好标准。有人建议,提高内部一致性估计的方法可以是计算出所有可能的分半信度,并用其平均值来作为内部一致性的估计值。然而这种方法太麻烦了,计算量极大。

为了弥补分半法的缺陷,可以采用其他方法。

一开始人们提出了如下公式:

$$r_{xx} = \frac{K \overline{r_{ij}}}{1 + (K-1)\overline{r_{ij}}}$$

其中,K 是题目数,$\overline{r_{ij}}$ 为所有题目间相关系数的平均值。

1. 库德—理查逊公式(K-R20 公式)

库德(Kuder)、理查逊(Richardson)提出以项目统计量为转移,利用项目统计量来计算信度,以弥补分半法的缺陷。其公式称为库德—理查逊公式,又称为 K-R20 公式。

$$r_{KR20} = \left(\frac{K}{K-1}\right)\left(1 - \frac{\sum p_i q_i}{S_x^2}\right)$$

式中,k 表示构成测验的题目数,p_i 为通过第 i 题的人数比例,q_i 为未通过第 i 题的人数比例,S_x^2 为测验总分的变异数。

上述计算公式使用于已得测验项目分析的情况下。

2. 库德—理查逊简便公式(K-R21 公式)

库德—理查逊又提出了简便公式,当测验项目的难度比较接近时可以采用,这一公式称为 K-R21 公式。简便公式的便捷之处就在于以各个应试者总分的平均数和方差为基础进行计算,计算起来较为方便。但其使用前提是必须保证各项目的难度接近,如果各项目的难度相差较大,就可能有低估的倾向。

K-R21 公式为:

$$r_{KR21} = \frac{KS_x^2 - \overline{X}(K - \overline{X})}{(K-1)S_x^2}$$

式中,K 表示构成测验的题目数,$\overline{X}$ 为测验总分的平均数,S_x^2 为测验总分的变异数。

3. 克伦巴赫(Cronbach)α 系数

库德—理查逊公式适合用于两级记分测验的信度估计,对多级记分的测验的信度估算,更适合的估算方法则是克伦巴赫 α 系数;反之,克伦巴赫 α 系数对于两级计分的测验信度估算也同样适用。其计算公式为:

$$\alpha = \frac{K}{K-1}\left(1 - \frac{\sum S_i^2}{S_x^2}\right)$$

式中,K 为测验题目数量,S_i^2 为某一测验题目分数的变异系数,S_x^2 为测验总分的变异系数。

4. 荷伊特信度

荷伊特(C. Hoyt)于 1941 年提出采用方差分量比来估算测验的内在一致性的信度测量方法,该方法被称为荷伊特信度。

假设有一个项目为 K 的测验,n 名被试参与测试,这 n 名被试的测验分数的总变异系数可以被分解为项目间变异 $SS_{题}$、被试间变异 $SS_{人}$、人与题交互作用 $SS_{人×题}$ 三部分。荷伊特认为可以用 $MS_{人}$ 作为被试方差估计值,用 $MS_{人×题}$ 作为误差方差估计值,估计公式如下:

$$r_{xx} = 1 - \frac{MS_{1 \times 题}}{MS_人}$$

五、评分者信度（scorer reliability）

客观性测验有统一的计分方式，不存在评分者之间不一致的情况，因此不需要计算评分者信度。但在主观性测验如面试、投射测验、作文考题等中，评分者毕竟具有主观性，他们很有可能对同一份被试的测验做出不一致的评价，因此要估算评分者的信度。

那什么是评分者信度呢？评分者信度的操作也是计算相关系数，具体为随机抽取被试测验试卷，然后由不同的评分人员进行独立评分，最终求不同评分者对同一份试卷所评分数之间的相关程度。评分者信度的计算方法如下（顾海根，2010）：

（一）评分者为两个人时

当对连续变量进行评分且分数呈现正态分布时，用皮尔逊积差相关系数公式进行计算（可用计算机直接计算），当对等距变量（非正态分布）或是等级变量进行评定时，则用斯皮尔曼等级相关系数公式进行计算。

斯皮尔曼等级相关系数公式：

$$r_R = 1 - \frac{6\sum D^2}{N(N^2-1)}$$

式中，D 为各对偶等级之差，$\sum D^2$ 是各 D 平方之和，N 为等级数目。

当有相同的等级出现时，计算斯皮尔曼等级相关的公式为：

$$r_{RC} = \frac{\sum x^2 + \sum y^2 - \sum D^2}{2 \cdot \sqrt{\sum x^2 \cdot \sum y^2}}, \sum x^2 = \frac{N^3 - N}{12} - \sum C_2, \sum C_2 = \sum \frac{n^3 - n}{12};$$

$$\sum y^2 = \frac{N^3 - N}{12} - \sum C_y, \sum C_y = \sum \frac{n^3 - n}{12}$$

式中，N 为成对数据数目，n 为相等等级数目。

一般而言，两个评分者评分的一致性程度需要达到 0.90 以上，其评分才会被认定是客观公正的。

（二）评分者为多人时

采用肯德尔和谐系数（Kendall coefficient of concordance）来估计信度系数：

$$W = \frac{12\sum R_i^2 - \frac{(\sum R_i)^2}{N}}{K^2(N^3 - N)}$$

式中，W 为肯德尔和谐系数，K 为评分者人数，N 为被评对象数，$\sum R_i$ 为每一对象被评的等级之和。

出现相同等级时则采用下面的公式：

$$W = \frac{\sum R_i^2 - \frac{(\sum R_i)^2}{N}}{\frac{1}{12}K^2(N^3 - N) - K\sum T}, \sum T = \sum \frac{n^3 - n}{12}$$

式中,W 为和谐系数,K 为评分者人数,N 为被评对象数,$\sum R_i$ 为每一对象被评的等级之和,n 为相同等级数目。

3. 肯德尔和谐系数 W 的检验

当评分者(K)为 3 至 20 人,被评对象(考卷 N)为 3 至 7 个时,信度是否符合要求可直接查 W 表检验。当时机计算的 W 值大于表中的相应值时,说明评分所得信度较高。

若被评对象多于 7 个,则可计算 X^2 值,做 X^2 检验 $[X^2 = K(N-1)W, df = N-1]$。

第二节　信度的应用

一、信度系数的意义

信度系数可以解释为测验的总变异中真分数造成的变异所占的比例。信度系数的分布范围为 0.00~1.00,表示了从缺乏信度到完全可信的所有状况。例如,当 $r_{xx} = 0.80$ 时,可以说实得分数中有 80% 的变异是真分数造成的,仅 20% 是来自测验的误差。在极端的情况下,如有 $r_{xx} = 1.00$,那么表示完全没有测量误差,所有的变异均来自真实分数;若有 $r_{xx} = 0$,则所有的变异和差别都反映的是测量误差。

二、信度系数的标准

最理想的状况是信度为 1,但在实际的测量中,由于各种干扰因素的存在,这样理想的信度系数是不可能达到的。多年的测量实践表明,一般的能力测验和成就测验的信度系数要达到 0.90 以上,有的需要达到 0.95;而人格测验、态度、兴趣、价值观等测验,其信度一般需要 0.80~0.85 或更高些。

信度系数的一般标准为:当 $r_{xx} \geq 0.85$ 时,测验能用来鉴别或预测个人成绩或作为;当 $0.70 \leq r_{xx} < 0.85$ 时,测验可用于团体比较;当 $r_{xx} < 0.70$ 时,测验不仅不能用于对个人进行评价或预测且不能用于团体比较。

另外需要注意的是,新编的测验信度要大于原有的测验信度。

三、信度的作用

测验者重视信度这一指标是因为信度能够衡量出一个量表的质量,信度的作用具体表现在三方面。

(一) 可以反映测量过程中存在的随机误差的大小

如果一个测验的信度很低,即测量的随机误差很大,测量的结果就会与实际情况有较大的出入。但我们知道随机误差是不可控制的,每次发生偏差的原因都不尽相同,这样的测验结果无法使人信服。值得注意的是,测量中的系统误差与信度无关。

(二) 可以用来解释个人分数的意义

从理论上讲,一个人的真实分数是用同一个测验对他反复施测所得的平均值,其误差则是这些实测值的标准差(杜林,2011)。但是在实际生活中,这种做法并不可取。因此,我们可以用一个团体(人数足够多)两次施测的结果来代替对同一个人反复施测,以估计测量误差的变异数。在此情况下,被试量次测验结果分数之差就能够形成一个新的分布,标准误(standard errors of measurement)就是这个新分布的标准差。有了标准误这一指标,我们可以对被试的真实测验水平做出令人信服的解释(采用区间估计来计算精度)。一个测量的标准误可用下式计算:

$$SE = S_x \sqrt{1 - r_{xx'}}$$

式中,SE 为测验标准误,S_x 为实得分标准差,$r_{xx'}$ 为测量的信度。

当测验满足经典测验理论的三大假设时,根据以上计算方法估计出标准误,然后使用以下方式构建测验真实分数估计的置信区间(confidence intervals for true scores,简称 CI):

$$X - Z_C S_E \leqslant T \leqslant X + Z_C S_E$$

其中,X 是被试(考生)的观测分数,S_E 为测量标准误,Z_C 是相对英语某个统计检验显著性水平的标准正态分布下的临界值。

(三) 信度可以帮助进行不同测验分数的比较

一般来说,不同测验的原始分数是不能直接比较的,需要通过转化为标准分数再比较。具体方法是采用标准分数再比较来进行差异的显著性检验,其公式为:

$$S_{ED} = S \sqrt{2 - r_{xx} - r_{yy}}$$

式中,S 为相同尺度(如 T 分数的 S = 10)的标准分数的标准差,r_{xx} 和 r_{yy} 是不同测验的信度系数。

值得注意的是:①由于计算方法不同,每个测验可以有很多个不同的信度估计值,因此在实际测验中要注意选择。②这一理论的前提是假设被试在测量中的误差完全相同,而在实际操作中因为各种因素的影响,每个人的随机误差不尽相同。③不可以把测验的结果视为一个孤立而僵硬的点,事实上测验的结果是一个区间范围,这个区间范围以点为中心、S_E 的某个倍数为半径。

四、提高信度系数的方法

提高测量信度的常用方法如下:

(1) 适当增加测验的长度(最直接的方法)。

(2) 控制测验的难度。最好使测验难度保持正态分布并且平均值处在中等水平。一般测验的难度比例为容易: 中等: 难 = 3 : 5 : 2。

(3) 提升测验试题的区分度。尽量提高所有试题的区分度,使测验真正反映出不同被试水平的差别。

（4）选择恰当的被试团体。被试异质程度越高，则其分数的分布范围越广，信度随着也提高，因此检验信度时，必须根据测验目的来恰当地选择被试团体。一般选取与常模样本性质相同的被试团体进行施测。

（5）严格实行测验的标准化。测验标准化的目的是为了减少测验中随机因素的干扰，提高测验信度。

❋ 案例

分析《儿童感觉统和评估量表》信度的可靠性

采用同质信度及分半信度来作为检验问卷信度的指标。研究结果如表 6-1 所示，正式问卷分量表与总量表的同质信度都在 0.70 以上，尤其以总量表的同质信度最高，达到 0.93。总量表及分量表的分半信度在 0.60 以上，虽然相对较低，但是总体而言问卷具有良好的信度，内部一致性较高。

表 6-1　儿童感觉统合功能评估量表的信度分析

因素	同质信度	分半信度
感觉区辨障碍（F_1）	0.885	0.846
重力不安全症（F_2）	0.804	0.790
感觉统合异常引起的运用能力障碍（F_3）	0.802	0.776
姿势动作障碍（F_4）	0.803	0.799
前庭觉障碍（F_5）	0.710	0.665
触觉防御（F_6）	0.719	0.681
重力不安全症引起的情绪及行为反应（F_7）	0.716	0.686
儿童感觉统合功能评估总量表	0.937	0.880

注：$F_1 - F_7$ 为儿童感觉统合功能评估量表的 7 个分维度。

此案例引自《儿童感觉统合功能评定量表的编制及其常模的建立》（顾艳，2012）

思考题：
1. 论文撰写中常用到的信度有哪些？分别说出它们的定义和测量方法。
2. 信度分析时用的是初测问卷数据还是正式问卷数据？
3. 不同的信度达到怎样的标准才合适？
4. 各组分别找一组数据用 SPSS 进行信度分析。

本章小结

信度是检验测验结果稳定性和可靠性的指标。信度系数一般用相关系数来表示，主要利用积差相关来计算。常见的信度系数有：重测信度、复本信度、分半信度、同质性信度、评分者信度以及一些特殊测验的信度。

信度系数在应用方面可以用来评估测验编制的质量。利用不同信度反映的误差来源来推测真实分数变异所占的比例。

思考与练习

1. 对信度进行分析的时候,对于同一个变量的问题可以一起进行分析,但是有些题目是正向计分,有些题目是反向计分,要分开么?
2. 相关性分析的时候,两个变量是否相关?若这两个变量分别有 n 个问句,要怎么操作?
3. 怎样提高测验的信度?

第七章 心理测验的效度分析

【本章提要】
◇ 测验效度的评估方法
◇ 效度的功能
◇ 提高测验效度的方法

在心理测量中,施测者利用自己信任的测量工具对测验进行复测,以此来判断测量误差。当测量者对使用的测量工具有疑问时,其可以通过另一个其自认为准确的测量工具验证先前的测验结果。在心理测量中,效度考察的是测量结果能够实际反映其考察内容的程度,通过比较测量结果与测验初衷的吻合程度,这就是测验的效度分析。

第一节 评估心理测验的效度

效度(validity)是指测验结果的有效性程度,即测量工具确能正确反映其所要测量特质的程度,或者简单地说,是指一个测验的有用性、准确性(李灿、辛玲,2009)。科学的测量工具所必须具备的最重要的条件,就是具有高效度。

在效度验证的过程中,由于测验目的的不尽相同,所以会有不同的检验效度的标准。一般而言,效度可分为内容效度、效标效度和构想效度三种主要类型。这里将大家介绍这三种效度的概念、区别以及确定方法。

一、内容效度(content validity)

(一) 内容效度的提出

19 世纪 20 年代,随着标准化测验的日益推广,人们越来越关注测验对于具体目标课程的代表性。于是"课程效度(curricular validity)"在 30 年代初被引入,随后更名为"内容效度"。内容效度主要考察某测验的题目是否可以代表所有可能的题目,这些所有可能的题目叫作内容域(content domain)(孙德金,2005)。内容效度很难确定,其原因是所需要测验的内容比测验题目要广泛得多,在确定测验的具体题目时需要考虑很多。而这些因素一般都由专家进行判断,因此内容效度的客观性比较差。

(二) 内容效度的定义

内容效度是指测验题目对所要测量的内容或行为范围取样的适当程度，测验的着重点是内容。例如，在学业成绩测验中，测验的题目就是根据教材和大纲来进行编制的，专家在教材和大纲中抽取所要测验的内容，而确定内容效度的方法就是看这些测题是否符合教材和大纲的内容目标。内容效度之所以还被称为课程效度或逻辑效度，正是因为这种估算效度的方法必须切合教材和大纲的内容与目标，用逻辑的方法逐一评判试题的质量。

(三) 验证测验内容效度的一般程序

估算内容效度的主要方法为逻辑分析法，即请专家对测验题目进行评判，考量测验题目是否切合课程内容和目标，具体程序为：

(1) 划定欲测验的内容范围，通常情况下涉及知识范围和能力两个方面。这种范围须具体、详细，并要根据一定目的规定好各纲目的比例。内容效度通常是涉及成绩测验的，因此内容范围是由一系列教学项目定义的。

(2) 明确每个测验中的题目所要测验的内容，并且制定双向细目表（考试蓝图），进行对照匹配，逐一对照项目，比较自己的项目分类与制卷者的项目分类是否一致，并做好记录。

(3) 制作评定量表来分析测验项目与所要测量的内容之间的吻合度、覆盖率等，还要评定题量和对应分数的比例以及题型的适当性等等，给整个测验进行有效性的评定。

(4) 此外，克伦巴赫（1955）还提出过另一种估算内容效度的统计分析方法。其具体操作是：抽取两套同在一个教学内容体系中的独立的平行测验，用这两个测验来测同一批被试，求两次测验分数之间的相关程度。若两次测验分数之间的相关程度高，即说明两次测验之间具有较高的内容效度；若两次测验分数之间的相关程度低，则说明两次测验中至少有一个缺乏内容效度。

(5) 再测法。让被试在学习某种知识之前做一次测验，即前测（如学习电学之前考电学知识），在学过该知识后再完成一次同样的测验。通过两次测验结果的比较，如果后测成绩与前测成绩有显著差异，且后测成绩较好，则说明测验具有较高的内容效度。

(四) 确定方法

1. 专家判断法

在如何确定内容效度的问题上，最常使用的定性分析方法是通过专家对测验内容与所预测量的教材切合程度的判断。例如成就测验，专家要对所预测验的内容非常了解熟悉，通过将教学大纲或者教材内容与测验题目进行比较，考察测验题目是否能够有效地反映出所测的教学内容。具体方法步骤如下：

(1) 首先，定义好内容范围，并描绘出有关知识与技能的轮廓；

(2) 其次，具体划分纲目，尽可能详细地依据重要性程度划分好各个纲目的加权比例；

(3) 再次,明确测验题目所对应的知识与技能测量,与纲目进行对比;
(4) 最后,制订评定量表,从各方面对测验进行评定。

2. 复本法

克伦巴赫认为,内容效度的计算可以通过一组被试在取自同样内容范围的两个测验复本上得分的相关来进行数量上的估计(Cronbach,1951),即复本测验。如果相关低,则说明两个测验中至少有一个缺乏内容效度,但无法确定究竟哪一个缺乏内容效度;当相关高时,一般推论测验具有内容效度,但也可能出现两个测验有相同偏差的情况。

3. 再测法

再测法的操作步骤是:首先对一批没有经过训练的被试进行测验,然后培训被试,在培训结束后,再次对被试进行同测验的施测。如果两次施测结果不同,且后测成绩优于前测,则认为训练有效果,具有内容效度。

二、效标效度(criterion validity)

(一) 定义

有效效标数据需要在测试隔一段时间后获得(如半年或者一年时间),目的是考察测验分数是否具有预测性(刘美凤、李福霞、于翠华、姜光红、吕志宏、孟祥文,2012)。测验分数预测不管何种效标情境或一段时间后被试的行为表现的程度。

(二) 效标关联效度的种类及作用

效标关联效度又可分为两种具体类型,即同时效度和预测效度。

1. 同时效度指的是在测量的当时即可获得的效标值(李敏、瓮长水、毕素清、田哲、李本源、于增志,2005)。比如,研究人员可能需要考查学生对其前一学年学习成绩的认识,因此需要向学生提问:"你去年的平均成绩如何?"计算学生的回答与学校登记的成绩的相关值,就可得出同时效度。

2. 预测效度指的是要经过一段时间才能获得的效标值(李栋、徐涛、吴多文、王战勇,2004)。比如,研究人员可能希望学生预测他们下一年的学习成绩,因此要向学生提问:"你预计下个学期能考多少分?"统计学生的回答和下学期真实的学校成绩,然后计算两者的相关,即能获得预测效度。

(三) 估计方法

效标效度通常可以采用统计分析获得。一般用的估计方法有相关法、分组法、预期表法等,所以效标效度又称为统计效度。

1. 相关法

计算被试的测验分数和通过效标测量的分数之间的相关,这是确定效标效度最常用的方法。依据变量的属性,可分别采用积差相关法、等级相关法、二列相关法等计算方法。

相关法的优点是:

(1) 贡献进行精确计算的预测源和效标之间的数量关系;
(2) 提供了统计学方法来预测每个人的效标分数(回归方程)。

相关法的缺点是：

（1）当预测源的分数与效标测量的分数之间不是呈现直线关系,此时计算两者的相关反而会低估测验的效度；

（2）不能提供关于取舍正确性的指标。

2. 分组法

除了相关法,为了使测验分数能够有效区分不同水平的团体,人们还用分组法来确定效标。例如在大学里,我们根据教师评价的方法把大学生分为合格与不合格两组,然后回过头去查阅他们的高考分数,如果高分组和低分组在高考分数上有显著差异,那就可以认为高考是有效的,否则高考便被认为是无效的。

3. 预期表法

将预测源测出的分数和效标测验测出的分数一起制为双维图表,再将双维图表中每个测验分数变量按照自己的标准划分为若干档次,将这些档次上的人数百分比逐一列出,这一方法称为预期表法。在各个档次中,我们可以看出效标效度的高低,数字越大,说明效标效度越高。

4. 回归分析法（regression analysis）

回归分析是将各个自变量引入回归方程,其依据就是自变量对因变量作用的大小。在引入自变量之前要对每一个自变量进行显著性检验,以确认自变量的作用（包括之前引入的自变量）。当自变量的显著性不明显的时候将其剔除,通过逐个剔除自变量直到没有新的自变量可以继续引入或者被剔除。这时的回归方程一般来说是最优的。

三、构想效度（construct validity）

（一）定义

构想效度是指测验分数能够说明某一理论概念或特质的程度。要想一个测验有结构效度,第一步是寻找结构的理论,建立关于心理品质的假设,然后在假设的基础上编写测验,最后检验测验结果是否能够支持理论结构。它主要关心两个问题：测验测量的特质（概念或构思）是什么,以及这一理论特质对测验分数的变异有多大影响。

关于智力测验有许多理论假说,例如测验分数在 16 岁以前随年龄的增长而增加；智力测验能区分不同智力水平；不同智力测验分数之间的正相关；智商具有相对的稳定性等。智力测验的结果如果能够验证这些理论假说,则这个智力测验被认为是有结构效度的。

确立合适的理论框架是检验结构效度的第一步,依据理论框架建立理论假设,然后检验测验是否符合理论假设。

由于结构指的是理论结构,而非测验项目的外在技术结构,以及结构的抽象性,因此确定结构效度既要收集各方面的实际资料,又要对构想进行理论分析。考察结构效度的方法比较繁杂,要根据具体情况选用不同的方法。

（二）构想效度的特点

构想效度具有如下特点：

（1）预先假定的心理品质理论在很大程度上决定了构想效度的大小。因为人们根据不同的理论构架对同一个心理品质建立不同假设，因此不同构想效度之间无法进行比较。比如，因为人们对智力的理论定义不同，所以不同的智力构想效度研究之间是不适宜进行比较的。

（2）当测验结果无法证实理论假设时，不一定意味着测验构想效度低，有一种可能是原来建立的理论假设不成立，或者没有找对方法和对该假设进行检验的设计不正确，这都使得构想效度的获取更为困难。

（3）构想效度的建立是具有一定的主观性，主要视人们要检测什么，因而构想效度不只有单一指标。

一项教育科学研究通常包含多个理论假设，在对研究进行设计的时候要尽量考虑提高效标效度，这也是提高研究水准的一个重要的方面。

（四）构想效度的确定方法

简单地说，构想效度的确定首先要提出理论假设。

依据理论框架，建立测验成绩的相关假设。然后用逻辑方法和实证方法来验证假设。

例如，韦氏智力测验就是根据这3大步骤来确立构想效度的。韦克斯勒首先假定"智力是一个人去理解和应付其周围世界的总的才能"，而不仅仅是推理能力或其他一些具体的技能。然后，他依据这一定义编制了11个分测验（WAIS-R）或12个分测验（WISC-R），从十几个方面来说明智力，并声明这些个分测验并非是测量不同类型的智力，而是测量总的智力的各个方面。测验编好以后，许多研究者便从不同角度研究了它的效度。其中，用因素分析方法得出的结论是，该测验实质上检测三种因素，即言语理解因素、知觉组织因素以及记忆和注意集中因素。

具体地说，建立构想效度可以有以下方法：

1. **测验内部寻找证据法**

内容效度在一定程度上反映结构效度，因为部分测验对内容的考察与理论结构的解释相似，因此，首先我们可以考察测验的内容效度。例如，在编制语文能力测验时，许多编制者将内容的定义等同于"语文能力"的解释。

其次，答题过程的分析也在我们的考察范围内。当我们发现一个题目的回答不仅体现了这道题目所要测试的特质，并且还体现了别的因素，那么则说明这道题目不严谨，没有很好地反映出理论构想，构想效度低。

再次，计算测验的同质性信度同时也可以用于检测构想效度。当测验试题不同质时，则可认定测验的构想效度不高。当然，测验的同质性只是构想效度的必要不充分条件。

2. **测验之间寻找证据法**

首先，检测新测验与原有的有效测量同一心理品质的旧测验之间的相关程度。当有证据表明两个测验相关程度较高，则说明新测验有较高效度。这种方法叫聚敛效度法。

其次,检测新测验与原有的有效测量不同心理品质的旧测验之间的相关程度。当有证据表明两个测验相关程度较高,则说明新测验效度较低,因为它也测到了其他心理特质。

需要注意的是,测量不同心理品质的测验之间具有低相关仅仅是新测验具有高效度的必要条件,这种相关法也称判别效度法。此外,因素分析法也可以用来了解构想效度。利用因素分析的过程为:通过对一批测验进行因素分析,得到这批测验的同因素以及每个测验在同因素上面的负荷值,这样得到的就是测验的因素效度,测验分数总变异中有关因素的比例即该测验构想效度的指标。例如,一些研究者对 WISC-R 和 WISC-CR 进行因素分析后发现两者的公共因子有三个。把第一个因子命名为 A 因子,负荷的分测验是词汇、分类、知识和领悟;把第二个因子命名为 B 因子,负荷的分测验是图片排列、木块图、填图和图形拼凑;把第三个分测验命名为 C 因子,它负荷的测验是算术、数学广度和编码。

第二节 心理测验效度的应用

一、效度的功能

所谓效度即有效性,指一个测量工具能够考查出其所要测量的东西的程度,这包括两个层面:一是测查到了什么特性,二是测查到何种程度(汪向东,1993)。如一个抑郁评定量表,若评定结果表明受评者确实具有抑郁特性,而且评准了抑郁的严重程度,那么这一抑郁量表的效度就好;反之则不好。效度可以有以下几点作用:

(一) 预测误差

由于事物的运动发展变化常受到多种因素的影响,因此在预测中误差必然存在。预测误差是指一个事物的实际值和测验的预测值之间的误差,由预测误差可以评价测验预测的准确性。一个测验的效度系数在实践中经常用决定性系数(r_{xy}^2)来表示。该系数代表一个测验能够预测或解释的效标的方差占测验总方差的比例。

比如,学生的中考数学成绩和学生进入高中一年后数学成绩之间相关为 0.5,即 $r_{xy}^2 = 0.25$,这说明高中一年级学生的数学成绩中有 25% 的方差是由其中考成绩解释的,其中考数学成绩能够预测 25% 的高中一年级学生的数学成绩。

$r_{xy}^2 = 1$,估计标准误 = 0,此时效标呈现完美状态,那么测验所得的分数就能完全替代效标;当 $r_{xy}^2 = 0$ 时,测验等同于猜测。在实际生活中,大多数情况下预测误差介于两者之间。

(二) 预测效标分数

效标分数的计算方法是,先得知一个人的测验分数,再把这个测验分数带入回归方程即可估计效标分数。

(三) 预测效率指数

引入概念预测效率指数 E，用于表示运用测验相较于随机猜测可以减少多少误差，$E = 100(1 - K)$。举个例子，当 $r = 0.6$ 时，则 $k = \sqrt{1 - r_{xy}^2} = 0.8$，$E = 20$。这说明测验预测产生的误差只是盲目猜测产生误差的 60%，也就说，因为运用了测验，所以在预测被试的效标分数时可以减少 40% 的误差。

(四) 进行效度分析

1. 表面效度分析

表面效度(face validity)又称逻辑效度，指测量的题目是不是"看起来"符合测量的目的和要求(吴毅、胡永善、范文可、孙莉敏，2004)。表面效度较为主观，它依据人员的主观判断而得出。

这种主观评判方法用于测量量表的内容效度。在操作中如果要对内容效度进行评价，则经常使用逻辑分析方法与统计分析方法相结合的方法。专家通过逻辑分析方法来判断题目在"外表上"是否能够体现测验目的；统计分析主要是计算每个项目得分和测验总分之间的相关系数，然后根据相关系数是否显著来判断效度。需要注意的是，反向计分的题目要通过处理后进行相关计算，然后才可判断其效度。

2. 准则效度分析

准则效度(criterion validity)，又称效标效度或预测效度。准则效度是指量表所得到的数据和其他被选择的变量(准则变量)的值相比是否有意义(董雪旺、张捷、刘传华、李敏、钟士恩，2011)。准则效度分为同时效度和预测效度，其划分依据主要是根据不同的时间跨度。准则效度即选择某一种成熟的指标或者工具作为准则，计算问卷题目和准则之间的相关，如果准则和题目之间的相关显著(或者问卷题目对准则不同值有显著差异)，则说明问卷题目有效。但是在问卷的效度分析中，寻找一个适当的准则往往有一定的难度，因此准则效度的使用有较多限制。

3. 结构效度分析

结构效度(construct validity)是指测量结果体现出来的某种结构与测值之间的对应程度(刘保延、谢雁鸣、于嘉、易丹辉、何丽云、胡镜清、周平，2006)。结构效度中包含同质效度、异质效度和语意逻辑效度。有的学者认为，效度分析最理想的方法是利用因子分析测量量表或整个问卷的结构效度。因素分析确定结构效度最常用的方法，在确定和构建效度的时候，研究人员最关心的是测验到底测量了什么心理品质，如何确定该量表有效，以及推论后的结果是什么。因子分析的作用是从所有测验项目中提出公因子，这些提出的公因子即构成了测验的基本结构，从而验证测验结构与原有理论结构是否相同。因子分析的呈现结果中，与结构效果有关的指标主要有因子负荷(反映原变量与某个公因子的相关程度)、累计贡献率(反映公因子对量表或问卷的累积有效程度)和共同度(反映由公因子解释原变量的有效程度)。

总而言之，心理测验是用来帮助做决策的，效度是考察一个测验能准确地测得所欲测量心理品质的程度，或者预测出它宣称能预测出的内容，这在心理测验中都很重要。

二、提高测量效度的方法

一般而言,要想提高效度,就必须控制随机误差并减少系统误差,除此之外要正确选择效标,准确计算效度系数。

(一)关注编著量表

测验要想真正测出特质,首先要收集大量资料,完成测验编制。其次为了避免在答题过程中被试心情受到很大程度的影响,就要筛选必要的、有区分度的、难度适宜的题目以及数量。再次,要关注测验试卷的文字表述、排版、印刷等。

(二)遵守施测规范

在施测过程中要妥善组织,操作要求主试一定要严格按照受测指导语进行,尽量减少无关因素的干扰。

(三)设置良好的情景

在各类测验中,被试往往因为测验前、测验中的焦虑而发挥失常,因此为了让被试调整好心态,应该从生理、心理以及知识等方面做好准备,尽可能地减少焦虑因素和其他无关因素的影响,以提高效度。

(四)选好正确的效标

效标的选择与是否正确地分析测验的结果息息相关,因此,只有选择恰当的效标,正确地使用公式,才能够更准确地估计出测量的实证效度。

❋ 案例

对《儿童焦虑性情绪障碍筛查表(SCARED)》的效度分析

对《儿童焦虑性情绪障碍筛查表(SCARED)》进行内容效度、结构效度的效度分析。

一、内容效度

初测问卷项目主要来自 Boyd et al. (2003), Muris et al. (2002), Neal et al. (1993)及范芳(2008)等国内外学者编制的相关权威性的问卷,并邀请心理学专业老师、研究生就修订量表的内容、词句表达进行分析评价和修改。根据本量表的各项目的决断值(CR值)大于3且达到0.001显著水平、每一项目与量表总分的相关达到0.30以上的标准,进行项目分析,删除不合标准的两题。根据因素分析删除14题并调整结构得到正式问卷,使得问卷在很大程度上能准确反映儿童的焦虑情况,内容效度较高。

2. 结构效度

本研究用实际调查的数据进行验证性因素分析,根据拟合良好模型的标准,χ^2/df 要小于5,$RMSEA$ 要小于0.08,GFI、$AGFI$、IFI、CFI 和 NFI 都要大于0.90。从表7-1看出,量表达到拟合指标,说明经过修订之后的《儿童焦虑性情绪障碍筛查表(SCARED)》模型拟合良好,有良好的结构效度。

表 7-1　四因素儿童焦虑性情绪障碍筛查表（SCARED）模型拟合检验

	χ^2/df	GFI	AGFI	IFI	NFI	CFI	RMSEA
模型	4.816	0.978	0.972	0.029	0.967	0.959	0.967

以上多指标和多角度的信效度检验表明了理论构想与量表的合理性。

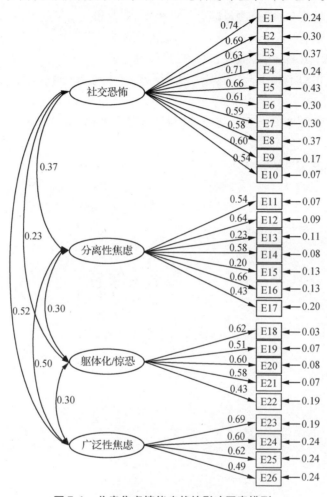

图 7-1　儿童焦虑情绪症状的影响因素模型

此案例引自《儿童焦虑情绪症状的影响因素及干预研究》（陈洁琼，2012）

思考题

1. 论文撰写中常用到的效度有哪些？分别说出它们的定义和测量方法。
2. 一份问卷怎样才算有良好的效度？各种效度良好的标准是什么？
3. 查阅资料，找一组数据用 SPSS 进行效度分析。

本章小结

效度即有效性,是测量的有效性程度,即测量工具最终能测出其所要测量特质的程度,或者简单地说,是指一个测验的准确性、有用性。一般而言,常见的效度可以分为以下几种:内容效度、效标效度和构想效度。

效度可以有以下几点作用:预测误差、预测效标分数、预测效率指数和进行效度分析。

提高效度的方法有关注编著量表、遵守施测规范、设置良好的情景和选好正确的效标。

测验效度反映测验能真正测得所欲测量对象的程度。一个测验的效度评估有重要的作用,它使得一个测验能否测量到我们想要测量的内容,同时在本章中也有案例的展示,更清晰地为我们解释效度在测验中的作用,以及为我们日后在测验效度方面的提高提供帮助。

思考与练习

1. 什么是内容效度?测验编制者和使用者应分别怎样把握内容效度?
2. 什么是结构效度?测验编制者和使用者应分别怎样把握结构效度?
3. 效度在测验中的应用有哪些?

第八章　心理测验常模制定

【本章提要】
◇ 常模数据的采集方法
◇ 常模分数的转换与合成
◇ 编制常模的步骤

一个测验做完之后获得的原始分数并没有太大意义,只有将原始分数按照某种标准转化后才可以正确地解释、评价及使用测验分数。测验的常模就是选取一个有代表性的行为样组来进行测验,获得这个被试群体在测验得分上面的分布状况(戴海崎、张峰、陈雪枫,2011)。我们常使用常模解释评价测验分数,其原理就是通过衡量个体的心理品质在一个特定群体中的相对位置来评价该个体的心理品质特征。科学和客观是编制常模的关键,因此本章通过对每个步骤的详细介绍,帮助读者制定出更规范的常模。

第一节　心理测验常模数据采集

常模是一种用来比较的标准量数,经过标准化样本测试结果计算而来,即某一标准化样本的平均数和标准差(沈浩,2013)。在进行人才测评时,我们刚好可以利用常模来解释和评估测试分数。要想挖掘出测验分数的意义,就必须找到合适的参照标准。测验的常模就是选取一个有代表性的行为样组来进行测验,获得这个被试群体在测验得分上面的分布状况,或者说与被试差不多水平的群体在同测验上的得分情况。常模用于解释测验分数。

我们选定了相应的研究设计之后,如何能准确有效地收集数据便成为重点。因为数据才能反映心理行为问题的真实情况。心理学的研究过程中,需要对数据进行收集,常用的收集方法包括观察法、访谈法、问卷法、测验法、语义分析法、内容分析法等。作为心理学的研究领域之一,学校心理学也通常采用这些方法来做研究,特别是经常采用观察法、访谈法、问卷法、测验法等来进行个案研究。

一、观察法

观察法是指在一定的情境中对被观察者的行为做系统的描述记录（黄希庭，2007）。儿童的心理活动相较于成人而言具有突出的外显性，所以通过观察其外部行为，便能借机了解他们的心理特征。因此，对于心理学研究来说，观察法是最基本、最普遍的研究方法。

（一）观察的类型

根据观察目的的不同，可以将观察法分为不同类型。

1. 自然观察与实验观察

当观察的数据是在自然条件下取得时，此时观察法称为自然观察法；当观察的数据是在人为干预条件下获得时，此时观察法称为实验观察法。自然观察法是指在自然环境中对被观察者的行为进行系统的描述记录（费敏华，2012）。它能够收集到对象在日常生活中的一般、典型、真实的行为表现，但是使用这种方法时观察者比较被动，儿童在自然状态下许多不易表现出来的心理特点也难以揭示。实验观察法最突出的特征是人为控制或者改变变量条件，以此有目的地引起被试的某些心理和行为表现，以便在最严格的条件下对它们进行观察，收集有关研究资料的一种方法（郑日昌、吴九君，2011）。例如，当研究儿童的助人行为时，自然观察法使用起来比较困难，研究者通常会使用实验观察法，创设一定的情境，然后观察儿童在这种情境下的助人行为。实际上，实验观察法就是我们常说的实验法。

2. 参与性观察与非参与性观察

依据观察者是否直接参与到被观察者的环境或者活动中，观察法还可以区分为参与性观察和非参与性观察。参与性观察就是观察者渗透到被观察者的群体情景中，与被观察者一起活动，从内部进行考察，故又称之为局内观察（张厚粲、龚耀先，2012）。例如为了解儿童同伴关系的特征，研究者可以主动参与到儿童的生活中，这样可以使观察变得全面、深入，而且能获得大量真实的研究资料，但使用这种方法得到的研究结论会带有主观成分。非参与性的观察就是观察者不介入被观察者的群体，不参加被观察者的各种活动，以局外人或旁观者的身份进行观察（张厚粲、龚耀先，2012）。这种方法比较客观，能获得初步的事实和资料，但无法深入调查。

3. 有结构观察和无结构观察

观察法还可以分为有结构观察和无结构观察，其区分依据是观察内容是否为具有一定结构的观察项目和要求。

何为有结构的观察？有结构的观察指在观察之前，观察者预先设计和准备好了需要观察的项目，设定了有针对性的观察表，按照观察表来进行目的观察和记录（张厚粲、徐建平 2009）。这种方法当然值得信赖，所得数据定量分析也方便、具体，但是对于观察者而言费时费力。无结构观察指观察者只有一个大体的观察目的和要求，或一个大致的观察内容和范围，但没有确切的观察项目和内容，同时没有制定观察表格（张厚粲、徐建平 2009）。这种方法比较简单，但所获得的资料较零散稀少。所以在实际的观察活动中我们需要根据具体情况有选择地进行观察。

4. 叙述观察、取样观察和评价观察

有时候观察的内容是完整连续的,有时候并不是。按照观察的内容是否完整连续这一特征和如何记录观察的方法,我们把观察法分为叙述观察、取样观察和评价观察。

叙述观察指详细观察和记录被观察对象连续、完整的心理活动与行为表现,以搜集研究资料的一种方法,如日记观察法、轶事记录法等,这两种方法获取的材料翔实,但缺点是被试量很少(因为费时),且操作要求高。

取样观察是按照一定标准,选取被试的某些特定的心理、行为进行观察,抑或选择特定的时间进行观察,并收集数据的方法。样板有时间取样观察、事件取样观察和行为核查表等,这几种观察方法的优点是省时省力而且比较有针对性,短时间内可以收集大量的样本,但是缺点是获得的材料不够完整翔实。

评价观察需要事先制定好评价量表,然后依照量表对被观察对象的心理活动及行为表现进行观察研究并给予评价,以搜集研究资料的一种方法,这种方法使用起来较为简单,但避免不了主观因素的存在(林崇德、辛涛、邹泓,2000)。

(二)观察的设计

观察设计是观察研究的第一步。观察设计通常包括四个方面。首先,界定观察的内容范围。举个例子,要研究成人的酗酒行为,则要考虑对于人群的选择,观察哪些有关现象。其次,选择观察策略。观察策略即实际观察时要用到的方法,常用的有取样观察策略、参与观察策略以及行为核查表策略等。第三,制定观察记录表。非结构性观察不需要制定观察记录表,但是在结构性观察中这点必不可少。目前,最常用的就是自己设计观察代码来设定观察记录表,观察代码的使用在于它能够使观察、记录和随后分析处理变得更加方便。最后,训练观察人员。由于观察策略的多样化和水平的不等,观察法对于观察人员的观察水平有一定的要求,所以在观察的环节中对观察员进行培训也是十分重要的。

(三)观察法的注意事项

使用观察法研究儿童心理行为问题时,有以下几个注意点。第一,能够清楚地认识所要观察的问题,明确观察目的。例如,在研究师生互动时,观察者要主动融入课堂,观察并记录课堂上教师的提问、学生的发言、教师板书与面部表情等。第二,尽量使学生放松,处于正常的上课状态,不要使他们意识到自己成为别人的研究对象。在这方面,许多现代化的观察手段可以派上用场,如单向玻璃、摄像机、观察监控设备等。第三,要记录好与观察目的相关的真实情况,以便后续进行整理分析,并提出研究的拓展性意见。第四,除了对被测的一般言行需要着重注意之外,观察员也要注意分析观察学生的相关资料,如学生的家庭环境、学生的日记、学生的课后活动等。心理学研究都比较注重这些方面。

二、访谈法

访谈法是一种以面对面的方式向被调查者提出问题进行调查的方法(亢升,

2012)。这是在心理学的研究中常用的方法,特别是在教学实践中起到重要的作用。它的最大特点在于整个访谈过程是访谈者与儿童互动的过程。

（一）访谈法的分类

访谈法同样可以根据不同的标准划分为不同种类型。例如我们根据访谈内容与过程是否依据统一的设计要求和是否存在一定的结构,可以将访谈分为结构访谈和非结构访谈;根据访谈时是否借助中介物,可以将访谈分为直接访谈和间接访谈;等等。

结构访谈又称标准化访谈,指拥有统一的设计要求,依据比较完整的结构的问卷而进行的正式的访谈(佟立纯、李四化,2007)。结构访谈有统一的标准和流程,包括对访谈对象的选择、访问内容和方式及顺序、被访者回答的方式、访谈记录格式等。有一些严格的结构访谈甚至还会涉及访谈时间、地点、周围的环境等外部条件。这种方法所获得的结果量化程度高,便于分析研究,但缺乏弹性。

非结构访谈,又称非标准化访谈,指只按照粗略的访谈提纲而进行的非正式的访谈(张力为,2002)。非结构性访谈对访谈对象的选择、访问内容和方式等没有严格的设计,通常只有大体的方向要求,具体的内容顺序等可以视实际情况而适度灵活操控。非结构访谈的优点是可以使访谈者和被访谈者自由发挥,深入挖掘,但不易进行定量分析,对访谈者也有特殊的要求。

除了结构访谈和非结构访谈之外,还有两种类型的半结构访谈:第一种类型的访谈问题是有严谨的结构,但被访者的回答方式是自由的,如我们在研究儿童的亲子关系的特征时,就采用了这种方式。另一种类型的访谈正好相反,访谈者预先并不设定问题的结构,访谈的时候较为灵活,但被访者会被要求按一定的结构方式进行回答。

（二）访谈法的设计

要想访谈能达到预期效果,访谈问题的设计显得尤为重要。设计要考虑到所要研究的问题、访谈程序的设置、访谈对象的选择以及访谈人员的选取与训练等许多方面。其中,研究者在进行访谈设计时应注意以下几点。

第一,最重要的是明确访谈的最终目的,并从目的出发,将访谈具体化。第二,是要对访谈问题的形式进行设计,访谈主题应该尽量具体,不带有歧义或含糊性。访谈问题有两种,封闭性问题和开放性问题。封闭性问题如"你与父母的关系是很和谐、一般,还是存在矛盾";而开放性问题如"你理解的亲子关系是如何的呢"。第三,确定具体的访谈问题。一般而言,访谈问题需要围绕本次访谈的具体的研究变量进行设计,每一个访谈的问题都不可以远离操作定义,而要从属于研究变量中某一具体度量指标。第四,在拟定具体访谈问题的同时,需要考虑让对方以何种方式对所提出的问题做出反应。常用的问题设计方式有填空式、等级排列式、量表式和核对式等。第五,完成以上几个访谈法的编制步骤后,研究人员在正式访谈之前要进行试测,试测是为了确定访谈的内容是否恰当且遵循研究目的,提问措辞能否使人明白,提问的顺序是否合理。

(三)访谈法的注意事项

访谈法的有效性和可信度还与儿童的配合情况有联系,在进行访谈时应注意以下几个问题。

第一,访谈之前访谈者要尽量熟悉访谈的各项内容,与被访谈者取得联系,了解被访谈者的各项资料,商定适宜的访谈时间和地点,准备好预先设定的资料(例如记录纸、录音笔等)。第二,访谈正式开始之前必须与被访谈者建立友好关系,多沟通,为访谈的有效进行建立基础。第三,访谈者自身必须有熟练的沟通技巧,能够冷静处理问题。第四,当然,访谈时无关紧要的话尽量少说,谈话要始终围绕调查目的,避免离题。第五,可以使用多种记录方式,以便扩大信息采集量,如录音等。

三、问卷法

问卷法也称问卷调查法,是研究者根据研究问题的需要,制定出相应的问题表格让被试自行填写,然后在被试完成问卷后回收问卷以获取调查所需资料的方法(郑晶晶,2014)。

(一)问卷的设计

问卷研究的关键环节是问卷设计,它决定了问卷调查的有效性,且直接关系到问卷回收率。问卷的设计比较复杂,其中包括问卷形式、问题的表述形式和呈现方式、被试回答问题的方式以及问卷结构等一系列问题。

心理学研究中的问卷形式一般包括题目、前言和指导语、问题、选择答案和结束语等几个部分。

(二)常见的问卷类型

心理学的研究中常用到问卷法,就是要求被试完成一些问卷,然后通过回答情况评价其心理和行为的特征。常见的问卷类型主要有总加量表法、累积量表法、一致定位量表法和语义区分量表法等。不管是何种问卷类型,量表都是问卷的标准化形式。

(三)问卷法的注意事项

在使用问卷法去研究儿童的心理发展与适应问题时,需要注意以下问题:第一,问卷中的问题数量不宜过多,且必须紧绕主题;第二,问卷的内容和表述应该尽量简单有趣;第三,问卷中封闭性的问题占主要部分,开放性的问题设置得少一点;第四,问卷中问题的表述应尽量能避免显露出真实意图,防止社会赞许效应的出现。

四、测验法

测验法就是通过心理测验来研究儿童心理、行为特征的一种方法,它一般是用一套标准化了的题目,按规定的程序对儿童心理的某一方面进行测量,从而做出儿童某方面心理发展水平或特点的评定与诊断(李伟健,2006)。与观察、访谈和问卷法一样,测验法也经常在心理学中使用到,它既可以用于衡量儿童心理发展的个别差异,也可以用于了解不同年龄阶段的儿童心理发展水平的一般特征。

(一) 心理测验的类型

心理测验的种类很多,可以依据不同的标准对其进行区分。

1. 从测验的功能分类

根据功能不同,可把心理测验分为能力测验、学绩测验和个性测验。能力测验的研究内容包括实际能力和潜在能力;学绩测验的研究内容为学生经过教育和训练后达到教学目标的程度;而个性测验的研究内容主要是测量性格、气质、兴趣、态度等个性特征。当然,不乏有些测验包括了个性特点中的几个或全部内容,如卡特尔16PF人格测验;也有些则比较单一,如兴趣测验、气质测验等。

2. 按测验的目的分类

根据目的不同,可以将测验分为描述性测验、诊断性测验、预测性测验。

描述性测验是指心理测验的目的是对个体被试或者是群体被试的能力、性格、兴趣、知识水平等进行描述。诊断性测验是指心理测验的目的是对个体被试或群体被试的某种心理或者行为问题进行诊断。预测性测验是指心理测验的目的是使个体将来的表现和能达到的水平在测验中得到一定的预测。

当然分类体系除此之外还有很多,如按测验方式的不同分为个别测验和团体测验;按测验对心理品质表现的不同要求分为最高行为测验和典型行为测验;按应用方向的不同分为教育测验、职业测验和临床测验等。

(二) 测验法的实施

在实际使用测验的过程中,应注意以下问题:

(1) 测验者必须事先准备,包括熟练掌握指导语,材料备齐,熟练地掌握测验的具体实施程序等。

(2) 测验实施时需要选择适宜的测验环境,包括安静敞亮的地点,适宜的采光和通风条件,防止意外干扰等。

(3) 指导语和时间要把握好。

(4) 与被试建立良好关系,引起被试对测验的兴趣,保证整个测验过程能够严格地按照程序进行。

第二节 心理测验常模的应用

一、常模分数的转换

(一) 发展常模(年龄量表)

1. 智力年龄

智力年龄的概念最早出现于比奈—西蒙量表中。一个儿童在年龄量表上所得的分数就是最能代表他的智力水平的年龄。这种分数叫作智力年龄,简称智龄(金瑜,2005)。

2. 智商的计算

比奈—西蒙量表的核心观点是,若心理年龄高于实际年龄,表明儿童智力水平较高;若心理年龄低于实际年龄则说明儿童智力水平偏低。但事实上,单纯用心理年龄来表示智力高低的方法并不完全科学。

(1) 比例智商:IQ = MA/CA × 100

比例智商被定义为心理年龄(MA)与实足年龄(CA)的比值(杨治良,2007)。避免小数不宜计算,又乘以100。例如,一个学生的实际年龄与心理年龄一致,那么他的智商就为100。

根据经验发现,IQ等于100代表正常的或平常的智力水平,IQ高于100代表智力水平发展迅速,低于100代表智力水平发育迟缓。

比例智商有一个缺点,即个体的智力增长并不是一成不变的,在实际年龄的不同时期智力的发展水平不同,即心理年龄的增长和实际年龄的增长不是同步发展的,存在个体年龄越大其智商越低的现象。智商不适用于测验年长个体的智力水平。

(2) 离差智商

离差智商是利用样本经过统计学运算而得到衡量智力的标准分数,为了避免与比例智商相差太多,韦克斯勒将离差智商的平均数定为100,标准差定为15(黄希庭,2007)。离差智商建立在统计学的基础上,代表了个体在其所在的年龄水平中,其智力水平处在什么位置,因此可以把离差智商作为衡量智力的标准。

$$IQ = 100 + 15Z' = 100 + 15(X - \overline{X})/SD$$

式中,X表示被试的量表分数,$\overline{X}$表示被试所在年龄水平的平均量表分数,SD表示这一年龄水平被试的量表分数的标准差。

需要注意的是,离差智商只有在测验的标准差相同或者相似的时候才能进行比较,否则比较无意义。

离差智商的计算方法是,先计算出基础年龄,基础年龄即被试所有题目都有通过的那组题目所示意的年龄,没有完全通过的更高水平的题目,可以通过统计通过的题目数量来计算更多月份,然后叠加在基础年龄之上,这样换算后就是儿童的智龄。在吴天敏修订的比奈—西蒙量表中,任何一个年龄组都包括6个测题,答对每题则记为智龄2个月。

例如,有个孩子全部通过了6岁组的题目,然后在7岁组通过4题,在8岁组通过3题,在9岁组通过2题,那么这个孩子的智力年龄就是:6(岁) + 4×2(个月) + 3×2(个月) + 2×2(个月) = 6岁 + 18个月 = 7岁6个月。

3. 年级当量

年级当量又称为年级量表,经常用于教育成就测验,年级当量的测验结果表明了该学生智力处于一年级的水平。

例如,有一个学生的算术是5年级水平,阅读是6年级水平。当常模样本中5年级的算术平均分为35分时,这个学生的算术成绩恰好也是35分,那么就可以得出"该学生的算术水平相等于5年级学生水平"的结论。

值得注意的是,年级量表的单位通常为 10 个月间隔。

(二) 团体内常模

团体内常模(within-group norm),即根据团体分数计算并加以编排出来的常模(郑日昌,2008)。要想获得个体在群体中的相对位置,则常要将个体分数和常模进行比较。通过使用团体内常模,被试与同质的团体的横向比较可以对测验结果进行有效的解释。团体内常模表括百分位常模、标准分数常模和商数常模三类。这里主要介绍前两类。

1. 百分位常模

百分位常模一般包含百分等级、百分位数、百分位区间、四分位数和十分位数。

百分等级(percentile rank,简称 PR)是一种相对位置量数,在心理和教育研究中被广泛应用。当分数按照大小顺序排列后,用百分等级就可以表示任何一个分数在该团体中的相对位置(姜文闵、韩宗礼,1988)。例如,被试的百分等级为 95,即在常模群体中有 95% 的人低于这个分数。换句话说,百分等级标志的是个体在常模群体中所处的相对位置,百分等级越高,个体所处的位置就越高。

百分等级的计算公式为:

$$PR = 100 - (100R - 50)/N$$

式中,R 代表原始分数排列序数,N 代表总人数(样本总人数)。例如:小明数学成绩是 80 分,在 30 名同学中排列第五名,则其百分等级 $PR = 100 - (100 \times 5 - 50)/30 = 85$。

百分位数(percentile)实际上是连续轴上的一点,在此点以下,包括数据中全部数据个数的一定百分比。通过原始分可以转换成百分等级,即明确低于某一分数的人数占总体人数的比例;反之,若已知百分等级,求与之相对应的分数应该是多少,则是求百分位数。

百分位区间(percentile bounds)表示原始分数代表的是量表上的一个区间,并非一点。百分等级的转换可以帮我们理解和解释原始分数,但因为原始分数本来也仅是对真实分数的估计,所以误差免不了。此时需要标准误(standard error)的帮助,计算出一个人数区间,用来说明真实分数可能的变化范围,那么结果将更加可靠。

在实际应用中,许多测验分数通常是用百分位区间的形式来表示的,而没有用原始分数区间的形式来表示。例如,若某测验的标准误为 1.5,某人原始分为 57,则其原始分数的置信区间为 57 ± 1.5,即 55.5 ~ 58.5;再找出与 55.5 ~ 58.5 相对应的两个百分等级分别为 71 和 82,则可解释为该受试者的真实分数区间为 55.5 ~ 58.5,也可以说成常模团体中有 71% ~ 82% 的人低于该受试者的得分。

百分等级是计算某测验中低于某个分数的人数百分比,而百分点则是表示处于某一百分比例的人对应的测验分数。

四分位数,也可以视为百分位数的一种,通常用符号 Q 来表示,四分位数是将量表分成四等份,也就是百分等级的 25%、50%、75%、100% 对应的百分位。

百分位数是将量表平均分成 100 份,十分位数也可以依此类推出,它将量表平均分成10份,1%—10%为第一段,91%—100%为第十段。

2. 标准分数(standard score)常模

标准分数,又称基分数或Z分数,是以标准差为单位表示一个原始分数在团体中所处位置的相对位置量数(杨治良,2007)。常见的标准分数有Z分数、T分数、标准九分数、离差智商(IQ)等。

标准分的转换有两种方法,一种是线性转换,另外一种是非线性转换,因此可将标准分数分为两类:

(1) 线性转换的标准分数

线性转换中最有代表性的标准分数就是Z分数。原始分数转换为Z分数的公式为:

$$Z = (X - \bar{X})/SD$$

式中,X为任一原始分数,$\bar{X}$为样本平均数,SD为样本标准差。

虽然Z分数最典型,但是因为原始分数在转换为Z分数后可能出现小数和负数,而且单位较大,不便于计算、使用和被普通人理解,因此可以将Z分数转换成另一种形式的量表分数,这一转换形式为:

$$Z = A + BZ$$

这里Z为转换后的标准分数,A、B为指定的常数。

该公式里加上常数A是为了去掉负值,乘以常数B是为了使单位变小从而去掉小数点,要注意加或乘一个常数不会改变原来分数间的关系。

(2) 非线性转换的标准分数

当原始分数并非常态分布时,也可以通过非线性转换使之常态化而求得标准分数。

计算要求的环节如下:①计算每个原始分数的累积百分比。②采用常态曲线面积表,查阅对应百分比的Z分数。获得的Z分数可以分布成几部分,我们称之为Z'分数,以区别由线性转换所求得的Z分数。

与线性导出分数一样,常态化标准分数也可以通过计算转化成任何方便的形式,当标准分的平均数是50,标准差是10时,通常叫作T分数。

$$T = 50 + 10Z$$

另一较知名的标准分数系统是标准九分,顾名思义,是把量表分为9级的分数量表。它是将标准正态曲线下的横轴以Z=0各1/4标准差为中间一段,左右各划分为四段,共九段,每一段为一个等级分数,除两极端的1分和9分外,其余各段间的距离均为0.5标准差。

正态分布的分数区间从最低到最高对称地分成九个不同等距的区间,标准九分的每一个分数代表正态分布中特定范围内的百分等级,转换公式为:

$$S = 5 + 2Z$$

原始分数可以通过计算Z值转换成标准九分;反之,从标准九分也能很容易地求得原始分的Z值,并进一步了解到该分数的百分等级所在的范围。

此外,经常出现的常态化的标准分数还有标准十分和标准二十分,前者平均数为5,标准差为1.5;后者平均数为10,标准差为3。

二、分数合成

(一) 分数合成的种类

心理测验常常遇到要把测验分数进行合成的情况,一般的测验分数合成有三种类型,第一种是由最为基础的测验题目合成一个分测验或一个测验;第二种是由几个分测验上的得分总和形成合成分数;第三种是将几个测验的得分进行组合,得到合成分数或者合成预测。

(二) 分数合成的方法

1. 临床诊断(直觉合成)

依据研究人员主观的经验直觉,把测验的各种因子加权取重,获得结果或者推论,这样的方法称为临床诊断(徐光兴,2009)。高度的综合性和灵敏的针对性是临床诊断的优点,它能就特定的个体形成具体的结论。临床诊断的缺点是,主观加权易受个人偏见的影响,达不到客观性要求,同时缺乏精确的数量分析。

2. 加权求和合成

如果各个测验所测特质之间存在代偿作用,并且测验上的分数都是连续性资料,并且大概是同时获得的,就可以利用加权求和的方法对分数进行合成。最简单的方法是单位加权,就是将分数直接加到一起,即:

$$X_c = X_1 + X_2 + \cdots X_n$$

如果想将变量进行等量加权处理,就把测验分数换算为标准分数,然后采用以下方式加权:

$$Z_c = Z_1 + Z_2 + \cdots Z_n$$

如果各个测验所得分数权重不同则使用差异加权,其公式为:

$$Z_C = W_1 Z_1 + W_2 Z_2 + \cdots W_n Z_n$$

3. 多重回归

多重回归就是研究一种事物或现象与其他多种事物或现象在数量上相互联系和相互制约的统计方法(张厚粲、徐建平,2009)。基本方程式是:

$$\hat{y} = a + b_1 x_1 + b_2 x_2 + \cdots b_n x_n$$

式中,$\hat{y}$代表预测校标分数;$x_1, x_2, \cdots, x_n$代表每一个预测源的分数;$b_1, b_2, \cdots, b_n$代表每个预测源的加权分数;a为常数,该常数用来校正预测源与校标平均数的差异。

在实际生活中,由于影响因变量的因素实在太多,因此在回归分析中需要对两个或两个以上的自变量对因变量影响的现象进行分析,这一过程就叫多重回归。

4. 多重划分

在实际测量中,由于所测心理品质的性质原因,有可能发生所测特质之间不能相互补偿的情况。多重划分就是在各个特质上都确定一个标准,把成绩划分为合格与不合格两类。只有每个测验都合格了,总要求才算合格。所以在整个施测过程中,必须将所有组成这一测验的分测验按照一定的顺序排列起来,然后逐个施测。被试要想完全合格,就必须每个分测验都合格。由于成功的被试必须越过一连串测验的栅栏,所以这种方法也叫作"连续栅栏"(顾明远,1990)。

三、编制常模的要点

(一)明确群体构成的界限

必须明确界定群体的构成。其原理是依据常模团体所明确的总体目标,对所测群体的诸多性质和特征加以确定(性别、年龄、职业、文化程度、民族、地域、社会地位等),才能得到理想的常模。

(二)常模团体必须具有代表性

常模团体是由具有某种共同特征的人所组成的一个群体,或者是该群体的一个样本。常模团体必须能够代表所要研究或施测的总体。

(三)明确阐释取样过程

例如样本的来源、抽样方法及各步骤等。

(四)样本大小要适合

其实心理测量对样本的大小没有特别严格的界定标准,一般而言,样本越大误差越小,两者呈反比。然而也并不是说所选取的样本越大越好,因为这样并不现实,要综合考虑实用性和减少误差,取得两者之间的平衡。样本大小合适的关键是样本具有代表性。

一般性常模的样本数最低不小于30。

全国性常模的样本数一般以2000到3000为宜。

(五)常模团体必须具备时效性

标准化样组并非一成不变,它的产生具有一定的时间和空间背景,往往随着时间和空间的变化,样本就会失去标准化的意义。因此必须定期修订,保证常模的新近性。

(六)注意一般常模与特殊常模的结合

(1)对通过筛选的常模团体进测验施测,得到常模团体成员的测验分数及分数分布概况。

(2)将原始分数转化,确定常模分数类型,制作常模表,同时对抽取常模团体进行补充并书面说明,以及提供常模分数的解释指南等。

❄ 案例

对《学习困难儿童筛查表》的常模建构

一般而言,心理测验的原始分数是没有多少意义的,因为其缺少解释的资料。为了说明和解释测验结果,经过上述一系列的检验程序后,本研究可以确认此学习困难评估表之理论模型与观察资料适配度佳,且经过效度检验其结果均符合预期假设。在确认本量表具有可信度与可用性之后,根据本测验的性质、用途及其所要达到的测验问卷的水平,特建构小学生学习能力年级常模,以筛选学习困难儿童。

构建常模必须先建立施测资料档案,再建立量表标准常模的标准分数。标准分数能显示个人的表现在常模中的相对位置并作为比较基准,不同测验的标准分数在互相转换后,可以比较个人在不同测验中的表现,进而能够增进研究上的解释力(Annastasi & Urbina,1997)。

下面将介绍常模建构的主要流程:

一、计算原始分的平均数与标准差

为考验操作性动作测验原始分数转换成 Z 分数后是否为常态分布,研究者以 SPSS 软件求得全体学生学习能力测验 Z 分数及各年级学生学习能力测验 Z 分数之偏态峰度数值,结果发现:偏态和峰度值并未等于 0,但两者都在 -2 和 $+2$ 之间,其分数仍可视为常态分布,然后建立各年级常模。

二、分数转换

本研究采用标准 T 分数作为常模分数的转换。第一步将测验的原始分数转换为 Z 分数,采用公式:

$$Z = \frac{(X - \bar{X})}{S}$$

进一步将 Z 分数转换为 T 分数,采用公式:$T = 50 + 10Z$。这样,就使得测验分数全都转换成了正整数,便于个体进行参照比较。将原始分数转化为平均分为 50 分,标准差为 10 的 T 分数。

三、常模的制定

本研究根据受试者在 Likert 五点量表(最低 1 分,最高 5 分)填答的情形,计算每个题目的得分,加总每个题目的得分成各个分量表的测验原始分数之后,进一步转化为标准分数,并根据这些资料建构小学生学习困难常模表。

四、对《学习困难儿童筛查表》常模代表性的解释

本研究在昆山地区采集小学生群体共 6000 例,制定了昆山地区小学生学习能力筛查表常模。这些样本均来自昆山地区的各所小学。在抽样方法方面,本研究采用分层随机抽样,以年级为分层标准,分别在 1—6 各年级抽取 1000 人进行测量。调查样本中,男女生基本各半,且以独生子女为多;父母教育程度以高中为多;家庭类型以双亲家庭为多;家庭经济状况以一般为多。父母受教育程度多为高中,这与全国人口普查的比例一致。常模的分布在昆山地区小学生中具有一定代表性。

在年龄分布方面,原量表适用于 6~12 岁小学生,考虑到小学学习的发展性和连续性,本研究将一、二年级合并统称为低年级,三、四年级合并统称为中年级,五、六年级合并统称为高年级,以此为依据分别制定《学习困难儿童筛查表》的低、中、高年级常模。

五、对《学习困难儿童筛查表》常模低分段的解释

由于本量表平均分为 50,标准差为 10,故设定平均分 1 个标准差以下为低分段,即 $T = -10 \times 1 + 50 = 40$ 分以下为低分段。

(1) 数学能力

在学习中数学能力较差的学生,具体体现为数学运算能力较差,无法心算,对于空间安排、数学符号辨识运算、公式的记忆和运用均较一般学生差,而且表现出

运算或逻辑上的错误。数学障碍的学生往往伴有阅读理解能力障碍。

（2）阅读能力

有阅读障碍的学生一般体现在对认识书面文字和理解文章等方面有障碍,他们有时会把常见的字认错或者混淆,也无法区别辨析易混淆的字词,在读书的时候出现跳行跳字的现象,且阅读习惯较差,常常无法回答文章中的问题,无法说出故事的主题及隐含意义等。

（3）语言能力

有语言障碍的学生在接收、处理、表达方面有显著的困难。表现为无法区别辨析或正确模仿别人的发音,语言组织能力较弱,无法流畅地复述发生的事情。同时,在理解力方面不能理解结构复杂的说话内容。

（4）思考能力

一般而言,在概念的形成、组织与统合整理上有困难的学生,其思考能力有异常。通常还伴随心理处理缺陷及讯息处理问题(讯息的输入和输出、处理速度慢),不会使用恰当的学习策略来辅助学习,也难以将学习内容归纳、组织或统合整理。

（5）书写能力

儿童在书写和书面表达方面体现出的障碍称为书写障碍。书面表达包含了词汇的表达、语句的表达和文章的书写表达。这些学生写字易犯左右上下颠倒(镜影字、反转字),无法将笔画的运作次序记忆下来,也无法掌握笔画的高低、长短,往往表现出口语表达能力要比书写能力好很多。在完成作业时,常要花费更多的时间,且几乎无法独立完成作业。

（6）注意力

学生的注意力异常往往体现在两个方面,一方面为注意力不足,也就是说,这些学生不明白哪些刺激应该被注意,而哪些刺激不应该投注注意力,因此,常常是最无意义的刺激也能够打断这些学生对于学习的注意力。例如在家里写作业,常会被房间外的动静吸引注意力,为宠物和玩具分心。另一方面为注意力过度集中,应该要注意的事物不注意,反而注意无所谓、不是重要目标的事物。例如,给有注意力异常的学生展示一幅图画,他们的注意力常常注意在图画的细枝末节,而不是图画整体。

（7）认知能力

学生的认知能力异常表现为对某些尝试和概念认知错误,如在被教导多次后仍然无法分清左右、日期、方位等概念,不能理解基本的数量概念及人物称呼等。

（8）社交能力

存在社交能力不足的学生在与人交往时,表现为视线接触不自然,讲话速度过快或者声音过大,而且他们无法理解或者捕捉社交对象的反应,无法理解别人的表情、肢体动作语言、语调和适当距离中所体现的社交意义。

（9）动知觉发育

有些儿童没有办法对刺激进行统合,是因为其知觉加工有异常,因此不能把事物整理成一个完整体,难以辨认和理解感觉器官所感受到的刺激。例如其表现出协调能力欠佳,动作笨拙,行动不稳,动手能力差,知觉形象背景困难,寻找隐藏的图像困难,不易分辨声调,对声音的高与低、缓与急、纯音与杂音等辨析有困难。

此案例引自《神经统整训练对学习困难儿童之干预研究》(陈翠,2012)

思考题:

1. 什么是常模?常模可以分为哪些类型?应该怎样选择不同的常模?
2. 常模选择的要点有哪些?
3. 常模数据的收集方法有哪些?
4. Z分数、T分数、标准九分数转换的公式分别是什么?
5. 为了保证常模的时效性和保证常模群体的样本量足够大且能代表目标群体,测验者应该怎样选择合适的常模群体?

本章小结

一般心理测验中收集常模数据的方法有:观察法、访谈法、问卷法、测验法、个案研究、语义分析法、内容分析法等。

测验分数合成一般有三种类型,第一种是由最基础的测验题目合成一个分测验或一个测验;第二种是由几个分测验的得分总和形成合成分数;第三种是将几个测验的得分进行组合,得到合成分数或者合成预测。

分数合成的方法主要有临床诊断(直觉合成)以及加权求和合成。

常模提供了一个比较个体测验分数的标准,常模的类型有很多,测验使用者必须选择和使用最类似受测者的常模群体。测验使用者要及时更新常模,确保常模能够代表施测目标锁定的群体,即常模具有时效性和代表性。在对常模团体施测完成之后,把测验所得的原始分数转换成测量的标准分数(如Z分数T分数、标准九分数、离差智商等)来给个体分数赋予更多的意义,并将个体分数与常模群体分数进行比较。

思考与练习

1. 常模分为哪些类型?应该怎样选择不同的常模?
2. 试比较各种导出分数的优缺点。
3. 比例智商与离差智商与的本质差异是什么?

第九章　心理测验手册

【本章提要】
◇ 测验手册的内容结构
◇ 测验手册的编写原则

测验手册是在测验编制完成之后,为了便于使用,同时让别的测验使用者学习测验的使用方法所制定的一份简明易懂的工具。测验手册的编制的要点包括编制内容结构和编写原则,本章将从测验手册的内容结构和测验手册编制的原则两个方面来介绍测验手册,帮助读者了解测验手册的编制过程。

第一节　心理测验手册的内容结构

测验手册的内容由测验编制和测验使用两个部分组成,每个部分都有其不同的内容结构。

一、测验编制

测验编制的过程包括六个方面:测验的目的与作用、测验的理论框架、测验编制程序、测验的内容、测验的信效度以及测验的常模。

（一）测验的目的与作用

心理测验是一种用来测量评估个体的某种行为,判断个体心理差异的工具。心理测验是进行心理学研究的必要手段,在日常生活中也能得到较多的利用。在编写测验手册的过程中,需要明确测验的目的与作用,使用科学的测验工具。

（二）测验的理论框架

测验编制的理论基础是测验的理论框架,其主要是说明测验所依据的心理学理论以及基于该理论所确定的维度体系。理论构架的关键是维度体系,构想信度的基础也是维度体系。在编写过程中,不仅要说明基于该理论形成了哪些维度,也需要对每一个维度下一个操作性定义,明确每一个维度的测评要素。

（三）测验的编制程序

这是为了说明测验编制的科学性而撰写测验编制程序,是对测验题目的资料来源、预测试、项目分析、信效度检验、常模制定等方面进行整体规划编制的过程。在编制程序的过程中,可以明确描述完成每一步骤所需要的时间。

(四) 测验的内容

为了使测验更具有科学性,可以列出数据分析的各种结果。通常包括预测试的项目分析结果、项目修改结果、定稿项目难度和区分度指标等。

(五) 测验的信效度

测验的信效度是为了说明测验结果准确性的指标。信度方面,根据测验提供几种信度指标的结果表格来检测;效度方面,可以通过全部列出能够证明测验准确性的资料。

(六) 测验的常模

常模是解释测验结果的依据,由描述常模制定的方法、常模团体的背景信息和规模、常模样本的选取方法、施测时间以及采用的导出分数组成。

二、测验使用

测验使用的过程分为测验的实施、测验的计分、测验结果的呈现形式、测验要求与注意事项等内容。

(一) 测验的实施

在测验的实施过程中,使用者须明确如何对个体进行施测;在施测过程中,要讲清楚具体步骤;在测验的指导语中,要说清楚,严格阅读指导语,不可按照自己的理解进行解释。这样做的目的是保证测验实施过程的标准化。

(二) 测验的计分

这部分内容包括测验的标准答案与计分体系。

对于能力测验和学绩测验而言,标准答案也就是每个项目的正确答案;对于人格测验和心理健康测验而言,标准答案是指题目与测验维度的对应关系,通常采用表格的形式加以呈现。测验统分体系包括各个项目的计分规则、各个维度的计分规则和测验总分的计分规则。

(三) 测验结果的呈现形式

采用何种形式来呈现测验结果,主要依据实际的测验考评目的来确定,这样,呈现结果也有利于对结果的运用。测验结果一般有四种呈现方式:数字、文字、表格和剖面图。直接提供测验的原始分数和导出分数的是数字;直接提供测验结果描述的文字表述的是文字,对测验结果的解释将多个维度测验分数综合在一起加以呈现的是表格。

(四) 测验要求与注意事项

在测评的过程中,需要严格控制条件,如宣读指导语的注意事项等,这些都要在测验手册中进行详细描述。

第二节　心理测验手册的编写

测验手册是使用测评工具的主要依据。本节将就如何撰写测验手册展开叙述。

一、熟悉测验内容

首先测验手册编写者要对测验的内容有一个全面的了解和掌握,包括熟悉测量目标、测量问题、测评理论、实证基础和信效度指标等。

二、按步骤编写手册

测验手册编写的主要内容包括测验的目的和作用、测验的维度体系、测验的标准体系、测验方法、施测的程序与步骤、测验的标准答案和记分方法、测验结果的呈现形式、编写测评的注意事项和要求等。

三、体现测验编制的科学性

严格依据测评体系、维度进行编写测评手册,能够充分体现测评的科学性。例如,某一测评需要考察的是一个人对某一目标职位的胜任性,那么在手册中就需要突出被测评者的特点与目标职位的关系。

四、使用规范专业的语言

在测评的过程中要使用客观的描述和规范的语言,避免出现前后矛盾。尽可能使用简洁、易理解的语言。

❋ **案例**

《大学生人际关系问卷》测验手册的编制

一、测验项目的编制过程

(一)测验项目的编制方法

根据文献查阅以及许传新教授的研究理论,初步从宿舍交往、宿舍沟通、宿舍冲突和主观评价几个维度进行问卷的编制,每个维度编制了 15 道题,根据初测结果,经过统计分析发现,宿舍冲突维度较敏感,不适于施测,所以最终定为三个维度,每个维度选取 8 道题作为最终施测题目。

(二)测验项目的类型

测验项目为选择题,三个维度,每个维度 8 道题,每道题分为 A、B、C、D 四个选项,被测试者根据自己的实际情况选取任一选项作答。

(三)测验项目的数量

初测题目共为60题,区分为四个维度,每个维度有15题;正式问卷为三个维度,每个维度8道题,共24题。

二、对测验项目的分析

(一)试测和项目分析

测验项目对管理学专业08级的本科生进行试测。在问卷回收后采用SPSS进行统计分析,内容包括项目分析、因素分析以及题目难度和区分度,目的是来删减题目,以保证问卷的信度和效度,最后选取三个维度,每维度8道题作为正式问卷项目。

(二)正式问卷

试测后对问卷项目进行了删改,得到正式问卷。本次研究所编问卷通过删减题目后,正式对大一到大四年级6000名学生施测。有24个项目,采用4级评定法,1分为非常符合,4分为完全不符合。

(三)信度分析

1. 内部一致性系数

对问卷的内部一致性信度进行检验(采取内在一致性信度系数),结果为0.87,信度良好。可见问卷测量结果的稳定性程度较高,即本自编问卷的质量比较高。

2. 重测信度

对被试进行测验重测。共测量6000名大一到大四学生(男生3000名,女生3000名),取得教师同意后,在较为正式的时间点进行测验,一般而言,两次测验的重测时间间隔要在6周以内,本次研究时间紧张,所以选择的时间间隔为1天。问卷总分(相关系数)重测信度为0.982,相关极其显著。

3. 分半信度

采用分半信度对问卷进行检验,得出宿舍交往、宿舍沟通和主观评价三个维度的分半信度分别为0.91、0.92和0.91,总问卷的分半信度为0.91。

(四)效度分析

1. 构想效度:在构想效度中,宿舍交往与主观评价相关系数为0.55,相关系数最高,且呈正相关,说明宿舍成员之间交往越密切,对宿舍关系的主观评价越高。

2. 效标效度:测验分数与宿舍友好和谐效标分数之间的效标效度为-0.34,说明测验成绩与宿舍之间的友好和谐效标呈负相关的关系,也就是说,大学生在宿舍的人际关系分数越低,则平时在宿舍中的友好和谐度越高,说明测验结果对测验大学生宿舍人际关系有一定的有效性。

(五)常模制定

本问卷还建立了平均数常模,采用平均数加减两个标准差为标准,当分数高于平均数两个标准差的时候就代表有良好的人际关系,低于平均数两个标准差则代表人际关系不良。原量表适用于大一到大四的学生。

三、测验的实施

(一)实施条件

被试对象为在校大学生,被试者必须根据事实情况进行如实回答,不得造假。

正式测试题目时对被试无特殊要求,只需做出如实回答。正式测试时,被试者应为不同年级,并且被试者男女各占一半。

（二）实施过程

预测验选取了四个维度,每个维度 15 道题,选取了在校生 6000 人,分发测试题 6000 份,收回 6000 份,全部有效。根据测验问卷统计分析,最终测验题目为三个维度,每个维度 8 道题,共 24 题,分别选取了大一、大二、大三、大四年级各 1500 人进行施测,男女各 3000 人,分发问卷 6000 份,收回 5984 份,有效率为 99.7%。全部数据采用 SPSS 17.0 进行分析。

四、测验的计分方法和标准答案

（一）计分方法

本问卷采用 4 级计分制,四个选项 A、B、C、D 在计分时分别对应 1、2、3、4 分,各维度对应题目相加总和为该维度的分数,所有维度分数相加得到总分,分数越高代表人际关系越好。

（二）标准答案

题号	A	B	C	D	题号	A	B	C	D	题号	A	B	C	D	题号	A	B	C	D
1	Ⅰ				7			Ⅲ		13			Ⅲ		19		Ⅲ		
2	Ⅰ				8			Ⅲ		14		Ⅱ			20	Ⅰ			
3		Ⅱ			9		Ⅱ			15	Ⅰ				21		Ⅱ		
4		Ⅱ			10	Ⅰ				16			Ⅲ		22	Ⅰ			
5	Ⅰ				11			Ⅲ		17		Ⅱ			23			Ⅲ	
6			Ⅲ		12	Ⅰ				18	Ⅰ				24			Ⅲ	

注:Ⅰ=宿舍交往;Ⅱ=宿舍沟通;Ⅲ=主观评价。

五、测验结果的呈现形式

根据实际的测评目的和需要,要决定出用何种方式呈现测评的结果,这样的结果有利于对结果的运用。本问卷的测验结果通过数字、文字、表格展现出来。

六、其他注意事项

由于水平有限,时间较紧,问卷难免有疏漏之处,欢迎批评指正,以供完善。

此案例引自《大学生宿舍人际关系结构及问卷编制》(王海涛、张月、宋娜,2013)

思考题

1. 编制测验手册的基本步骤包括哪些?
2. 在编写测验手册的过程要注意哪些问题?
3. 各组找一个熟悉的量表制作一份测验手册。

本章小结

测验手册的内容结构一般来说包括测验编制和测验使用两个方面,测验编制主要包括测验的目的与作用、测验的理论框架、测验编制程序、测验的内容、测验的信效度以及测验的常模六个方面。测验使用主要包括测验的实施、测验的计分、测验结果的呈现形式和测验要求与注意事项四个方面。

在撰写测验手册时,一般从熟悉测验内容、按步骤编写手册、体现测验编制的科学性和使用规范的语言这四个方面入手。

思考与练习

1. 测验手册的内容结构有哪些?
2. 测验手册的编写过程要注意哪些问题?

第三篇 应用篇

第十章　心理测验的实施与计分

【本章提要】

◇ 测验实施的设计、准备及具体实施
◇ 测验计分的注意事项

测验实施和计分是测验过程中的重要环节,是测验实现标准化的重要方面。只有通过测验的实施和计分,主试才能获取被试在所欲测量领域上的行为表现,才能最终推断出被试在该领域的真实水平。无论是测验的实施过程还是测验的计分过程都不能任意为之,而是有着严格的标准,只有按照这些标准严格实施测验才能获得真实的结果。本章所讨论的测验实施与计分即围绕测验的标准化而展开。

第一节　测验的实施

一、测验设计

测验设计主要包括指导语、前言、题目、选择答案、问题和结束语等几个部分,主要包括确定测验结构、选择测验题目的表达方式和排列方式以及设计回答形式等内容。测验的回收率、有效率及其重要的科学性等都与测验设计的优劣有关。

二、实施测验前的准备工作

测验实施的标准化及测验的顺利进行都要靠测验前精细的准备工作,以下将主要介绍测验实施前应该做的一系列准备工作。

（一）预先通知测验

测验实施前应当通知受测者,确保受测者提前有所准备,并了解测验的时间、内容、地点、范围以及项目的呈现类型等。了解这些内容有助于受测者提前调整好自己的情绪或生理状态。如果有必要,可以不告知受测者测验的真实目的,但是不管怎样,心理测验一般不会突然进行,而是会预先告知被试。

（二）施测者的准备

指导语是测验中极其重要的一部分,施测者必须熟悉并熟练地将指导语表达给受测者,这是心理测验顺利实施的基本要求,它将影响测验的效果。

施测者必须熟悉测试的具体程序。有些个体或团体心理测验比较复杂,不仅是发放和收集问卷,而且需要专门的受训人员来完成。比较有代表性的主要有韦氏智力测验,该测验包括言语和操作两部分,操作部分的试题涉及示范和摆放的规则。有些测验需要用幻灯片显示,对于一些特殊人群的测验可能还要借助助听器或者手语的运用。对于这些复杂的测验,施测者必须做好充分的准备,提前阅读理解测验手册和演示视频并对测验进行提前演练,根据测验的性质和施测者的自身素养提前演练测验时间的长短。

施测过程中可能发生各种各样的突发事件,施测者必须提前做好一些应急准备。例如,要防止突然停电等状况;受测者可能会提一些问题,为此施测者可以事先做好回答一些问题的准备;面对一些特殊对象如年老体弱者或精神病人要特别注意其心理和身体状态,避免其过分紧张,做好防暑防寒工作,精神病人最好有精神科医生陪同参与测试。

(三) 准备测验材料

在实施测验之前,施测者必须对测验的材料进行详尽的检查,测验材料主要包括答题纸、测题、指导书、计时表、纸、笔、记分键等,材料准备好后,最好进行一次模拟测验,以再次确定材料的完备。

(四) 选择测验环境

研究表明,测验的环境会影响测验的结果;心理测验对测验环境的要求是非常高的(张宗国,2009)。例如一个人在噪音环境和安静环境下的文书测验结果会有很大的差异性。施测者必须选择一个温度适宜、通风良好、有良好采光且比较安静的环境进行测试,所有的测试环境最好采用统一布置。在测验实施过程中最好禁止闲杂人等打扰。

三、实施测验

测验的准备工作做好后就应该开始施测了,这时要考虑的就是如何尽可能地防止测试结果受到额外因素的影响,做到测验实施的标准化。测验实施标准化的实践要点在于实施测验的过程要严格遵循测验手册的规定程序,这样测验结果才够可靠。如果施测者不够熟悉或未能正确认识该标准化和测验的实施方法及意义,就容易忽略一些重要的要求如测验指导语和计分方法,从而影响测验的结果,使其产生误差。

(一) 控制测验焦虑

被试因为接受测验而产生的忧虑和紧张情绪被称为测验焦虑(谢珍珍,2013)。测验焦虑可能会使测验结果失真。控制被试测验焦虑要从四点做起:①不恐吓被试。②不威胁被试。③不要求被试快速填答以保证完成全部测验。④不警告被试测验非常重要,要重视,尽力去做。

(二) 指导语

指导语一般是指对测验的说明和解释,包括对特殊情况发生时应如何处理的指导(郑日昌,2008)。指导语一般由对施测者的指导语和对受测者的指导语组成。

在施测过程中,指导语必须是统一的。

纸笔测验对于受测者的指导语应当简洁明了,符合礼仪,不应当占用被试太长时间,否则容易引起受测者的焦虑和反感。指导语一般位于测验题目的开头,一般由施测者宣读或由受测者自己阅读。一个好的指导语主要包括以下几个部分:

(1) 用何种形式进行反应(书写、绘画或口答)?
(2) 用何种方式进行记录(录音、录像或者答题纸)?
(3) 是否有时间限制?
(4) 不能确定时是否允许猜测?
(5) 根据需要有选择地告知被试测验目的。
(6) 当测验形式比较陌生时提供必要的例题。

对于施测者来说,指导语一般在测验指导书中有明确说明,主要帮助其了解一些测验细节及突发状况的处理,并对施测者的行为举止做了严格的要求。综上所述,指导语严格规定了施测者的行为、语言模式以及受测者的反应形式和态度。

(三) 对被试的反应的记录要清楚而及时

及时清楚地记录被试的反应能够有效避免施测者浪费精力与时间,保证记录结果的准确性。

(四) 与被试建立良好的协调关系

与被试建立良好的协调关系,指的是施测者要想方设法激起被试对测验的兴趣,取得合作的态度,以保证其能按照标准测验指导语行事。

(五) 时间限制

在时间方面,施测者必须严格根据测验的时间限制进行测试,在测验开始之前就要在指导语中提示被试具体时间的限制,这也是测验标准化的一项内容。在速度测验和有分测验的测验中时间限制非常重要,不应当随意拉长或缩短。

第二节 测验的计分

测验的计分必须客观简洁,测验通常采用选择题等客观题,以使得不同评分者给出较为一致的计分模式。记分键是含有正确反应或标准答案的模板,这是一些标准化测验常用的。随着时代的演变,光电阅读机的出现也使得测验的计分更为准确省时。总而言之,标准化的计分方式要做到客观、准确、实用、经济。

记分过程应当遵循以下原则:

一、严格遵循计分键

施测者应当详细阅读测验手册,做到熟练掌握计分键,公平公正,客观严格,不得随意计分,严格遵循手册中的计分方法与原则,根据计分键来计分,特别要注意非客观题的计分方法。

二、及时和准确记录被试的反应

施测者应当清楚详细记录受测者的反应以及测验过程和测验环境中出现的突发事件,有时可以采用录音和录像等形式。这对于口试和操作测验非常重要。

三、注意控制主试的反应

施测时主试摇头、皱眉等暗示性反应可能会影响受测者,因此计分时主试要避免这些反应,始终保持微笑和蔼的态度。个别施测应注意避免受测者看见计分,以免影响受测者的注意力和测验结果。

❋ 案例

托兰斯创造性思维测验(TTCT)的计分

(以图形创造思维分测验中活动之建构图画为例)

一、题目

将下面残缺的图画添加上你想添加的内容,给图画取一个题目,并且在图画完成之后描述图画所代表的故事(时间3分钟)。

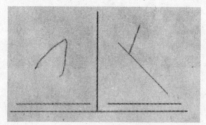

二、计分标准

这一部分主要考察被测者的独创力和精进力,具体计分标准如下:

（一）独创力

建构图画中的独创力分数加权是根据我国400名受试者的反应算出来的。从这400名受试者的反应次数算出各种反应的分数。分数组距从0分到5分,反应次数占5%或5%以上的不给分;占4%到4.99%的给1分;占3%到3.99%的给2分;占2%到2.99%的给3分;占1%到1.99%的给4分;占1%的给5分。下表为分数表(表上查不到的为5分)。

表10-1 图形创造思维测验分数表

反应名称	分数加权	反应名称	分数加权
人的头脸	0	气球	4
人的胴体(不含眼、鼻、心、口等)	3	昆虫身体	2
天体(日、月)	4	动物身体	0
水果	2	蛋(不含破壳者)	0
不倒翁	1	眼	4
石头	4	船(太空船)	4

反应名称	分数加权	反应名称	分数加权
花草	1	禽鸟身体	0
抽象设计	0	鼻子	4
怪物	4	树	0

（二）精进力

要对建构图画精进力进行评价,有两个基本的假设:第一,将被试刺激图形的最小和最原始反应视为一个单独的反应;第二,将被试在构建图画过程中对图画细节的想象和补充看作一种创造能力的功能。

在具体的评分上,把被试添加到图片本身和周围的各个细节都计1分。需要注意的一点是,评分的前提是每个反应必须是有意义的。

下列的情形精进力给1分：

（1）所有反应中的每一个基本细节给1分,但同一细节只给1分。
（2）颜色在基本反应上增加了一个观念时,也给1分。
（3）阴影给1分。
（4）装饰给2分,但须具有意义。
（5）就整个反应而言,每一个有意义的设计的主要变化给1分。
（6）在题目上,除了基本描述以外,每增加一个观念给1分。

此案例引自《托兰斯创造性思维测验》(TTCT)的测试和中美学生的跨文化比较(叶仁敏、洪德厚、保尔·托兰斯,1988)

思考题：

1. 在测验计分时应当注意哪些问题？
2. 自己找一个问卷,参考其计分方式,填答后加以计分。

本章小结

本章主要阐述测验的实施过程和计分过程应当注意的一些问题。读者要主要掌握的要点如下：

测验的实施过程主要包括测验的设计、测验开始前的准备、测验的具体实施过程中要注意指导语、控制测验焦虑、与被试建立良好的协调关系和及时清楚地记录被试的反应。

测验的计分过程应当做到及时和清楚地记录被试的反应、制作标准答案、注意计分过程中主试的反应。

思考与练习

1. 测验的实施过程包括哪些部分？
2. 测验的计分过程应当注意哪些问题？

第十一章 心理测验结果的报告与解释

【本章提要】
◇ 测验结果报告的格式及要求
◇ 测验结果报告的注意事项
◇ 测验结果解释的注意事项

不同类型的测验有不同的报告与解释方式,但总的来说,要遵循测验结果报告与解释时的相关事项,此外,报告与解释者一定要具有专业的资格、细心谨慎的态度、重视被试者心理状况的责任心。报告测验结果须准确、明了,同时要考虑到受测者的身心健康,避免对他们造成伤害;当向受测者解释测验结果时也要遵循相应的原则。

第一节 心理测验结果报告

一、报告的意义

报告是将测验所获得的信息转达给申请人,是对申请测验的人员的答复。完整的心理测验报告既要有测验的一般信息,如测量的内容、记分方式、测验工具,又包括对测验结果的精确的解释。

书写测验报告是测验工作必不可少的一部分,申请评估者会通过最终的报告认识和了解被评估者。

二、书写报告的格式要求

测验报告一般包含以下几个方面的内容:
(1) 受试者姓名、性别、年龄、出生日期、民族、籍贯、职业、住址。检查人姓名、检查地点及日期。
(2) 采用测验名称包括现在的和以前的(注明结果)。
(3) 测验时对受测者的行为观察应注明受测者以下几个方面的情况:仪表、语言(声调的快慢高低以及表达能力)、测验情境的适应性、合作程度、努力程度、注意力、主试的情绪态度、社交沟通能力、主动性、从一个活动灵活转换到另一活动的能力等。

（4）测验结果的解释。例如对韦氏智力量表测验的解释：呈现简要结果；量表的信度、量表的效度（如行为观察、既往史及其他不同来源资料的一致性）；差异性的比较分析（言语量表和操作性量表、各分测验之间的差异）；分析智力的强点和弱点。

（5）总结包括结论、建议和申请之外的发现。建议应针对申请的要求做出总结，当内容中与前面有所重复时，要明确重复的内容不能过长。用词简洁、精确，切中要点。

三、向当事人报告测验结果的注意事项

（一）使用当事人可以理解的语言

测验作为一个专门的工具，有着相应的专业术语，在报告测验分数时必须考虑到你所说的词汇是否过于专业，并最终导致受试者不能完全理解。通常，报告测验分数时应使用受试者能够明白的语言，甚至在必要时可以询问受试者是否能听懂你的意思。

（二）要保证当事人了解这个测验测量或预测了什么

不需要做详尽的技术性解释。例如在做职业兴趣调查时，不需要说明职业兴趣调查表的编制过程，但需要向当事人说明的是，职业兴趣量表是把他的兴趣和从事各项职业的人进行比较，在和群体的高低分的比较中得出他所适合的特定工作。

（三）要让当事人知道他被比较的是什么团体（如果测验结果是以常模为参照的）

常模参照测验关注的是被试的分数在群体中的差异性，进而最大限度地鉴别出被试间的差异。在常模测验中，常模是一个评判的标准，个人测验分数的高低是相对的，只有与常模进行比较才能知道个体在团体中的位置，确定其分数的高低。

（四）要让当事人认识到测验结果只是一个"最好"的估计

分数的形成受很多因素的影响，必然有一定的局限性。从测验本身来看，测验的信效度、实测过程不严谨等都可能带来误差。从受测者的角度来说，每个受测者的身心状态、投入程度等都会对测验结果产生影响。有时对一个团队有效的测验不一定对每个人都同样有效。因此，我们在让受测者感到可信的同时应让受试者客观地认识他的分数。

（五）要让当事人知道如何运用他的测验结果

特别是当测验用于人员选择和安置问题时，教会当事人运用他的结果尤为重要。在决定过程中要向当事人讲清楚测验结果的作用。详细地说明测验所得结果是起决定性的作用还是作为参考的价值；在没有唯一的最低分数的情况下，低分数是否有其他方面的补偿；等等。

（六）要考虑测验结果给当事人带来的心理影响

由于对测验结果的报告会影响受试者的自我评价和自我期待，进而影响其行

为,因此,在报告时要考虑到受试者的反应,既不要让得到低分的受试者自暴自弃,也不要让得了高分的受试者忘乎所以。对因测验结果不理想而产生不良心理的被试在必要的时候要做一些思想工作,使其进行相应的调适。

(七) 要让当事人积极参与测验结果的报告

报告测验结果就保证当事人完全了解分数的表面意义和隐含意义。因此要在报告测验结果的过程中,时刻关注受试者的表情及行为,鼓励他提出相应的问题。

(八) 测验结果应当向无关人员保密

当事人的测验结果应该采用个人的报告方式,而不应该让其他无关的人员知道,充分保护当事人的隐私,对当事人负责,以免对当事人造成不良的影响。更不应公告通知或大肆宣扬测验结果。

(九) 向低分者报告时应当谨慎小心

当受试者获得较差的结果时,他们往往有自卑的心理,情绪也会有一定的失落挫败感。如果再对他们进行直截了当的叙述并对项目进行具体分析,必然会对他们产生消极的影响。因此,向他们报告测验结果时用词要得当,态度要诚恳,语气要委婉。

(十) 提供适当的引导和咨询服务

测验结果受到受试者自身状态的影响,因此报告测验结果时,宜先让当事人充分表达测验时的心理感受,从而判断他的测验结果是否是在最佳状态下所取得的。只有确定了受试者在测验过程中的各种身心状况,才能采取适当的措施加以引导。

第二节 心理测验结果解释

测验结果解释的基本任务就是用一定的方法,以量化的数值来描绘测验的某些特质或特征。解释测验结果的重要意义在于在了解由测量工具所测得的结果的基础上,使所得结果具有意义,进而了解改变了个人的特定心理特质。

测验结果的解释涉及两个问题:第一,如何看待测验结果的意义;第二,如何将测验结果的意义告知给受测者(李万兵,2005)。对测验的解释,高德曼曾提出一个含有三个维度的解释模型,可作为解释测验结果的参考(Goldman,1986)。这三个维度分别是解释测验分数的类型、资料处理的方法和资料的来源。他提出解释测验结果的4种类型:叙述、溯因、预测和评价;资料处理的方法有两种:机械的处理与非机械的处理;资料的来源有两种:测验资料和非测验资料。

一、测验结果解释的注意事项

(一) 主试应充分了解测验的性质与功能

测验使用者只有具备心理测验的基本知识,才能了解测验的性质与限制。任何一个测验的编制都有其特定目的和特有的功能。测验的编制手册详细地介绍了编制的标准化过程、测验的信度、效度以及所用的常模。主试应详细了解测验的编制手册。此外,还要比较测验所测量的对象和局限所在以及测验结果的限制。值得注意的是,两个测验即使名称相同,功能也会不同。因此对内容要有正确的认识,方能做出客观的解释。

(二) 对测验结果成因的解释应当慎重,防止片面极端

受测者所取得的测验结果,是其遗传特征、目前的学习与经验以及测验情境所形成的函数,这三个方面对测验结果都有影响。所以,我们应该把测验结果看作对受测者目前状况的测量,至于其是如何达到这一状况的,则受许多因素的影响。

将受测者在测验前的经历或背景因素考虑在内,才能对其测验结果做出有意义的解释。譬如,对于大城市的孩子与边远山区的孩子,虽然他们在关于词汇的测验中取得相同的分数,但有着不同的意义。

测验情境也是影响分数的因素。譬如,一个学生因为意外干扰,或者身体不适、情绪不佳,或者未弄清楚施测者的说明,都可能都会产生测验焦虑。如果不能很好地控制这些因素的不利影响,就会使测验结果受到影响。在这种情况下,不是单纯地武断地以测验结果下结论,而是要找出造成测验结果反常的原因。

(三) 必须充分估计测验的常模和效度的局限性

解释测验结果时,既要有常模资料也要有效度资料。仅依据常模资料,只能说明在常模团体中个体的相对等级,不能进行预测或得出其他方面的解释。人们常常会忽视测验效度的局限性,仅依据标题和常模数据对测验结果进行最终的解释,这无疑是错误的。例如,一个内外向量表的测验,并有常模资料,此时解释结果时就很容易把得高分的人说成是内向性格,即把它当作有效度资料(戴海崎,2012)。

解释测验结果时即使有了效度资料也要谨慎。常模团体不同、施测条件有差异,再加上效度也是有具体条件的,这些因素都会影响分数进而得出不同的结果。因此,一定要从最相近的团体、最匹配的情境中获得资料并进行测验结果的解释。

(四) 应参考其他的相关资料

解释测验结果时,被试个人的经验以及背景因素也应该考虑进去。另外,测验情境也是十分重要的因素,受试者在测验时的情绪状态、身体状况和与测验过程无关的事件都会影响受试者的成绩。尤其在诊断测验中,更应该考虑这些因素。

(五) 测验结果应该是一个范围

测验的信度不等,测验也就并非完全可靠。因此,我们应该将测验结果看作一个范围而不是一个确定的值。当使用确切的分数值时,要说明这是对真实分数的最佳的估计而不是一个确定的指标。

(六) 对不同的测验结果不能直接进行比较

不同的测验结果只有放在统一的量表中才能进行比较。即使是两个名称相同的测验,如果具体内容不同,那么测量的特质也会不相同。此外,由于建立标准化样本的组成不同,量表单位不同,因而其测验结果也不具备可比性。进行测验结果间的比较时,通常用的一种方法是先把两种测验用等值百分位法将其转换成百分等级,然后再用百分等级作为中介,做出一个等级的原始分数表。另一种方法是线性等值,即不是用相同的百分等级作为中介,而是用相同的标准分数作为等值的

基础。

（七）原则上不将测验结果告诉受试者以外的任何人

在保密原则下，施测者要对受试者以外的人进行保密，尊重受试者的隐私。在需要告诉受试者的家长、教师或者其他负责人的时候，一般只讲测验结果的解释而不是测验分数。值得注意的是，在这种情况下，施测者应对测验结果做必要的说明，以免引起其他不良后果。

（八）解释测验结果时态度要谨慎小心

对智商、能力、人格等诊断性结果的解释务必慎重，避免给受试者"贴标签"，以免引起不必要的误解。因为这些测验的结果有可能影响到一个人的一生。这种诊断性测验有可能引起"标定效应"，对被试今后的个人认同和行为方式都会有一定的标定作用，因此要特别慎重小心。

二、常模参照测验的结果解释

（一）发展量表

人的许多特质如智力、能力等是随着时间的推移而有规律地发展的，所以可将个人的成长与个人发展水平比较而制成发展量表。在此量表中，个人的分数会表明他的行为是处于哪一个发展水平。

1. 年龄量表

一个儿童在年龄量表上所得到的分数，就是最能代表其智力水平的年龄。这种分数叫作智力年龄，简称智龄（王雅萍，2001）。

2. 年级当量

在教育成就测验上，经常采用年级当量来解释分数。所谓年级当量，是指把学生的测验成绩与各年级学生的平均成绩进行比较，看其相当于几年级的水平（苗逢春，2003）。

3. 顺序量表

这是为了检查婴幼儿心理发展是否正常而设计的量表，它不使用各年龄的平均分数，而以婴幼儿代表性行为出现的时间为衡量标准。

（二）商数

1. 比例智商（IQ）

在最初的智力测验以年龄来表示测验结果的使用中发现，它是一个相对量数，智商（IQ）被定义为智龄（MA）与实际年龄（CA）之比，为避免小数，将商数乘以100：

$$IQ = (MA \div CA) \times 100$$

2. 成就商数（AQ）

成就商数（achievement quotient）是将一个学生的教育成就与其智力进行比较，即教龄或教商与智商之比（郑日昌，2011）：

$$AQ = (EM \div AM) \times 100 = (EQ \div IQ) \times 100$$

成就商数既可以反映学生的努力程度，又能反映教师的教学成果。

(三)百分等级

百分等级是顺序量表,是测验分数中使用最广泛的方法。正如前文所述,一个分数的百分等级是指在常模团体中低于该分数的人数百分比。百分等级指出的是个体在常模团体中的相对位置,等级越高,个体在团体中的位置越高。

(四)标准分数

为了对测验结果进行统计分析,常常需要将原始分数转换为具有相等单位的间隔量表。标准分数可以通过线性转换或者非线性转换获得,包括 T 分数、标准分、离差智商等。

三、标准参照测验的结果解释

(一)内容参照分数

内容参照又叫作范围参照,用于判断被试对所制定范围中的知识或技能掌握得如何。解释测验结果时,一方面要明确测验中知识或技能的范围,另一方面要确定一个能报告成绩的标准量表。解释时要能表述出个人所掌握的知识或技能的具体情况以及学习进度等。

(二)结果参照分数

结果参照又叫作效标参照,是用效标行为的水平来表示分数,此处用结果来解释测验分数,而不是用常模和内容来解释。我们可以用简单的图表来表示受测者得到每种校标分数的百分比,如期望结果的概率;也可以用图表来表示不同测验分数的人所可能获得的预期效标分数,如期望的效标分数。

❋ 案例

一份智力衰退的心理学检查报告

姓名:王某某

性别:女

年龄:56 岁

出生日期:1958 年 3 月 16 日

籍贯:江苏苏州

民族:汉族

文化程度:高中毕业

职业:商店经理

检查者:张晓

检查日期:2013 年 5 月 7 日

检查地点:办公室

检查项目:WAIS,MMPI

以往测验:无

申请检查理由:

跟从丈夫前来,要求对其做心理学评估诊断,因为她觉得近两年来记忆在不断缓慢下降。她两年前觉得自己再也无法胜任她的工作而不得不辞去某商店经理的职务。虽然当时还只表现为有些"忘事",但现在每况愈下,最近连简单的家务都无法做好(忘记何时倒垃圾,饭后老不记得刷碗、擦桌子)。该做的事即使写了备忘录,也还是遗忘误事。要求评估其智力衰退的程度,同时要鉴别是真正丧失记忆还是夸大(诈病或癔症),并提出建议。

观察结果:

来访者是一位满头白发、衣着整洁、相当标致的女性。在检查中积极主动,清楚地自知其缺陷,自诉"这使我很伤脑筋!"说自己过去的记忆很好。测验时测验人员需要不断重复问题,但来访者回答时仍张冠李戴或者茫然不知。叙述偶然有"铿锵"声闯进联想。有时在几种项目中都持续用相同回答而不自知。

表 11-1 WAIS 测验结果

分测验	失败项目题号	粗分	量表分
知识	6,8,10-14,16-21,23-	7	7
领悟	11,13,14,	15	9
算术	8-	7	89
相似	5,7,9-	9	9
背数	(顺背6,倒背3)	9	9
词汇	5,14,16,18,25,28,	36	9
数字符号	30,31,33-	2	0
填图	4,6,8-	5	6
构图	全不能	0	0
排图	1,4-	10	6
拼物		14	7

VIQ:90,PIQ:70,FIQ:未计(因相差15以上便不计),WAIS剖析图:未录。

此案例引自百度文库

对测验结果的解释:根据来访者的测验结果分析,来访者的智力低于平均水平(100分),操作智力在边界水平(70分),且可以认为是出现了功能领悟退化。例如在常识测验中,来访者对最熟见熟闻的事也不清楚。在背数方面表现了心理活动缓慢和记忆丧失的特点。

来访者在构图操作上也表现得茫然无措,不知道该如何进行操作,无法适应新的操作情境。

总结:王某某的测验结果分析可以排除她是诈病或癔症,且证明了其记忆具有普遍的丧失性,这种记忆丧失影响到了思维的各方面。需要做进一步医学检查才能考虑进一步的计划。

思考题:

1. 心理测验的报告过程要注意哪些问题?
2. 一份心理测验报告包含哪些部分的内容?
3. 具备一定资格的人对测验结果进行解释时要结合哪些原则?

4. 常模参照测验和标准参照测验在测验结果的解释方面有什么不同？
5. 标准参照测验的结果解释分为哪两种？它们分别通过什么加以表现？
6. 找一份测验结果并对其进行解释。

本章小结

报告测验结果应当注意所用的语言、词汇要让当事人理解。要告知测量的特性、目的。如果需要与常模比较，必须告知当事人，其所比较的具体的团体情况。对于测验结果，要让当事人正确对待和运用，测验结果只是最佳的估计，当事人应积极参与测验结果的解释。测验结果应当向无关人员保密；对低分者的报告要谨慎小心；提供适当的引导和咨询服务。

解释测验结果时，主试事先应充分了解测验的性质、过程和功能。原因的解释也要慎重，防止片面极端化。必须把测验的常模和效度的局限性全都考虑在内，同时参考其他相关资料。测验结果应该是一个范围，对不同的测验结果不能直接进行比较，解释测验结果时态度应该谨慎小心。

对于测验的解释，我们根据不同的类型有不同的解释方式，但是总的来说，要遵循对测验结果解释的注意事项，同时解释者一定要具有专业的资格和细心谨慎、重视被试者情绪状态以及心理状况等方面的责任心，做到对测验结果的解释准确明了、不伤害被试身心健康等。

思考与练习

1. 常模参照测验和标准参照测验在测验分数的解释方面有什么不同？
2. 标准参照测验的分数解释分为哪两种？它们分别通过什么加以表现？
3. 具备一定资格的人对测验结果进行解释时要遵循哪些原则？
4. 测验结果在哪些方面有着广泛的应用？

第十二章 心理测验的选择

【本章提要】

◇ 心理测验的评价标准
◇ 选择测验的原则与方法

心理测验有能力测验、成就测验、人格测验等。能力有潜在能力和实际能力之分。能力测验可分为特殊能力测验与普通能力测验。特殊能力测验指对个体某种特殊才能方面的测量。普通能力测验是指智力测验。成就测验主要用在测量个人（或团体）经过某些正式教育或训练后对知识和技能的掌握程度，因为所测的主要是学习成绩，所以又叫作学绩测验。最常见的是学校用来测验学生某学科的知识、技能的学科测验。人格测验常用于测量个体的个性心理特征。个性心理特征即除能力以外的个体心理差异部分。心理测验众多且所测的特征也不同。因此，测验者首先应当详细地了解各种测验的性质、功能、适用条件等。然后根据实际需要和条件来确定究竟选用哪种测验，这样才能最好地达到测量目的。本章主要介绍如何选择适合的测验。

第一节 心理测验的来源与评价

通常一个高质量测验应具备较高的实用性、良好的信度和效度、适当的难度和高区分度，同时还应具备功效性、敏感性、简便性等指标。本节着重介绍前四个评价标准，后三个评价标准将在下一节介绍。

一、实用性

实用性又被称为可操作性，体现了试题的基本质量。实用性的衡量标准为测验是否便于组织和实施，即省力和便于操作。测验只有具有可操作性，才能够在研究中投入使用。

二、可信度

心理测验的信度是指测验结果的可靠性或一致性，亦即多次测验分数的稳定、一致的程度(李灿、辛玲,2009)。它包括时间方面的一致性、内容方面的一致性和不同评分者之间的一致性。重测信度、复本信度、分半信度和评分者信度等都是估计信度的常用方法。任何心理测验都会受到某些因素不同程度的干扰,由此心理测验一直存在着误差。心理测验的误差有两类,即随机误差和系统误差。随机误差是指由与测验目的无关的偶然因素引起又不易控制的误差,造成测验的结果也会产生不一致、不稳定的变化。系统误差是由与测验目的无关的变量引起的一种恒定而有规律的误差。这种误差使测验结果偏离真值,但每次偏离的方向和大小是稳定的,不会影响测验结果的一致性。由此可见,只有随机误差影响测验的信度,随机误差越小,测验的信度越高。

三、有效性

心理测验的效度是指测验的有效性或准确性,亦即测验能够测量出其所欲测量的心理特性的程度(吴毅、胡永善,2002)。效度越高则表明该测验结果所能代表要测量行为的真实度越高。对于一个标准测验,效度比信度更重要。效度是一个相对概念。因为任何一种工具在现实测验中只是用来测量一定的内容,这种工具也只对所测量的内容是有效的,不能拓展到其他方面。另外,测验对所要测量的心理特性来说,无疑是一种针对行为样本的间接推断,并不能保证心理测验的结果是完全正确的。

效度又可分为实证效度、内容效度、构想效度。实证效度是指一个测验对处于特定情境中的个体行为进行预测时的有效性,其中被预测的行为是检验测验效度的标准,简称效标(李文波、许明智、高亚丽,2006)。实证效度一般用测验分数与作为效标的另一个独立测验的分数的相关系数来表示,故又被称为效标关联效度,它包括同时效度和预测效度。内容效度是指测验题目对有关内容或行为范围取样的适当性。构想效度是指测验对某一理论概念或特质测量的程度(史静琤、莫显昆、孙振球,2012)。

四、难度和区分度

难度就是测验的难易程度,提供了试题平均通过率的信息,难度用全体被试在某题的得分率 P 表示,P = 做对人数/全体被试人数,一般而言,P 值为 0.5,说明该测验的难度比较合适。

区分度是测验能否拉开分数距离的指标。试题的区分度也被叫作鉴别力,表示某道题能够将不同程度的学生鉴别开来的能力(黄济,2001)。若题目难度中等时,其区分度最高。如果题目难度很低,这时大多数人都会答对,分数也多集中于高分段。如果题目难度过高,答对题目的人就很少,这时大部分人得分会较低,分数就集中在低分段。因此题目过难或过易都不能很好地区分不同水平的个体。

若一个测验具备实用性,有良好的信度和效度,并且难度适宜,区分度高,那么我们就可以评定这个测验的品质良好,这也是我们的研究得以有效进行的重要前提。

五、功效性

测验的功效性指的是使用的测验能否全面、清晰地反映要评定的内容特征(郑日昌,2008)。这和测验的内容结构是相关的。有的测验能用于评价多方面特质,有的仅能评价一两种特质;有的测验适合各种各样的人群,而有的只能针对某一年龄阶段人群或是某一特殊人群使用。

六、敏感性

测验的敏感性指的是测验能够测出受测者某种特质、行为或程度上有意义的变化(张厚粲、龚耀先,2009)。测验的项目数量以及表达结果的形式都与测验的敏感性有关,测验敏感性也会被测验的标准化程度影响,同样,信度或效度高低也会对其造成影响。另外,测验的敏感性也会被主试的经验和其所采用的测验动机影响。

七、测验的简便性

测验的使用者都想其所选择的测验是简明、省时、容易实施、作用齐全的。所以在选择测验时,我们在保证测验的功能不被损坏的前提下,要尽可能选择简单易行的测验,充分考虑测验的可实施性,以方便研究,提高研究效率。

第二节 心理测验选择的原则与方法

一、测验选择的原则

(一) 所选测验必须适合测量目的

所选测验要与我们施行测验的目的一致,这是选择测验最根本的原则。测验依照功能分,可以有能力测验、人格测验、成就测验。能力测验则可细分为普通能力测验与特殊能力测验。前者往往指智力测验,后者常使用在测量音乐、绘画、运动、机械、飞行等方面的个人的特殊才能。成就测验通常来测量个体(或团队)接受某些正式教育或训练后对知识及技能理解运用的程度,因为成就测验多用来测量具体的学习成绩,因此又被称为学绩测验。在学校进行的学科测验是其中最常见的,被用来测验学生对某学科的知识和技能的掌握程度。人格测验主要用于测量个体心理差异中除了能力以外的部分。要求测验者本身要了解不同测验的性质、作用、适用范围以及优势和劣势,以此为基础,再结合实际需要和条件去确定最能实现测量目的的测验。

(二) 所选测验必须适合测量对象

测验的对象多种多样,根据年龄层次可分成儿童、青少年、成人、老人。根据精神状态可分成正常人群和患有精神障碍的人。根据人数多少可分成个体测验和团队测验。个体测验中,单次仅测试单个受测者,通常是一名主试和一名被试一对一、面对面地进行,对特殊被试(如幼儿或文盲)无法运用文字而只能依靠施测者记录反应。团队测验在教育中使用较为广泛。团队测验可用于个体测验,但个体测验不能对团队使用。

(三) 关注测验的文化适应性

测验不经本土化直接引进,会存留原版的文化在其中,而各个国家的文化是有差异的,假如我们不经本土化而直接使用他国的测验,测验结果的准确程度将会受到影响。

(四) 保证测验的科学性

测验的科学性主要是指测验的技术参数是否符合测量学的要求(金瑜,2001)。运用测验是为了评价对象的特质与行为或者对现象做质与量的估计。测验的信度和效度以及常模的有效性是选择测验的重要评判依据。常模的有效性是指标准化样组的代表性,具体指所采用的样组是它所在全域的代表。施测者使用的心理测验工具必须拥有合格的信度和效度。

(五) 注意测验的时效性

随着社会的进步,测验的内容也要不断更新。假如测验内容老旧且不加修改的话,测验结果就会受到影响。因此我们应该依据时代的不同选择适宜的测验。实效性在测验的常模上也有表现,常模标准同样需要不断修订,令其结果能准确说服。

(六) 满足测验需要的特殊设施

一些特殊的设施需要应用在某些测验中,如脑电实验对测量的设施就有很高的要求,我们在选择测验时,要考虑到是否具备该测验要求的设施,也要思考成本是否过高,操作是否方便。

(七) 测验对操作人员的要求

一些智力测验、人格测验等经过了十多年的编制与不断修订,通常要专业人员来操作施行并且解释测验结果,如果施测者没有这种专业技能,对测验结果的解释将会产生误差,并且也许会伤害被试心理。因此选择测验的时候,要考虑施测人员的操作与解释测验结果的能力,对要求严格的测验进行筛选,确保测验结果得到准确而严密的解释。

(八) 所选测验必须符合测量学要求

为了确保测验的质量,我们必须全面考虑测量的各项指标。这些指标包括信度、效度、难度、区分度和常模。选择测验前要时刻提醒自己:测验有没有效,测验对象与常模样本是不是相符,常模资料是不是过于陈旧,等等。

二、测验选择的方法

怎样在众多的心理测验中选择一个相对而言最佳的测验,并恰当地解释和评价它,这是一个非常重要的现实问题。后续研究过程中的开展方法、测验分数、对结果的解释、研究的结论、消耗人力与经费等重要方面,直接决定于我们所选的测验,因此,选择一个符合研究目的的适宜的测验是极其重要的。

（一）按照测验对象进行选择

测验对象类别多样,不同的对象有与自身相适应的测验。比如在智力测验中,有成人版本的测验,也有儿童版本的测验;在职业测验中,有男性版本的测验,也有女性版本的测验;人格测验中,有适合美国人的测验,也有中国人的测验。所以我们要根据不同的人群选择不同的测验。

（二）按照测验的应用领域要求

依据心理测验应用领域的不同,我们以应用领域为基础选择教育测验、职业测验以及人格测验等。教育领域里,心理测验可用于对学生的学习能力、性格特点、学习动机、心理健康等情况的测量,从而帮助老师及时详细地了解学生,因材施教,对促进学生全面发展有重要作用。同时心理测验也能及早暴露一些学生的心理问题,这样老师可以及早地采取心理辅导和干预去帮助学生。在职业领域里,各行各业的人事部门的选拔安置问题常常使用职业测验,通过职业测验我们能相对有效地辨别选拔出更有潜力成功的人,筛除能力低下的人；另外我们也能借助测验结果,合理地把人员分配到与其相匹配的岗位上,科学合理地安置人员。在临床医学领域里,临床测验常被医务部门使用去筛查智力障碍或精神疾病,这给临床诊断、心理咨询以及治疗提供了依据。

（三）根据测验或量表的品质选择

各个测验具备的功效性、敏感性、简易性与可分析性不同。我们选择测验时要考虑到不同测验的不同品质有针对性地选择,使测验的可操作性与结果的准确性得到提高。所以在筛选出能实现测验目的的测验后,我们需要在其中选择高功效性、高敏感性、高简便性、高可分析性等的测验,使研究更好地进行,并有说服力。

（四）根据测验需要的结果类型进行选择

假如需要被试的回答尽量做到最好,被试的认知过程是关键,在有正确答案的情况下,要求被试尽可能做出最好的回答。如果需要被试依据往常的习惯方式来作答,无正确答案,往往选择典型作为测验。

（五）综合考虑测验选择的其他考虑因素

考虑测验目的、测验对象和测量学指标之余,我们在选择测验时还需要考虑测验的经济性与可得性等其他因素。除非测验效果将被使用替代性语言研究,心理学工作者通常在使用测验时需要采用与被试语言和能力比较适宜的测验。标准化测验的实施通常会带来高成本,因此要根据研究经费的多少去选择经济适用的测验。

❋ 案例

测查儿童攻击行为问题量表的选择

一、资料收集

研究者发现,攻击性行为可以通过观察法、量表法、同伴提名法、社会测量法和访谈法等方式进行测查。其中量表法和同伴提名两种方法是最常使用的。资料表明,有 Buss 和 Durkee 在 1957 年编制的《敌意问卷》(Buss,Durkee,1957),美国心理学家 Achenbach 1983 年编制的 Achenbach 儿童行为量表(简称 CBCL)(Achenbach,Edelbrock,1983),1989 年 Olweus 年编制的《自我报告的欺负问卷》(Olweus,1989),1994 年 Frick 等编制的群组性儿童行为量表(CCBCL),是英文版本的"外部问题行为问卷"(Frick,Brien,Wootton,McBurnett,1994)。2002 年我国心理学工作者郑全全、陈秋燕编制了初中学生攻击性行为的心理特征量表(郑全全、陈秋燕,2002)。根据在青少年攻击性理论,潘绮敏和张卫结合国外研究成果构建了《青少年攻击性行为问卷》来测查青少年的攻击性特点(潘绮敏、张卫,2007)。同伴提名法通常在班级里实施,并被划分成两种形式。一类是"社会接受性"提名,另一类是给出一份有关具有高度攻击性行为的儿童的言语、行为、情绪等方面特征的描述,让儿童仔细阅读项目内容,在每个项目后写上与项目描述内容相符的同学姓名,可得到不同学生的被提名频次(郑全全、陈秋燕,2002),即让学生写出班级中他最讨厌与自己一起玩的同学。

在各种选择标准的基础上,我们最后选择了 CBCL 量表。

二、选择 CBCL 的依据

选择 CBCL 量表主要考虑了以下十个方面。

(一)根据测验目的

根据我们的测量目的,我们要测查的是儿童攻击性行为问题,首先测量量表最好适合中国人填写,所以最好有我国的常模。最好采用量表填答的方式,这样才更为简洁,能够测量更多的被试,考虑到儿童年龄特点,由家长代为填答更有效。CBCL 满足了这一要求。

(二)测量对象

儿童是我们测验的对象。不过儿童的年龄过小,也许无法意识到自我的行为,并且大多不能识字。儿童的攻击性行为需要被考察,并且我们想考察的是多名儿童,所以想到了采用团队测验。

(三)测验的功效

CBCL 是评价儿童行为问题的综合型大量表,包含攻击性因子父母评分表。在攻击性因子部分常模中得分超过 20 分就可判断其是有较强攻击倾向的儿童。在这一点上,虽然其他量表也能测量攻击行为,但不适用于儿童。

(四)文化适应性

1983 年美国心理学家 Achenbach 提出了 Achenbach 儿童行为量表家长版,忻仁娥等人(1992)随后修改了该量表使其本土化,编写了分性别和年龄段的我国常模。其他量表,有的未经本土化,有的虽经本土化但不适用于儿童。

(五)测验的敏感性

CBCL 是当前最被广泛应用的评价儿童行为问题的综合型量表,此量表的分半信度为 0.93,内部一致性信度为 0.96。在该量表中,如果攻击性因子部分常模超过 20 分则可判断为该儿童是具有较强攻击倾向的儿童。施测者为拥有心理学学习背景的心理学专业研究生,研究者想要测查儿童的攻击行为,所以测验应具有高敏感性。这一点上述大部分量表都可满足。

（六）测验的科学性

该量表的内部一致性信度为 0.96,分半信度为 0.93,良好的结构效度表明该表具有科学性。科学性基本都能在上述量表中体现。

（七）测验的实效性

该量表在 1983 年被提出,忻仁娥等人(1992)修订该量表并编制了分性别和年龄段的我国常模,具备一定的时效性,但如今仍要对其进行更进一步的修订。其他量表构建的时间距今都较长,同伴提名法更适用于年龄稍大的青少年。

（八）测验的可行性

该测验只需要用纸和笔填写,操作简易,耗费时间和精力少,具有较高的可行性。

（九）测验对操作人员的要求

CBCL 对操作人员要求不高,且该测验施测人员为具有心理学背景的心理学专业研究生,因此完全可以很好地操作。而同伴提名法则要求操作人员表达能力较强。

（十）所选测验必须符合测量学要求

CBCL 是当前世界上最被广泛应用的评价儿童行为问题的综合型大量表,1983 年由美国心理学家 Achenbach 提出,有父母评分表(CBCL)和教师评分表(TRF)两种,适用于 4 至 16 岁的儿童。忻仁娥等人(1992)修订该量表并编制了分性别和年龄段的我国常模。其中父母评分表攻击性因子部分,常模中得分超过 20 分即可判断为拥有较强攻击倾向的儿童。该量表的内部一致性信度为 0.96,分半信度为 0.93,有较好的信效度常模。

综上所述,该研究选择了 Achenbach 儿童行为量表家长版来作为测量儿童攻击性行为的量表。

此案例引自《生活事件、认知情绪调节策略对高中生攻击性行为的影响及干预方案设计》(商慧颖,2012)。

思考题：

1. 选择测验的原则有哪些？
2. 测验的敏感性要通过哪几方面来考察？
3. 什么是测验的时效性？使用一个失去时效性的测验会带来什么后果？

本章小结

本章介绍了心理测验的评价标准以及心理测验选择的原则与方法,介绍了测验评价时要考虑到实用性、有效性、可信度和难度与区分度。对测验的选择有如下几个方面的要求:符合心理测量学的标准；测量目的和对象要适合；功效性和时效性,文化适应性;科学性、敏感性简便性;具备满足测验需要的特殊设施;有能力适合的操作人员。

测验选择可以根据测验对象、测验的应用领域要求、测验或量表的品质、测验需要的结果类型并综合考虑其他因素。

如何在众多的测验中选择一个合适的测验,是需要掌握一定的评价标准的,同时在选择心理测验时,更要遵循心理测验选择的原则,只有选择了符合要求的测验,我们才能得出想要的研究结果,一个好的测验是使研究得以顺利进行的前提。

思考与练习

1. 选择一个测验时要考虑哪些评价标准?
2. 什么是测验的时效性?使用一个失去时效性的测验会带来什么后果?
3. 选择一个合适的测验需要遵循哪些原则?

第十三章 能力测验(上)

【本章提要】
◇ 能力的含义、与知识技能的关系、种类与结构。
◇ 经典智力理论及其新理论和发展
◇ 个体智力测验介绍
◇ 团体智力测验介绍

能力是指人们成功地完成某种活动所必须具备的个性心理特征(叶奕乾、孔克勤、杨秀君,2011)。因此有效利用好能力测验,可以帮助企业、事业单位选拔人才,有利于个人更好地发挥才能。智力测验属于能力测验,根据施测对象的不同,智力测验可分为个体智力测验和团体智力测验。本章不仅对能力测验进行介绍,而且介绍代表性最强、影响最大的个体智力测验的相关知识。

第一节 能力概述

一、能力的含义

能力是个体潜在的一种心理能量。能力只有在具体活动中才能得到展现和提升。同样的,只有清楚一个人所从事的某种活动,才能了解其具体的能力水平。此外,能力的初步评估也可以根据活动的表现进行。能力是个体完成某项活动所必备的重要心理特征。例如,音乐家具有的节奏感、曲调感和音乐表现力等都是能力,这些能力是影响音乐创造力的基本因素。当然,在活动中表现出来的心理特征并不都属于能力。能力是指个性心理特征中最为基础和必要的部分。在活动中人们还可以表现出气质、性格、情绪等其他心理特征。

能力是成功完成活动的基本条件,但不是唯一的条件,它必须与诸多其他心理的、非心理的因素共同作用。这些因素包含个体的特征、情绪状态、意志状态、知识技能、工作条件、人际关系、健康状态等。在以上因素大致等同的情况下,能力高者比能力低者更容易使活动进行得顺利,并能在更短的时间内取得成绩。

二、能力的种类与结构

（一）能力的种类

根据角度的不同可以将能力分为以下几种。

1. 一般能力与特殊能力

一般能力是指在各种活动中体现出来的最基本和最必需的能力。如智力就是观察力、记忆力、注意力、想象力等一般能力的集中体现。智力是指个体有意识地以思维活动来适应新情境的一种潜力（杨益生，1983）。

特殊能力是指在某种特定活动中表现出的能力（卢艳兰，2008），它可以保证某种专门活动顺利进行或达到高效率。这些能力对其相应的活动的顺利进行是必须具备的。特殊能力往往有先天的成分，但必须经过后天的训练才能得到发展和升华。

一般能力和特殊能力的关系是辩证统一的。一般能力是特殊能力的基础；特殊能力是一般能力的重要组成部分。一般能力和特殊能力的发展是相辅相成的。

2. 模仿能力和创造能力

模仿是人类和动物的一种重要的学习方式。模仿能力是指仿效他人的言行举止而引起的与之相类似的行为活动的能力（叶奕乾、孔克勤、杨秀君，2011）。模仿只能依据原始的方式解决问题，而创造力则可以为解决问题找到新的方式与途径。这也是人和动物的主要区别所在。

3. 流体智力和晶体智力

根据个体一生中能力的不同发展趋势、先天禀赋与社会文化因素在能力发展中的作用，可将能力分为流体智力和晶体智力。流体智力主要是先天的能够适应不同的材料并且与过去经验无关的一般因素（Carter，1962）。流体智力包括对关系的认识、类比、演绎推理、形成抽象概念的能力等，较少地依赖后天学习，主要由个人的先天禀赋决定。所以，流体能力的发展与个体的年龄相关度高，个体差异主要是来自遗传。一般人的流体能力的顶峰是在 20 岁以后，而 30 岁以后流体能力就会随年龄的增长而逐渐衰退。晶体智力大部分属于在学校中学到的能力，它代表了过去对流动智力运用的结果以及学校教育的数量和深度，它一般在对词汇和计算能力的测量中表现出来（Carter，1962）。它取决于后天的学习，受社会文化影响较大。晶体能力的发展贯穿人的一生，只是 25 岁以后发展的速度变得平稳。

4. 认知能力和操作能力

人脑加工、储存、提取信息的能力被称为认知能力（金圣才，2008）。个体在认知能力的基础上认识外部世界，从而获取众多的知识。操作能力是以操作技能为基础，使用自己的肢体以完成各种活动的能力（梁宁建，2011），操作能力与认知能力并不是截然对立的，而是存在一定的联系。

三、经典智力理论及其发展

在心理学研究中智力研究一直占有很大的比重和独特的地位，因为它对我们教育实验和诊断都具有较高的指导意义。新的智力理论和测验可以为学校教育的发展与改革指明方向、提供参考,同时它在实际运用中又可以得到充实、发展和完善。

科学的智力理论不仅能够让人们正确地认识智力的本质、结构和功能,而且能够富有科学性和实践性地指导智力测验的编制。此外,对智力测验的分数进行统计分析又能够验证之前的智力理论,从而推动智力理论的发展。智力理论早期偏重于心理测量学理论,现在趋向于因素分析与信息加工整合,这些分析与整合使智力理论呈现出层次化、多元化、多维的走向。智力测验随着智力理论的完善也在不断革新。

（一）基于心理测量学因素分析理论的智力模型

早期的智力研究多从心理测量学理论角度出发并以因素分析为主,关注智力的结构构成。

最初的理论主要有查尔斯·斯皮尔曼(Charles Spearman)的二因素论,他认为智力是由一种一般因素(G因素)和一组特殊因素(S因素)构成的(Spearman,1904)。斯皮尔曼假定,由于G因子的存在,无论所承担的任务是属于哪种类型,个体都可以做到大致相同的熟练水平。一名具有高G因子能力水平的大学生对大部分甚至全部课程都能做到高水平理解。这种将智力作为一个一元的、普遍的能力的观点也曾得到比奈的拥护。

其他心理学家曾建议智力的构成应当包括许多分离的、独立的能力成分。瑟斯顿(Thurstone,1938)是较早赞成这种观点的人,并且提出了几种基本心智能力(primary mental abilities)。根据瑟斯顿的群因素论,智力的核心不是单一的G因素,而是由7种不同的心理能力构成。后来沙因(K. Warner. Schaie)修订了瑟斯顿的测验,并把它用来测验成年人。现在沙因·瑟斯顿成人智力能力测验(Schaie Thurstone Adult Mental Ability Test)(Schaie,1985)已经在成人智力发展的许多研究当中得到广泛应用。通过使用电脑模拟,沙因得到这一结论:智力包括多种分离的运算程序,每种都被设计用来完成某种特定的任务。

吉尔福特(Guilford)认为在建构智力模型时应从智力活动的操作、内容、成果三个维度去分析,并认为发散思维占很重要的一部分;卡特尔(Cattell)的层次智力理论将智力分为流体智力(fluid intelligence)和晶体智力(crystallized intelligencc)两个因素。约翰·霍恩(Horn,1998;Horn & Noll,1997)证实了两种智力成分的存在,把多种基本智力元素归入晶体智力与流体智力。晶体智力能够代表个体已经融入自身的文化以及他们在文化中获得的认知的程度。它是能够通过大规模的行为调查问卷测量的,这份问卷要反映自身文化认可的知识与经验、交流领悟能力、判断力的发展、理解能力和对日常事务的综合思考能力。像语言理解能力、概念形成能力、逻辑推理和归纳能力这些都是与晶体智力有关联的基本智力能力。用于测量晶体智力因素的测验任务形式包括语词、简单对比、间接联想和社会判断。流体智力代表了个体感知、记忆以及对基本观念进行广泛思考方面的能力。换而言之,流体智力包含了的智力能力不是由文化进行传递。评估流体智力时必须能看出模型间的关系,并在模型的关系中得出推论和其隐含意义。测量流体智力的任务形式包括字母排序、矩阵和图形关系。有研究显示,流体智力可以代表中枢神经系统的整合能力。这些量表随着理论的发展进行了多次修订,并不断吸纳新的观点与思想,从而得到逐步完善和丰富。

弗农(Vernon,1961)提出智力层次结构理论,他把智力分为四个层次,最高层次的是智力的普遍因素;第二层次分为言语和教育方面因素、操作和机械方面因素,叫大因素群;第三层次是几个小因素包括数量、机械信息、空间信息、用手操作等的组合;第四层次由各种特殊因素构成。

在此期间出现了现在最为常用的斯坦福—比奈量表、韦克斯勒量表,现已发展到了斯坦福—比奈量表第五版和韦克斯勒量表第四版。还有以卡特尔—霍恩(Cattell-Horn)流体智力和晶体智力理论为基础的1993年版的考夫曼青少年与成人智力测验和1989版的Woodcock-Johnson认知能力测验修订版。

从心理测量学来看,智力测验的研究集中于智力等级层次模型的研究。研究者认为智力中包含G因素即一种高层次的智力,并通过各层次的具体智力构成要素得以展现。此外,在智力等级模型中,每一层级都是对智力的一定程度的解释。智力层次理论具有代表性的有卡罗尔(Carroll,1971)的智力层次理论。该理论认为智力由三个等级构成:第一层次是很多方面的特殊能力;第二层次有流体智力、晶体智力、学习和记忆过程、视觉、听觉、思维、加工速度七个因素;最高层次是一般能力。丹尼尔(Daniel)认为该模型为以后智力测验的编制、测验结果的解释以及研究工作提供了基本的理论框架。为了描述方便,有时就将卡特尔、霍恩、卡罗尔的智力认知理论称为CHC理论(三人英文名字首字母的组合)。

(二) 因素分析与信息加工思想整合取向的智力模型

以计算机科学的发展为基础,认知心理学在20世纪60年代以来迅速兴起和发展,智力研究的焦点从结构上的研究转移到对智力内部加工过程的探讨。80年代后期,智力理论不断推陈出新,有因素分析与信息加工取向整合两种发展趋势,关注在智力活动中的认知过程和自我意识的研究。这种整合呈现出多元化的走向。其中具有代表性的理论有加德纳(Gardner,1983)的多重智力理论、斯滕伯格(Sternberg)的智力三元理论和成功智力理论。

1983年加德纳提出了多元智力理论,他早先认为智力由语言能力、逻辑数学能力、音乐能力、空间能力、身体协调—运动能力、人际关系能力、反省能力七种独立模块共同构成。后来又在原有模型的基础上加入了自然智力、精神智力和关于存在的智力。加德纳智力理论特别重视神经生理学和社会文化的作用,他提出了多维智力的概念,打破了传统的智力范畴,为传统智力理论增添了新的内容,促进了智力理论的进一步完善。加德纳认为人与人的智力差异主要表现在不同的能力的组合状况,他的这种想法在心理学界引起了较大反响,被称为"多彩光谱"的智力评价系统就是根据这种理论编制出来的。加德纳的理论对教育特别是中小学教育也产生了非常大的影响。

1985年斯滕伯格提出智力三元理论,他认为智力是适应、选择和塑造环境所需的心理能力。该理论由智力成分亚理论、智力经验亚理论和智力情境亚理论构成。其中智力成分亚理论描述智力活动的内部结构和心理过程;智力经验亚理论指在经验水平上检验智力在日常生活特别是处理新异情境的运用情况以及心理操作的自动化过程;智力情境亚理论指在适应当前环境、个人生活的新环境和自我成长的过程中智力各成分所起的作用。斯滕伯格还认为智力成分亚理论由元成分、操作成分、知识获得成分三层次构成.他强调了元认知在智力结构中的核心作用。

斯腾伯格从智力的内隐研究出发,认为现实中人类的智力不能被三元智力完美的阐释。因此,1996年斯腾伯格提出了成功智力理论,它建立在三元智力理论的基础上,并且更具现实性和实用性。斯腾伯格认为成功智力是实现人生主要目标的智力,成功智力促使个体采取切实的以目标为导向的行动。成功智力是平衡获得分析、创造和实践三方面智力的有机整体。智力平衡不仅仅是传统智力领域对环境的适应,更是为了实现适应、塑造和选择环境的目标。根据此理论他编制了斯腾伯格三元能力测验(Sternberg Triarchic Abilities Test,简称STAT)。用途是测量分析能力、实际操作能力和创造力。

四、智力理论的其他新进展

(一)基于神经心理学理论的智力理论

与神经心理学理论相关的智力测验多是神经心理学家和认知心理学家在鲁里亚大脑功能模型的基础上共同建立起来的心理加工理论。

达斯和纳格里瑞提出的PASS模型即"计划—注意—同时性加工"模型。该模型认为智力由注意—唤醒系统、同时—继时加工系统、计划系统三个认知功能系统组成。注意—唤醒系统是智力活动的基础,负责引起注意和激活智力,影响着个体对信息进行编码加工和运输。同时—继时加工系统又被称为编码系统,是智力活动的主要操作系统,通过同时性或者继时性加工方式接收、解释、转换、再编码和存储外界信息。计划系统处在最高层次,负责计划、监控、调节、评价等高级功能,对另外两个系统起调节和监控作用。这三个系统各有分工,又相互作用,保证了一切智力活动的正常进行。

在此理论基础上,达斯和纳格里瑞于1997年设计了新的智力测验,称为DN认知评价系统(Das-Naglieri cognitive assesment syatem,简称CAS)。比较具有代表性的此类测验还有考夫曼儿童评价表(kaufman assessment battery for childrern,简称K-ABC),该量表主要测量同时加工和继时加工的能力。

(二)情绪智力理论

近些年来在美国关于情绪智力的讨论非常热烈,从《时代》周刊封面到丹尼尔·戈尔曼(Daniel Goleman)的畅销书《情绪智力》,都有情绪智力的影子。情绪智力的概念起源于"社会智力"的概念。桑代克在1920年最早对社会智力进行定义。沙洛维和梅耶尔在1990年最先提出了情绪智力,1995年戈尔曼出版了《情绪智力》一书,提出了情商概念并使其应用至今。现如今,有关情绪智力的研究从未间断。

(1)沙洛维和梅耶尔1997年修正后提出情绪智力包括精确的知觉、评估和表达情绪的能力;接近或产生促进思维的情感的能力;理解情绪和情绪知识的能力;调节情绪和智力发展的能力。

(2) 1998年戈尔曼将情绪智力划分为由四个领域20种子能力构成的能力,这四个领域为自我知觉、自我管理、社会知觉、社交技巧。

(3) 以色列心理学家巴昂1991年编制了适用于16岁以上群体的巴昂情商量表和适用于7~18岁的巴昂情商量表青少年版,此后他还出版了《情绪智力手册》一书,全面地对情绪智力进行研究。巴昂(Reuven Bar-On) 2000年指出情绪智力是影响有效应付环境需要和压力的一系列情绪的、人格的和人际的能力总和。他还提出了由五个成分组成的情绪智力模型,这五个成分是个体内部成分、人际成分、适应性成分、压力管理成分和一般心境成分。

基于这些理论出现了不少版本的情绪智力测验。沙洛维和梅耶尔在2000年、2002年分别对1990年编制的EIS(Emotional Intelligence Scale)量表进行修订,形成了MSCEIT量表,主要测量人们执行任务、解决情绪问题的质量和程度。

(三) 生物生态学

1996年塞西提出了生态学治理理论,此模型认为人体存在多种认知潜能,每种认知潜能使个体在某个特定的领域内能发现事物之间的关系,控制思维和获得相关的知识。背景的不同及知识的不同是个体表现差异的最基本的原因。

五、智力测量的发展

(一) 动态评价方法的应用

动态评价是基于认知能力可以发展的思想和维果斯基"最近发展区"的思想,它代表了个体真正发展的能力和潜能之间的差异(郑日昌、吴九君,2011)。因为个体的智力结构中必然包含不断变化或发展的成分,仅用静态的测量方式必然达不到测量动态成分的目的,因此动态评价法成为一种需要。动态评估方法的要求与传统智力测验的要求大为不同,动态评估方法要求在训练被试后考察被试对同一类作业操作水平的提高状况。

运用此方法的测验有富尔斯泰因的学习潜能评估工具(LPAD)、吉斯科的学习潜能推理量表和斯旺森的认知加工测验。

(二) 典型表现测验的提出

传统的智力测验都是最佳表现测验,即分数越高越好,而典型表现测验是要求被试回答能够代表其特点的问题,典型表现测验可以作为最佳表现测验的补充。

(三) 分析技术的进步使智力测验的编制不断完善

由于结构方程模型等分析技术的不断进步和发展,研究者能够进一步提高编制测验的效度。具体来说,研究者可以全面地考虑智力的理论架构与实际施测所得的数据的一致性,测量工具测出的结果反映出同一理论构想的真实性,或者探究各种测验之间真正的关系等方面。

智力理论和智力测验的不断发展指导并促进了教育工作的发展。因为智力测验是衡量学生智力程度的较为有效的工具,只有先对学生的智力有深入而详尽的认识,才能弥补学生智力上的不足,促进学生智力的发展。随着智力测验的发展,对于学生智力的测量也更细致、更完整。智力理论的发展使得教育工作者不断更新教育观念,为学生智力的发展提供理论依据。因此我们应该重视对智力理论的研究,并用这些理论来指导教育实践。

第二节 个体智力测验

一、比奈—西蒙量表

(一) 1905 年量表

为了诊断异常儿童智力,1905 年,法国的比奈和西蒙编制了世界上第一个智力量表——比奈—西蒙量表。它有 30 道种类繁多的测验项目,用来测量智力的记忆、言语、理解、手工操作等多方面的表现,智力的判断标准是项目通过率。此外,比奈和西蒙指出了不同年龄的儿童所能通过的项目,年龄量表的雏形出现。

1908 年,比奈和西蒙对量表进行了以下修订:①测验项目增至 59 个;②测验项目以年龄分组(3—13 岁,每岁为一组);③以智力年龄来评估个体智力,即根据儿童最后能通过哪个年龄组的项目,判断他具有该年龄的智力水平,而不论他的实际年龄是多少。

(二) 1911 年量表

比奈对 1908 年量表做最后一次修订,除了改变一些项目内容和顺序之外,还增设一个成人题目组,扩大了问卷的适应范围。虽然如今比奈—西蒙量表因简陋和非标准化而不为当代人所用,但它在智力测验历史上的贡献是不可磨灭的,它的主导思想为其后智力测验提供了很大帮助。

二、斯坦福—比奈量表

(一) 斯坦福—比奈量表的发展

比奈—西蒙量表发表以后,戈达德(Goddard,1908)第一个将其介绍到美国。此后,又有一些人对它进行了修订,其中美国斯坦福大学推孟(L. M. Terman)教授的工作做得最好。

1. 1916 年量表

1916 年,推孟发表了斯坦福—比奈量表中,对比奈—西蒙量表中的项目有的保留,有的修改,有的删除,然后增设了 39 个新项目。此外,该量表还首次提出比例智商的概念和 IQ 指标,并对每个项目在施测时都规定了具体的指导语和详细的记分标准,从而使测验标准化。

2. 1937 年量表

1937 年,推孟对斯坦福—比奈量表进行了第一次修订,修订后的量表由 L 型和 M 型两个等值量表构成。适用年龄得到扩展,由原先的 3—13 岁修订为 1.5—18

岁,代表性样本更大,进而提高了其信度、效度。不过量表没能全面反映美国当时人口的智力状况。因为其样本仍局限于白人,测验偏重于社会经济地位较高家庭的儿童。

3. 1960 年量表

此量表在 1937 年量表的 L 型和 M 型量表最佳项目的基础上编制出适用于 2 岁到成人 LM 型单一量表。该量表的重大创新是采用离差智商概念替代了之前的比例智商,并作为智力的指标。离差智商平均数为 100、标准差为 16。

4. 1972 年量表

此量表在 1960 年量表内容不变的情况下,主要对其常模进行修订,扩大样本的代表性,提高问卷的效度。该量表的常模团体的儿童增至 2100 名,他们来自美国各民族、各地区、各社会阶层、各种经济情况。

5. 1986 年量表

由桑代克等人主持,出版了第 4 版斯坦福—比奈量表($S-B_4$)。与前几版相比 $S-B_4$ 测验内容基本没有变化,但内容的组织结构有了革新,并采用了新的常模团体。它由 5000 余名 2 至 23 岁的个体组成,是严格按照 1980 年美国人口普查中地理区域、社区大小、种族、性别的比例进行分层而得到的。

6. 2003 年量表

洛伊德(Gale. H. Roid)修订出版了第 5 版斯坦福—比奈量表($S-B_5$)。$S-B_5$ 保留了 $S-B_4$ 的一些特征。例如,继续使用例行测验来评估被试能力,以便选择最适合被试的项目。当然 $S-B_5$,也有一些不同于 $S-B_4$ 之处:$S-B_5$ 有两个例行测验(矩阵和词汇),而 $S-B_4$ 只有一个例行测验(词汇);$S-B_5$ 智商分数和指标分数的平均数为 100,标准差不再是 16 而是 15;$S-B_5$ 与原有 $S-B_4$ 的分测验及所用的材料有些不同,比如 $S-B_5$ 使用了一些以前版本中用到过但 $S-B_4$ 没有的玩具。

(二)斯坦福—比奈量表的信度与效度

1. 信度

一般来说,斯坦福—比奈量表对年龄大的被试来说信度比较高,对于智商低的被试而言信度比较高。计算其 L 型和 M 型量表的复本信度,在 2.5—5.5 岁之间的为 0.83—0.91,在 6—13 岁之间的为 0.91—0.97,在 14—18 岁之间的为 0.95—0.98(下限信度值来自于 IQ 为 140—149 的被试,上限信度值来自于 IQ 为 60—69 的被试)。再测信度与复本信度的研究结果大体上一致。因此,总的来看,斯坦福—比奈量表是一个高信度的测验,各种年龄和 IQ 水平的信度系数大都能达到 0.9 以上,也就是说,被试分数 90% 以上来自于真实分数变异,而由随机误差引起的分数变异连 10% 都不到。

2. 效度

斯坦福—比奈量表的效度具有以下三方面的证据:

(1)内容效度

斯坦福—比奈量表的项目包括词汇、算数、理解、谬误、物品记忆、矩阵等方面的内容。

(2) 效标关联效度

该量表的智商分数与外在效标分数间存在显著的正相关,且关联效度系数大多介于0.4到0.75之间。该量表与学业成绩、教师评定、受教育年限等有一定的关系。此外,该量表对个体言语方面的预测力较高,主要是因为该量表多以文字材料为主。

(3) 结构效度

斯坦福—比奈量表的理论构想基于两大方面:①智力随年龄先快后慢地发展。②智力结构中的一般因素G,是智力的核心,它在每项智力活动中都得以体现。斯坦福—比奈量表一定程度上验证了其理论构想的有效性。一方面,从该量表的信度研究来看,再测信度的稳定性随年龄的增大而提高,所以有智力随年龄而先快后慢发展的结论;另一方面,1960年量表的各个项目与总分的相关系数高达0.66,由此可见,尽管每一项目针对不同智力活动但与总体有很高的同质性。

三、中国比奈测验

我国心理学家陆志韦和吴天敏从20世纪20年代起着手修订斯坦福—比奈量表的中国版本。陆志韦以1916年斯坦福—比奈量表为基础在1924年修订成《中国比奈—西蒙智力测验》。该量表的第二次修订在陆志韦和吴天敏合作下完成并于1936年共同发表。该量表的第三次修订由吴天敏主持,修订工作从1978年开始,在1982年完成《中国比奈测验》。之后,吴天敏又制定了一份由8个项目构成的《中国比奈测验简编》,旨在节省测验时间,测验全程大约只需20分钟。

该测验的测题难度不断提高,共51道,每一题象征着个体4个月的心理年龄区间,答对一题就意味着你具备这4个月的心理年龄。因此,量表由3道题构成一个年龄阶段。值得注意的是,最后的智力分数的获得是依靠离差智商而不是智力年龄。

施测时,首先判断被试开始作答的题号。测验手册的附表详细指出每个年龄段应从哪一题开始作答。然后依据测验手册的指导语开始进行测试,在通过为1分、不通过为0分的计分标准下,如果连续5题都不通过则停止测验。最后根据被试的实际年龄和获得的总分,在指导手册的常模表中查出被试的智商。

中国比奈测验是个别施测,且对主试的要求很高。主试必须受过专业训练,有一定操作量表的经验,只有这样在施测过程中才能严格遵循测验手册的指导语。

四、韦克斯勒量表

(一) 韦氏成人智力量表

韦氏成人智力量表的产生与发展:

(1) 韦克斯勒—贝尔韦量表

美国心理学家韦克斯勒在临床心理操作中发现斯坦福—比奈量表在成人智力水平评估上的不足,具体表现在:一方面斯坦福—比奈量表是以儿童的眼光来设计具体题目的,对成人来说只有速度没有难度,无法引起成人的兴趣;另一方面,斯坦福—比奈量表的常模资料选自儿童,其中的智龄的概念也不能完全适用于成人。因此,韦克斯勒于1934年开始着手编制智力测验和研究工作,1939年发表了韦克斯勒—贝尔韦智力量表Ⅰ型(Wechsler—Bellevue Scale Form Ⅰ,W-BⅠ)。

W-BⅠ是第一个成人智力测验,它的内容是根据成年人使用的眼光来选择的,并用一系列不同的子测验来编制整个测验,每个子测验的题目都是由易到难排列,由于W-BⅠ在常模样本的代表性及子测验信度上的不足,韦克斯勒又于1949年增加了Ⅱ型(W-BⅡ),W-BⅠ和W-BⅡ主要适用于测量10~60岁的被试,它们的内容和形式为后来发展的各种量表奠定了基础。

(2) 韦氏成人智力量表修订版

韦克斯勒对W-B进行了修订和重新标准化,于1955年编制出版韦氏成人智力量表(WAIS),1981年又出版了再次修订和标准化后的WAIS,称为韦氏成人智力量表修订版(WAIS-R)。WAIS-R和W-B及WAIS一样,由两个分测验和两个分量表(言语分量表和操作分量表)组成,其中言语分量表由常识、背数、词汇、算术、理解、类同6个项目测验构成,操作分量表由填图、图画排列、积木图案、拼图、数字符号5个项目测验构成。在此,每个分测验内的题目由易到难排列,且言语测验和操作测验轮流施测:

WAIS-R量表的每个分测验独立记分,之后转化成平均数为10、标准差为3的标准分数。言语量表分由常识、背数、词汇、算术、理解、类同六个言语分测验的标准分数相加,操作量表分由五个操作分测验的标准分数相加得到,量表总分由所有分测验的标准分数相加。最后,言语智商、操作智商和总智商是以上量表分数转换成平均数为100、标准差为15的离差智商分数。

WAIS-R的常模团体由1880人组成,男女各半,分配在16—17、18—19、20—24、25—34、35—44、45—54、55—64、65—69、70—74岁9个年龄组。韦克斯勒非常注重取样的代表性,尽量做到与美国1970年人口统计资料中的各种比例相符合。他根据常模团体的测验结果,分别为每个年龄组制定常模。因此,根据被试的原始分数查得的言语、操作和总的智商分数,就能找出被试在他所属的年龄组团体中所占的相对位置。

(3) 韦氏成人智力量表的信度和效度

首先来看其信度。该量表手册中报告了11个分测验以及言语分量表、操作分量表和全量表在各个年龄组上的信度信息。其中背数和数字符号两个分测验计算的是复本信度,其余分测验均计算分半信度。结果表明,全量表的信度在各年龄组上的分布区间为0.96~0.98,言语量表的信度分布区间为0.95~0.97,操作量表的信度分布区间为0.88~0.94。分测验的信度相对低一些,但11个分测验在各年龄组上的9个信度系数中也只有5个低于0.70,最高达到0.960。

WAIS-R量表没有收集效度资料,但韦克斯勒等人曾对WAIS的效度做了大量研究。

第一,结构效度。韦克斯勒指出:"WAIS中的11个分测验是从各个方面来测量智力的,而不是测量不同类型的智力的。"他认为:"智力是个人理智地思考、有目的地行动以及有效地应付环境的整体的能力。"分量表之间和各分测验之间存在显著的正相关。

第二,内容效度。韦克斯勒在量表中设计的11个分测验都来自前人研究,它们在早期智力量表中都被使用过,且比较成功,在临床实践中也显示出它们的价值。

第三,校标关联效度。在异质性较高的团体中,WAIS与斯坦福—比奈量表的相关在0.80左右。WAIS与各种教育和职业校标间也有相关性。

（二）韦氏成人智力量表中国修订本

1982年在龚耀先的主持之下修订出版了WAIS的中国修订本（简称WAIS-RC）。

1. WAIS-RC的修订工作

WAIS-RC在项目内容上变化不大,只是删除了部分与我国文化背景有差异的题目,并根据我国常模团体的测验结果在测验项目顺序上进行了适当调整。其主要内容如下：

（1）言语量表

①常识测验。共29题,内容取样范围极广且比较简单,尽量避免涉及专业领域的内容。例如,"钟表有什么用?"结果分别以"1"和"0"计分,用于测量被试的一般智力因素和记忆能力。

②理解测验。共14题,要求被试说明在某种特定情形下的应对方式,或解释一些话语的意思。例如,"为什么不要乱丢垃圾?"等等,详细分数分别有"0"和"1"以及"2",用于测量被试社会适应能力和运用实际知识解决问题的能力。

③算术测验。共14题,小学算术范围。例如,"4个人在3天内能够做完工作,若半天内必须完成,应招多少人来做?"题目限时完成,分别以"1"和"0"计分,用于测量被试的基本梳理知识和数学推理能力。

④类同测验。共13题,用于测量被试的抽象逻辑思维和分析概括能力。要求被试讲出所给的两件事情或两个物品的相似之处。如"斧头—锯子",按被试回答的详细全面程度分别以"0"和"1"以及"2"计分。

⑤背数测验。由12道顺背和10道倒背组成。用于测量被试的注意力和短时记忆能力。顺背由主试口述由3—12个数字随机排列组成数字系列,要求被试按顺序复述；再由主试口述由2—9个数字随机排列组成的数字系列,要求被试倒着复述。计分方法采用成功的最高位数记分,如成功背出8位,便记8分。同项中任何一项成功都可记分。

⑥词汇测验。主试将一张包括40个词汇的词表呈现在被试面前,要求被试指出主试所读的词,并对其意义进行解释。结果分别以"0"和"1"以及"2"计分,用于测量被试的言语理解能力。

（2）操作量表

①数字符号测验。呈现数字与符号的对应样例,即1—9每个数字对应一种符号。要求被试根据样例在每个数字下填上对应的符号,限时进行,分别以"0"和"1"计分,用于测量被试建立新概念的能力和知觉辨别速度。

②填图测验。共计提供 21 张画片,用于测量被试的视觉记忆与辨别能力。主试所给出的每张图上都有缺失的部分,让被试指出图片中缺失的部分。计分方式:被试正确回答记为"1",回答出错或未回答记为"0"。

③积木图案测验。用于测量被试的视知觉组织、视动协调及分析综合能力。给被试 9 块分别涂有全红、全白,或半红半白颜色的积木,主试向被试呈现 10 个图形,要求被试在限定时间内用积木拼摆出主试所呈现的图形。

④图片排列测验。共 8 组图片,打乱顺序后呈现给被试,要求被试重新以适当的顺序排列,直到组成一个连贯的故事情节,用于测量被试的分析综合和知觉组织能力。

⑤拼图测验。用于测量被试的知觉组织及概括思维能力。要求被试将被切割成几块的图形拼成完整的图形。

WAIS-RC 建立了农村和城市两个常模,从 16 岁至 65 岁共分成 8 个年龄组,人口组成情况主要依据长沙市及其郊区的有关资料,实际取样来自 21 个省。

2. WAIS-RC 的信度和效度

对 WAIS-RC 的信度研究表明,各分测验的分半信度在不同年龄组的分布为 0.30~0.85,各分量表和全量表的再测信度为 0.82~0.89。

对 WAIS-RC 的效度研究表明,高考成绩差异显著的被试,在 WAIS-RC 测得的智商上同样差异显著,说明 WAIS-RC 具有一定的效度(叶奕乾,1993)。

(三)韦氏儿童智力量表英文版

1. 韦氏儿童智力量表的产生与发展

韦氏儿童智力量表(WISC)是韦克斯勒在 W-BI 的基础上修订而成。韦氏儿童智力量表的测验形式和韦氏成人智力量表大体相同,只是降低了测验的难度,并且增加了一个用于测量儿童知觉速度和准确性的迷津分测验。它的主要特色在于撇开智龄概念,用离差智商来代替比例智商,并使得离差智商从此成为智力测验中使用最广泛的指标。

韦克斯勒于 1974 年发表了韦氏儿童智力量表修订版(WISC-R),完成了 WISC 的修订和重新标准化的工作。WISC-R 共包括两个分量表,12 个分测验,背数和迷津两个分测验是备用测验以便某一同类测验进行替换或补充。

WISC-R 适用于 6—16 岁的儿童,从 6 岁整到 16 岁 11 个月,每相差四个月为一个年龄组,分别建立了常模表,可直接由原始分查得言语智商、操作智商和总智商。

2. 韦氏儿童智力量表的信度和效度

(1) 信度

研究表明:WISC-R 中各分测验的分半信度分布为 0.70~0.86,再测信度为 0.65~0.88;各分量表和全量表的分半信度为 0.90~0.96,再测信度为 0.90~0.95。

(2) 效度

WISC-R 的效度证据来自以下几个方面:

效标关联效度:拿年龄为效标,可证实 WISC-R 上的原始分数确实随年龄增长而升高；以学绩测验或其他学业成就为效标，发现WISC-R与这些效标间的相关系数为0.50~0.60；以斯坦福—比奈量表为效标，发现WISC-R的总智商、言语智商及操作智商与斯坦福—比奈量表的智商在各年龄组的平均相关系数为0.60~0.71。

结构效度：WISC-R的因素分析结果与对WAIS的分析极为相似，进而验证了智力一般因素的存在。同时WISC-R中的言语量表和操作量表在年龄组的平均相关系数为0.60~0.73，说明两者之间存在许多相同变异，这为智力G因素的存在提供了证据。

韦克斯勒儿童智力量表第3版（WISC-III）包括言语和操作两个分量表、13个分测验构成。言语量表包括六个分测验，它们分别为常识、领悟、算数、类同、数字广度和词汇，其中数字广度为备用测验。操作量表由七个分测验组成，它们分别是图画补缺、积木图案、图片排列、物体拼凑、译码、符号搜索和迷津，其中符号搜索和迷津为备用测验。对WISC-III进行因素分析可得到四类组合因素，它们分别为：①言语理解因素，包括常识、类同、词汇和领悟四个分测验；②知觉组织因素，包括图画补缺、图片排列、积木图案和物体拼凑四个分测验；③集中注意力或克服分心因素，包括算术和数字广度两个分测验；④加工速度因素，由译码和符号搜索两个因素组成。

韦氏儿童智力量表第4版（WISC-IV）的测量被试为6岁整到16岁11个月的儿童或青少年，是认知能力评估的个别施测问卷。第4版韦氏儿童智力测验除了保留智力的主要理论以外，引进了关于智力的先进的科学的理论成果，完善了分测验的表达，促进测量目标的明确化，提高了测验的信度和效度。

（四）国内对韦氏儿童智力量表的修订

WISC-R的中译本由林传鼎、张厚粲等人于1981年底初步完成修订工作，并在此基础上编制了中国常模。该测验常模团体的取样来自大中城市，因而只适用于中等以上城市的儿童的智力测量，其信度和效度也已在实践过程中得到支持（林传鼎、张厚粲，1986）。

1981年修订版至今已经在我国各个领域广泛使用了20多年。由于社会经济文化的发展，部分题目已不符合当下的情况。鉴于《韦氏儿童智力量表》自2003年在北美发行和使用以来，在临床心理学、儿童心理学和学校心理学等领域都产生了积极的反响，2008北京师范大学张厚粲教授主持完成了对《韦氏儿童智力量表》第4版（简称WISC-IV）的修订，对量表的常模及题目进行了本土化的修订：剔除了以前第3版中三个测量认知功能不清晰的测验，增加了儿童认知加工能力在视觉刺激上的详细的三个分测验，进一步明确了对儿童认知能力的评估。量表中把四个分测验作为补充测验，使测量结果更为准确和精细。该量表是用于评估6至16岁儿童智力水平的智力测量工具。

（五）韦氏幼儿智力量表

韦氏幼儿智力量表（WPPSI）于1967年问世，适用于4—6岁半的儿童（龚耀先、戴晓阳，1988）。WPPSI共11个分测验，包含了新编的符合幼儿特性的3个分测验

(句子复述、动物房、几何图案)。其他的 8 个分测验(常识、理解、词汇、算术、类同、填图、迷津、积木图案)则与 WISC 相同。WPPSI 同样有言语智商、操作智商和总智商。其常模团体样本来自美国各个地区、不同种族和不同家庭的儿童,常模覆盖广泛,每个年龄组都有常模,每半岁分为一个年龄组。

WPPSI 在手册中报告言语量表、操作量表和全量表的分半信度为 0.84~0.94,再测信度为 0.86~0.92。对 WPPSI 的因素分析发现了智力 G 因素的存在;同时,对 98 名 5—6 岁儿童的施测结果表明,WPPSI 的各分量表及全量表的智商与斯坦福—比奈量表的智商的相关系数为 0.56~0.76。上述结果为 WPPSI 的信度和效度提供了支持。

韦氏的三种智力量表互相衔接,适用的年龄范围从幼儿直到老年,成为智力评估中使用最广泛的工具。

三、戴斯的认知测验

戴斯等人根据认知的四个过程,编制了一份标准化的测验,即戴斯—纳格利尔里认知评估系统(Das-Naglieri cognitive assessment system,简称 CAS)。CAS 是一种衡量个别认知功能的新工具。该量表于 1997 年由美国 Riverside Publishing House 出版,该量表由四个分测验组成,每一分测验有三种任务,依次对计划过程、注意过程、同时性和继时性加工过程进行测量。CAS 系统测量的是个体智力内部活动中最基础和最广泛的加工过程,即 PASS 四种认知历程。由此可见,该量表最终呈现的分数及信息比静态的智商分数更加详细全面,并展现个体的认知加工能力。此外,该测验具有较高的敏感性。因为 CAS 分析针对的是个体的智力在认知过程中的特征。以上的特点在戴斯等人的实验中也得到了验证,所以,CAS 经常被用来分析有阅读障碍的儿童在认知过程中个体间的差异及个体内部的差异。另外,其题目的敏感性也已得到检验,有研究证明,若以四种分历程来区分阅读障碍儿童与一般儿童,其准确率可达 77.5%。目前在美国、加拿大、芬兰、法国等国家都已在临床心理学领域广泛使用,特别是在学习障碍儿童的认识性操作领域。与 IQ 对比,戴斯等人提出的 PASS 理论是一种动态评估智力测验,其结果不再只是给儿童贴上弱智或超常的标签,更重要的是能深入了解儿童在特定认知成分上存在的缺陷并提出优质的解决方案。

由于 CAS 具有坚实的理论和实证基础,并且经过大规模的标准化验证,目前,根据初步的效度显示,CAS 将会是很实用的认知状态测量工具。

❋ **案例**

韦克斯勒儿童智力量表在南京市区的应用分析

本研究旨在对南京市区的被试应用 WISC—R,了解南京市区儿童群体智力发展的一般状况,探讨儿童智力发育与学校卫生的关系,为中小学教育改革提供科学依据。

一、研究方法

（一）样本

根据年龄、性别、学校性质三个变量采取分层随机抽样的原则，于1895年5月至6月对南京市三个区（鼓楼区、白下区、建邺区）的4所小学、3所中学的38名6—16岁儿童少年进行了测试。样本从6.5岁至16.5岁分为11个年龄组，每个年龄组有63名学生(6.5岁组28名)，共388人。每个被试在测定日期的实足年龄都在该年龄半岁上下各一个半月的范围。因1982年南京市5—15岁学生的性别比为男：女 = 1.06：1，因此，各年龄组抽取男女各半。据南京市教育局供稿，南京市1984年重点中学的学生与非重点中学的学生比约为1：8，此次按约1：7比例抽取(19：133)，小学无重点与非重点之分。

（二）研究工具

本次测题来源于我国心理学工作者修改过的WISC-R版本，由12个分测验组成，分言语测验和操作测验两部分。测验以个别施行方式进行，每个人约需6—7分钟。测验指导用语及评定标准按北京师范学院编制的手册进行。韦克斯勒学龄儿童智力量表的信度与效度都较高。它的分半信度为 0.90~0.96，与斯坦福—比奈量表(1972L-M型)的相关平均为 0.73(全量表IQ)。它被普遍认为是在国际上与斯坦福—比奈智力量表有等同地位的智力量表。

1. WISC-CR各分测验的主要功能

(1) 常识(information)

测量个体在其所处的社会环境中经常接触到的、学习到的知识。在被试拥有较好的记忆力的基础上对常识的回答无疑展现了被试的天赋、经验，学校教育的理论及文化的偏好。由此可见，常识这一项不是测量个体对专业知识的掌握程度，而是测量个体对发生在自己身边的日常生活中事情的认知能力。

(2) 类同(similarities)

类同指能够把物体或事件做有意义的归类。此分测验不仅与推理能力、概念形成和逻辑思考的能力有关，还和被试的文化经验、兴趣及记忆能力有关。题目要求被试能够从两种属性词中归纳出几个相同点。它可以测量出一个人的"一般因素(G)"的分量。

(3) 算术(arithmetic)

测量被试的数量概念、计算及推理应用的心算能力。此外，此分测验可间接测量被试的注意力。因为在测验的全部过程中，被试必须认真仔细地倾听，在心算的过程中更需要集中注意力。同时，它亦与个体自身使用的计算技巧有关，在学校的教育中个体形成已有的计算技巧的经验，从而不自觉地进行解题。

(4) 词汇(vocabulary)

主要用来测量语词的理解、表达能力和认知功能。此外，该分测验可判断个体生活经验的优劣及受教育的程度，具体体现在被试解释词汇时运用的字句和解说方式上。

(5) 理解(comprehension)

测量被试评价和利用已有经验的能力以及文字表达能力。被试必须具备了解问题情境并运用实际知识的能力、判断能力及利用过去经验来推理解答的能力。本分测验与社会成熟性、行为规范的遵循及文化经验有密切的关系。

（6）数字广度（digit span）

通过测量个体的短时回忆，考察个体的注意力和短时记忆的能力。

（7）填图（picture completion）

该测验通过对图画缺少的判断，进而测量被试的注意力、推理能力、视觉组织能力、记忆力，以及区分重要因素与细节的视觉辨识和观察等能力。

（8）排列（picture arrangement）

该测验可以测量一个人不用语言文字来表达和评价每个情景的能力。同时排列的测验与视觉组织和想象力密切相关。

（9）积木（block design）

测量视觉动作协调和组织能力、空间想象能力以及形象与背景的分辨能力。

（10）拼图（object assembly）

测量视觉组织能力、视觉动作的协调能力，以及知觉部分与整体关系的能力。

（11）译码（coding）

主要测量短时记忆能力，视觉动作的协调和心理操作的速度，它与学习能力的相关度较高。

（12）迷津（mazes）

此分测验主要涉及计划能力、空间推理及视觉组织能力，亦测量视觉动作的准确与速度。

2. 测验的具体实施方法

（1）测验的实施

测验的指导手册和记分纸以及测题的排列都是言语测验和操作测验混合交叉进行，从而使测验过程不显得单一，被试更有兴趣，投入度更高。

主试询问被试相关信息并填写在计分纸相应的页码上（通常是第一页）。对于被试的上学期语文和数学成绩的填写最后要向被试的班主任做最终的确认。在同儿童交谈的过程中应注意建立并保持友好关系，解除儿童的紧张和不安的心理状态。

应明确而详细地在记分纸封面的备注栏中记录测验过程中的特殊情况，如被试的不良情绪、测验中断的原因、语言障碍、左利手（写字、取物用左手），等等。

测验开始前告诉儿童："今天要你做一些练习——回答一些问题，做一些很有意思的作业；有的题目很容易，有的比较难。难的题目你也许不会做，或者答不出来。你尽量做就行。你现在年纪还小，长大以后就都会做了。现在开始做第一个练习（即测验一）。"

（2）各分测验的具体实施方法

①常识（information）

共30题。测题内容涉及的范围较广，包括天文、地理、历史、物品、节日等及其他广泛性的一般知识。被试回答时,只要简洁地陈述特定事物之事实。6—7岁的儿童或智力可能有缺陷的较大儿童,从第1题开始;7岁以上的儿童则从第5题或其后的题项开始。被试若连续5道题都不能通过(0分),则中断测验。

②填图(picture completion)

共26题。以图片卡形式向被试呈现26张未完成的图画,图中内容都取自日常生活中经常接触的事物。要求被试说出(或指出)图画上缺少部分的名称,而不是真正把图画缺少的部分补足。6—7岁的儿童或智力可能有缺陷的较大儿童,从第1题开始;8—16岁的儿童从第5题开始。本测验的时间限制为每图20秒。

③类同(similarities)

共17组配成对的名词,要求被试概括出每一对词的相似之处。所有儿童都从第1题开始,如果连续三道题不能通过,即停测。

④排列(picture arrangement)

即图片排列。共13组图片。其中有一组图片作为示范。每套3至5幅图不等,以打乱的次序(按统一规定的)呈现给被试,要求儿童依逻辑次序将每组图片重新排列,使得每一组图画可以表示一个故事,也就是要求被试按故事情节排列次序。测验有时间限制,速度快则加分。6—7岁的儿童或智力可能有缺陷的较大儿童,从例题开始,接着进行第1题;8—16岁的儿童从例题开始,接着进行第3题。被试若连续3道题不能通过,即停测。

⑤算术(arithmetic)

共有19题。前四题以图片卡呈现,第1到15题应按指导手册上所列文字由主试以口述实施,而第16到19题则呈现题卡由被试朗读作答。但被试若有视觉或阅读上的困难,可由主试代为朗读。6—7岁的儿童或智力可能有缺陷的较大儿童,从第1题开始;7岁以上儿童则从第5题或以后开始。被试回答时,不得使用纸和笔,只能心算。被试若连续3道题不能通过,即停测。

⑥积木(block design)又称积木图案

共11题。该测验是将9块积木(每个积木两面是红色,两面是白色,两面红白各半)交给儿童,然后要求按呈现给他的图案拼摆出来。共有11张图案样子,其中有的由4块积木摆成,有的由9块摆成。6—7岁的儿童或智力可能有缺陷的较大儿童,从第1题开始;8—16岁的儿童从第3题开始。被试若连续两张图不能通过时,即停测。

⑦词汇(vocabulary)

共提供32张词汇小卡片,每张上面分别横写着一个词。主试口述时亦同时呈现词汇卡片,被试则须以口述方式回答问题,要求儿童对读给其听或看的词加以解释。6—7岁的儿童或智力可能有缺陷的较大儿童,从第1题开始;7岁以上的儿童从第4题或以后开始。被试若连续5道题不能通过,即停测。

⑧拼图(object assembly)又称物体拼配

共有4题(外加1道例题)。向被试呈现(按规定要求)一套切割成曲线的拼板,要求组合成一个完整的物体(即女孩、马、汽车及人脸)。有些告诉被试名称,有些不告诉被试名称。全体儿童都从例题开始,然后进行第1题测验。所有儿童都接受全部4道题的拼图测验。

⑨理解(comprehension)

共有17题。这些题目所涉及的问题包括一些与自然、人际关系及社会活动等有关的情境,它要求被试解释为什么要遵守某种社会规则和为什么在某种情况下一定要这么做等日常生活中的事件。所有儿童都从第1题开始,被试若连续4道题通不过时,应即停测。

⑩译码(coding)

这是一种符号替代测验。它分两种形式:译码甲是"图形对符号"(用于8岁以下的儿童)。译码乙是"数字对符号"(用于8岁以及大于8岁的儿童)。这个测验要求被试按照所给的样子,把符号填入相应的数字下面或图形中间,既要正确又要迅速。在例题练习完成后,儿童便开始正式测验。译码甲与译码乙的时限均为120秒钟。

⑪背数(digit span)

一系列随机排列的数字组由主试以每秒念1个数字的速度读给被试听,要求即时复述,包括顺背8组(顺背从3位到10位)和倒背7组(从2位到8位)。每题有两个测试形式,任何一道题两次试验都不能通过即停测。本测验是语言量表中的替代(补充)测验,但是若因诊断上的需要,特别是应用因素分析来解释结果时,亦应将它列为实施的分测验。

⑫迷津(mazes)

这是操作量表中的替代(补充)测验。共有1道例题另加9题正式测题。被试须从迷津中心人像开始,不穿越墙线(且需以连续绘线方式走到出口),要求被试用铅笔正确地找出出口。6—7岁的儿童或智力可能有缺陷的较大儿童,从图开始,接着进行迷津1的测验;8—16岁的儿童从迷津4开始。被试若连续两次失败,即停测。

3. 测验的记分方法

(1)实足年龄的计算

实足年龄应准确计算,必须详细到几岁零几个月零几天。实龄的具体计算方法是:先记下出生的年、月、日,和测验日期,再从测验日期中减去出生日期。借位时每月都按30天计算。

(2)量表分和智商的换算

题目都是按难度顺序排列的。填图、排列、算术、积木、拼图、译码以及备用测验迷津有时间限制,另一些测验不限制时间,应让被试者有适当时间来回答。对于有时间限制的项目,以反应的速度和正确性作为评分的依据,超过规定时间即使通过也记0分,提前完成的则按提前时间的长短记奖励分。不限时间的项目,则按反应的质量给予不同的分数,有的项目通过时记1分,未通过记0分,如常识、类同的第1至4题;有的项目按回答的质量分别记0、1或2分,如词汇、类同和理解测验。

按照计分规则所得的每一个测验的分数叫原始分(粗分)。主试人应将这些分数记录到记分纸封面上的原始记分栏内。粗分按手册上的表可转化成平均数为10、标准差为3的量表分。分别将言语测验和操作测验的量表分相加,便可得到言语量表分和操作量表分。再将二者相加,便可得到全量表分。最后,根据相应用表换算成言语智商、操作智商和总智商。

4. 韦氏智商的分级标准

韦克斯勒在编制智力测验时提出了离差智商的计算法。按照智商的高低,智力水平可分为如下若干等级,并可作为临床诊断的依据(详见表13-1、表13-2):

表13-1 智力等级分布表

智力等级	IQ的范围	人群中的理论分布比例(%)
极超常	130以上	2.2
超常	120—129	6.7
高于平常	110—119	16.1
平常	90—109	50.0
低于平常	80—89	16.1
边界	70—79	6.7
智力缺陷	69以下	2.2

表13-2 智力缺陷的分等和百分位数

智力缺陷等级	IQ的范围	占智力缺陷的百分率(%)
轻度	50—69	85
中度	35—49	10
重度	20—34	3
极重度	0—19	2

5. WISC-CR测验注意事项

(1)实施时,室内除主试和被试外一般不得有第三者在场。必要时,可加主试助理1人。主试和被试隔桌对坐。

(2)为了确保测验结果的真实性,主试必须严格按照测验手册规定的程序进行,遵守时间的规定,要避免随意更改已经规定好的话语,不能提供超出允许范围的提示或帮助。

(3)测题的指导语应该表达自然。必要时可插入恰当的不违反原则的评语(如"很棒"、"好得很"、"你会做得更好"……)来增强被试的积极性和主动性。

(4)为每名儿童测验约耗时55至80分钟。要尽可能一次测完全部测验。如有困难,可分两次进行。但两次测验间隔时间不得超过1周。

本量表大多数测验的计分规则都是客观的,不需要对儿童的回答做任何主观解释。但是关于类同、词汇和理解三个测验的大部分项目及常识测验的部分项目,其计分则可能要求主试作出判断。为此,对这些测验项目,主试必须在记分纸上写下儿童的答案,待测验过后进行评分,以保证计分的准确性。

二、结果

(一)原始分

将各年龄组原始分均数与WISC-R常模的均数比较,可说明以下几个方面:

1. 试测样组各分测验的平均原始分数有随年龄增长而递增的趋势。这表明我国心理工作者结合我国具体情况对 WISC-R 各项分测验做适当的修改后,在我国儿童身上试用后,能有效地反映智力随年龄增长而增进的自然规律。

2. 试测样组的言语测验平均原始分大多高于韦氏均数,而作业测验则大多低于韦氏均数。

(二) 量表分

根据 WISC-R 常模中与原始分等值的量表分数,将试测样组的原始分转化为量表分,与 WISC-R 常模进行比较。试测样组的常识、算术、词汇、领悟、数字的广度,积木图案和编码等分测验量表分明显高于韦氏量表分;而图片填充、图片排列和物体拼组则显著低于韦氏。

(三) 量表总分与智商

根据 WISC-R 常模中与量表分数等值的 IQ 分数(见图 13-1)可见,除 7.5 岁组和 16.5 岁组外,试测样组的智力总水平在美国儿童之上;而在智力结构分布上,言语智商高于美国儿童,而操作智商低于美国儿童,并且随着年龄的增大差距也都增大。

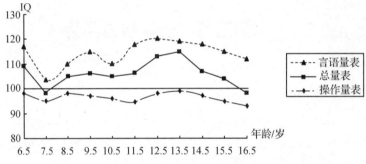

图 13-1 试测样组言语、操作及全量表智商与 WISC-R 比较(按 WISC-R 常模换算)

(四) 试测样组智商分布

按本资料的"试用换算表"计算出来的 388 名儿童的智商分布接近正态分布,符合一般规律。

(五) 信度检验

1. 分半相关法

从每个年龄组抽取 4 人(男女各半),将各分测验的测试题(数字广度和译码除外)奇偶分半,求得奇数与偶数题得分的相关系数,除物体拼组相关系数稍低外,其余的相关系数均大于 0.8,可见量表的信度是相当可靠的。

2. 重测信度

我们对 82 名 6.5 岁儿童在首次测验后三周又进行了再次测验,以其各项分测验的粗分进行分析,除词汇、理解、填图、拼图分测验呈一般相关外,其他分测验均为高度相关。

(六) 效度检验

以智商 110 为界,重点中学成绩为中上水平;非重点中学为一般水平,计算符合率 $=\dfrac{a+d}{a+b+c+d}=\dfrac{8+105}{8+27+11+105}=0.75$。

所以学业成绩与智商的符合率为 0.75,提示本次测验的效度是较高的。

三、小结

1. 此南京市区儿童智测结果表明:WISC-R 是测量儿童智力水平十分有效的工具;儿童智力随年龄增长的趋势言语能力高于韦氏常模,操作能力低于韦氏常模。

2. 本次测验的信度、效度良好。

此案例引自《韦克斯勒儿童智力童表在南京市区应用分析》(王杏英、徐济达、钱锦,1986)

思考题:

1. 个体智力测验有哪些?
2. 韦克斯勒儿童智力量表的计分方式如何?
3. 韦克斯勒儿童智力量表的适用年龄是多少岁?
4. 请查阅资料后试回答韦氏儿童智力测验主要应用于哪些场合。
5. 请尝试使用韦克斯勒智力量表测量一个人的智力。

第三节 团体智力测验

一、陆军测验

陆军甲种测验由 8 个分测验组成,包括指使测验(照令行事测验)、算术测验、常识测验、异同测验(区别同义词和反义词)、字句重组测验、填数测验、类比推理测验和理解测验。

陆军乙种测验属于非文字测验,由 7 个测验组成,包括迷津、立方体分析、补足数列、译码、数字校对、图画补缺和几何形分析(戴海崎、张峰、陈雪枫,2011)。

陆军甲种测验的效度资料来自它与军官传统评定的相关(0.50~0.70),与斯坦福—比奈量表的相关(0.80~0.90),与教师评定的相关(0.67~0.82),以及与学业成绩的相关(0.50~0.60)。陆军乙种测验与甲种测验的相关达到 0.80。

二、瑞文推理测验

(一)瑞文推理测验的产生与发展

瑞文推理测验是由英国心理学家瑞文(J. C. Raven)编制的一种团体智力测验,又被称为瑞文渐进图阵(戴海崎、张峰、陈雪枫,2011)。

1. 瑞文标准推理测验。

瑞文 1938 年编制出版该测验,适用于 5.5 岁以上且智力发展正常的人,属于推理测验中难度水平中等的测验。

2. 瑞文彩图推理测验。

瑞文 1947 年编制出版该测验,适用于幼儿和智力显著低于同龄平均水平的人,属于瑞文推理测验中水平最低的测验。

3. 瑞文高级推理测验。

由瑞文初编于1941年,经1947年、1962年两次修订后最终形成,适用于高智商人群,属于瑞文推理测验中水平最高的测验。

以上三种水平的瑞文推理测验均由两种形式的题目组成:一种是从一个完整圆形中挖掉一块,另一种是在一个图形矩阵中取走一个图形,要求被试自己根据规律从备选答案中选择一个能够使原图形完整或符合一定结构排列规律的图形。

瑞文推理测验的理论假设源于斯皮尔曼的智力一般因素理论。瑞文将智力G因素分为两种独立的能力,一种称再生性能力,表明个体经教育之后达到的水平;另一种称推断性能力,表明个体不受教育影响而自身具备的理性判断能力。瑞文认为,词汇测验是对再生性能力的最有效测量手段,而非言语的图形推理测验则是对推断性能力的最佳测量方式,这就是瑞文推理测验的来源(戴海崎、张峰、陈雪枫,2011)。瑞文测验的优点在于测验对象不会受到文化、种族与语言等条件的限制,适用的年龄范围广——从5岁半直至老年,而且不排除一些生理缺陷者。测验适合团体或个人施测,使用方便,省时省力。结果用百分等级常模解释,直观易懂,因而该测验在世界各国都能得到广泛使用。

(二)瑞文标准推理测验中国修订本

1985年,我国张厚粲教授开始主持瑞文标准推理测验中国城市版的修订工作(张厚粲,1982)。

这次修订工作基本保留了原测验的项目形式及指导语。测验共有60道题目,分为A、B、C、D、E五个系列,每一系列包含12个题目。项目系列及其每一系列内部的项目都由易到难排列。每一项目均分别以"1"或"0"计分,最后根据总分查得常模表中相应年龄组的百分等级。

测验常模团体根据人口普查资料取自全国大、中、小城市,取样时注意性别、文化、职业等人口比例分配,从5岁半到16岁半,每相差半岁为一个年龄组,17岁至19岁为一个年龄组,20岁以上每10岁为一个年龄组,70岁以上为一个年龄组。

瑞文标准推理测验中国城市版的分半信度达到0.95,再测信度为0.79~0.82,它与WISC-R的中国修订本的各个分量表及全量表的相关系数为0.54~0.71,与学生高考总分的相关系数为0.45,这些都可以为其效度提供支持。

三、认知能力测验

认知能力测验是1968—1972年间由桑代克等美国心理学家编制而成(李德明、刘昌、李贵芸,2001)。该测验由以下四个不同部分组成。

(一)初级型

适用于低年级小学生。使用图片材料和口头指导语,包含五个分测验:口头、词汇、关系概念、多重智力和数量概念。

(二)文字测验

适用于小学四年级以上学生。由词汇、句子填充、词语分类、词语类推四个分测验组成。

（三）数量测验

适用于小学四年级以上学生。包含三个分测验：数的大小比较、数列补充和建立关系等式。

（四）非文字测验

适用于小学四年级以上同学，包括图形分类、图形推理和图形综合三个分测验。

所有测验题目的排列顺序都是由易到难，每个测验均有几套不同水平的题目，以便对智力成熟水平不同的人提供适当难度的测验，结果以离差智商、百分等级、标准九分数等进行解释。

认知能力测验拥有相当详细的信度和效度资料，表明其各部分测验的再测信度系数为 0.72~0.95；同时，它对学业成就、工作成就、职业类型等有相当的预测能力。

认知能力测验在当今是一个被广泛应用的团体智力测验，在实践中也显示出较高的应用价值，只是由于修订起来比较困难，至今未有中文修订本出现，因而在国内该测验只供研究使用。

❋ 案例

哈、维、汉初中学生数学能力比较研究

本测验旨在对新疆维吾尔自治区内哈萨克族、维吾尔族和汉族初中学生的数学能力及其倾向性进行比较研究。

一、研究方法

（一）被试

本研究的对象为新疆维吾尔自治区内哈萨克族、维吾尔族、汉族初中各3个年级的在校生。其中，哈萨克族、维吾尔族被试选自新疆伊宁市的民族中学，汉族被试选自同地区的普通中学。各民族各年级被试均为40人，9组被试共360人。各组的40名被试中包括该年级数学学业成绩最优秀的学生10名，其余30名按数学学业成绩分层随机取样，这样选取被试的目的是为了选拔各民族数学早慧的儿童。

（二）研究工具

1. 测验材料

本研究采用SAT-M测验试题。SAT（英文"Seholastic Aptitude Test"的简称）测验是美国"大学入学考试委员会"（The college Entrance Examination Board）为16—18岁的高中毕业生设计编制的标准化能力测验（吕世虎、迪米提，1993）。

SAT-M测验共有60道试题，分A、B卷两部分。第一部分52题，要求30分钟完成；第二部分53题，也要求30分钟完成，所有的题目均为选择题。测验采用标准化二次评分方法：第一步是计算原始分，满分60分，答对1题得1分，答错1题扣1/4分（"五选一"的题）或扣1/3分（"四选一"的题），未进行选择的题不得分也不扣分。第二步是根据换算表（由大学入学考试委员会根据每份试卷的信度、效度及

试题的难易程度等多种因素制定,对外保密)将原始分数转化成标准分数,标准分满分为 800 分,最低分为 200 分。换算方法较为简单,只需对照换算表即可得到标准分。SAT-M 测验作为一种标准化的能力测验,每份试卷的试题形式、题目数量、时限规定、评分方法等都是相同的,试题的难易程度也无大多差异,因此每份试卷的换算表并无太大的变化,尤其是高分一端,各换算表换算率基本上相同:一般 50 分(原始分)换算成 700 分(标准分),60 分(原始分)换算成 800 分(标准分),在 50 至 60 分(原始分)之间,每 1 分原始分换算成 10 分标准分,即 51 分(原始分)换算成 710 分(标准分),52 分(原始分)换算成 720 分(标准分)⋯⋯以此类推。SAT-M 测验基本只在美国国内进行,极少用于其他国家。在中国,上海师范大学教科所与美国约翰·霍普金斯大学 SMPY 曾分别于 1985 年、1987 年在上海市合作进行过两届 SAT-M 测验,目的主要是选拔数学早慧的儿童。本次测验的试题选自美国 S. C. Brownstein 和 M. Weiner 著、单思等译的《数学智能训练和测试》一书(上海科学技术出版社 1990 年版)。

2. 测验方法

测验以团体施测的方式进行,在正式测验前进行了模拟测验,以便使被试熟悉试卷及题目的形式。汉族被试用汉语试卷测试,维吾尔族被试用翻译成维吾尔族文字的试卷测试,哈萨克族被试用翻译成哈萨克文字的试卷测试。测试的时限及评卷均按 SAT-M 测验的标准统一执行。

二、结果

(一) 三个民族的学生 SAT-M 测验成绩比较

1. 汉族各年级学生的 SAT-M 测验成绩均高于相应年级的哈萨克族和维吾尔族学生,并且各年级间的差异均达到了 0.01 显著性水平。

2. 维吾尔族初一学生的 SAT-M 测验成绩低于同年级哈萨克族学生,其差异达到 0.05 的显著性水平,而维吾尔族初二学生的 SAT-M 测验成绩则高于同年级哈萨克族学生,且其差异达到了 0.01 的显著性水平,维吾尔族、哈萨克族初三学生的 SAT-M 测验成绩基本一致。

3. 三个民族学生的 SAT-M 测验成绩均呈随年级的升高而提高的趋势,但汉族、维吾尔族学生从初一到初二均有极显著的提高,而从初二到初三提高则均不显著,呈现稳定趋势。哈萨克族学生从初一到初二无显著提高,而从初二到初三有极显著提高,这说明哈萨克族学生数学能力发展的加速期落后于维吾尔族、汉族学生。

(二) 哈萨克族、维吾尔族、汉族学生 SAT-M 测验成绩分布及其与上海第二届 SAT-M 测验成绩的比较

伊宁市汉族学生的平均成绩显著高于哈萨克族、维吾尔族学生,汉族学生得较高分的人也明显高于哈萨克族、维吾尔族学生,汉族学生 500 分以上者占 74.5%,哈萨克族、维吾尔族学生 400 分以下者分别占 28.5%、87.4%;哈萨克族、维吾尔族学生的平均成绩及成绩分布基本一致;伊宁市汉族和哈萨克族、维吾尔族学生中无人达到数学早慧儿童标准;与上海第二届 SAT-M 测验相比,伊宁市汉族学生的平均成绩和高分人数均显著低于上海学生。

三、小结

1. 哈萨克族、汉族、维吾尔族学生的数学能力有显著差异,哈萨克族和维吾尔族学生的数学能力基本一致。

2. 教育条件、家庭环境、语言及民族个性特征是产生这种差异、影响学生数学能力发展的重要因素。

3. 加强学前教育,改革现行学校数学教育体制,建设适合民族文化特色的数学教育新体系是促进哈萨克族、维吾尔族学生数学能力发展的重要途径。

此案例引自《哈、维、汉初中学生数学能力比较研究》(吕世虎、迪米提,1993)

思考题:

1. 团体智力测验有哪些?
2. SAT 的计分方式是怎样的?
3. SAT 的适用年龄如何?
4. 团体智力测验通常应用于哪些场合?
5. 找一份团体智力测验量表来测量一个团体的智力。

本章小结

能力是一种潜在的心理能量,与知识、技能既有区别又有联系。能力分为一般能力与特殊能力、模仿能力和创造能力、流体能力和晶体能力、认知能力、操作能力和社交能力。常见的智力模型包括心理测量学因素分析理论的智力模型和因素分析与信息加工思想整合取向的智力模型。目前,新的智力理论包括基于神经心理学理论的智力理论、情绪智力理论和生态生物学理论。动态评价方法、典型表现测验以及分析技术的进步使智力测验的编制不断完善。

常见的个体智力测验包括比奈量表、韦克斯勒量表和戴斯的认知测验。常见的团体智力测验包括陆军测验、瑞文推理测验和认知能力测验。读者应结合有关内容对这些基础量表有适当的了解。

思考与练习

1. 智力发展的差异表现在哪些方面?有何特点?
2. 有人说,人们对"知识积累与智力发展有密切关系"已形成共识。所以,我们教学的主要任务就是向学生传授大量知识,这样,就能使其能力自然而然地获得发展。你同意这一观点吗?为什么?
3. 谈谈智力测验的效度问题。
4. 智力测验的功能是什么?
5. 试分析智力测验存在的合理性。

第十四章 能力测验(下)

【本章提要】

◇ 能力倾向测验、一般能力倾向测验、弗拉纳根能力倾向分类测验简介

◇ 心理运动能力测验、机械能力测验、音乐能力测验、美术能力测验及创造力测验简介

多重能力倾向测验是一项综合测验,它由测量不同能力的分测验构成。其用途是了解人潜能的走向。特殊能力倾向测验是用来鉴别个体在美术、机械、文字等方面是否存在某项特殊潜能,它最初被编制和使用的目的是为了弥补智力测验在测量个体智商上存在的缺陷。现阶段的状况是一些传统的特殊能力倾向如机械和文书,已被纳入多重能力倾向测验之中,成为其一个分测验。本章将对多重能力倾向测验和特殊能力测验进行详细介绍。

第一节 多重能力倾向成套测验

一、区分能力倾向测验

区分能力倾向测验(differential aptitude test,简称 DAT)是由本纳特、西肖尔和韦斯曼在 1947 年推出的一个能力倾向测验,主要用途是美国 8—12 年级学生的职业咨询和教育咨询。自从 1947 年第一个版本出现后,经过几次大的修订,DAT 已经成为比较完备的测验了。

在多重能力倾向测验之中,区分能力倾向测验得到了广泛的应用。区分能力倾向测验由 8 个分测验构成,每个分测验都有一定的时间限制,根据难度,其测验时间为 6~30 分钟不等,因此完成全部测验大约需要 3 个小时。其 8 个分测验测量的内容分别为:

(1) 言语推理(VR):测量普通智能,题目采用文字形式的类比。
(2) 数字能力(NA):测量普通智力,计算题的方式。
(3) 抽象推理(AR):测量非言语推理能力。
(4) 文书速度和准确性(CSA):测量完成一项简单知觉任务的速度。

(5) 机械推理(MR):测量对熟悉环境中的机械和物理原理的理解。

(6) 空间关系(SR):测量想象和在心理上对有形材料的操作能力。

(7) 拼写(SP):考查被试的英文水平,让其找出给定材料中的拼写错误。

(8) 语言运用(LU):测量语文水平,让被试找出语法或习惯用法中的错误。

每完成一个分测验都可以得到一个分数,将言语推理(VR)和数字能力(NA)的得分相加,其结果就能作为学业能力倾向的指标,可以有效预测大学的学业成绩。

区分能力倾向测验的同质性信度较高,复本信度一般;具有较高的效度,对不同职业的工作能力有一定的预测力。

二、一般能力倾向成套测验

一般能力倾向成套测验(general aptitude test battery,简称 GATB)是由美国联邦劳工部于 1947 年编制而成,主要用于职业咨询,也可以为中学生的专业选择和成人求职等提供帮助。

一般能力倾向成套测验由 12 个分测验组成,包括 8 个纸笔测验、4 个仪器测验,组合起来可以测量 9 种能力倾向,它们分别是:

(1) 一般学习能力(G):把测量 V、N、S 因素的三个分测验的分数相加。

(2) 言语能力(V):要求被试指出每一组词中哪两个词意义相同或相反。

(3) 数理能力(N):测计算和算术推理。

(4) 空间能力(S):又名三维空间测验,包括理解三维物体的二维表示及想象三维运动的结果。

(5) 形状知觉(P):包括两个分测验,一个是匹配画有同样器物的图画,另一个是匹配同样的几何图形。

(6) 书写知觉(Q):与形状知觉类似,但要求匹配名称。

(7) 运动协调(K):要求被试在一系列方格中用铅笔做出特定的记号。

(8) 手指灵活度(F):装配和拆卸铆钉与垫圈。

(9) 手部敏感性(M):在一个木板上传递和翻转木桩。

测量手指灵活度和手部敏感性的分测验属于操作测验,需要使用简单的工具,而其他都是纸笔测验。

对一般能力倾向成套测验的原始分数,我们可以将其转化为百分等级来进行评估,也可以将其转化为标准分($X=100, SD=20$)来计算。通过对各种职业个体的 GATB 分数的统计分析,找出每种职业团体 GATB 的分数特点,从而绘制出每种职业的能力剖析图(又称职业能力模型),从图中就可以确定每种职业的临界 GATB 分数。目前该测验已经有超过 800 种的职业能力模型。对于个体来说,将得到的分数换算成标准分数,并与大约 36 种职业类型的 OAP 比较,就能寻找到自己可能适合的职业。

GATB 的信度较好,重测信度和复本信度均达到 0.80~0.90。此外,GATB 的使用手册中还附有 GATB 的很多效标关联效度的资料。GATB 经过多次修订后,在全世界得到了非常广泛的应用,我国学者戴忠恒1994年修订了GATB的中国版本。

目前,GATB已经编制出新的纸笔形式,新测验被称作能力测量系统(ability profiler),有关网站是 http://www.onetcenter.org/AP.html。该测验的计算机自适应形式也已成功研制出来。这个新的大规模测验程序具有收集和分析职业信息的综合性系统,成为"O*NET",包含有关的1100种职业信息,测验分数与O*NET的数据库是相连的。

三、弗拉纳根能力倾向分类测验

弗拉纳根能力倾向分类测验(Flanagan aptitudc classification test,简称FACT)是根据二战中供飞行员使用的成套测验(aviation cadet classification battery)的研究结果编制的。弗拉纳根研究发现,有14种特殊的工作技能影响许多职业的成功,于是设计出这个包含14个分测验的能力倾向测验(J. C. Flanagan,1941)。这14个分测验分别是:

(1) 检验测验:测查被试是否能迅速而准确地找到一系列小物件的缺点和瑕疵。

(2) 代号测验:测查被试把各种名称换成代号的速度和准确性。

(3) 记忆测验:测量被试记忆各种代号的能力。

(4) 精确性测验:测查被试以双手合作或单手精密操作小物体的能力。

(5) 装配测验:主要测查被试在没有参照模型的情况下,凭想象去组合机械零件的能力。

(6) 坐标测验:测量被试阅读和理解坐标与图表的速度及准确性。

(7) 协调能力测验:测量被试手与手臂的协调能力,从而考查其手与手臂的运动及平衡性。

(8) 判断和理解能力测验:测查被试能否根据某一情况做出逻辑推理和正确判断。

(9) 测查被试迅速准确地进行数字计算的能力。

(10) 图样模仿能力测验:考查被试能否准确地模仿绘制图样。

(11) 组成测验:考查被试能否从一个复杂的图形结构中辨认出各个主要组成部分。

(12) 表格阅读能力测验:测查被试阅读表格的速度和准确性,材料有数字和文字。

(13) 机械测验:测量被试了解机械原理和分析机械运动的能力。

(14) 表达能力测验:测验被试用字和词组造句的能力。

在实际测量中,被试如果想全面了解自己的能力,可以接受全部分测验,但所需时间较长,完成全部测验大约需要6小时。当然,被试也可以选择与某种职业相关程度较高的几种分测验来测试。

FACT的信度较好,但相关的效度资料尚有欠缺。我国台湾学者孙敬婉主持修订过FACT。

❋ 案例

多项能力倾向测验(MAT)的效度研究

多项能力倾向测验(MAT)(王进礼、龚耀先、罗贵友、刘华强,2004)是在龚耀先等的长—鞍团体智力测验(龚耀先,1997)基础上发展而来,其目的是为一些较大规模的职业团体在人员筛选、工作安置和能力评估与咨询方面提供一个初步的测量工具。鉴于我国目前尚无有效的能力倾向测验专门用于武警的测量,故希望该测验能成为武警部队的一个参考工具。MAT属于多项能力倾向的成套测验,它能测量一般智力和几种能力倾向。本研究的目的是考察MAT的效度。

一、研究方法

(一) 样本

实测样本在某武警总队采取随机整群取样方法进行抽取,全部取样工作由一人主试。取样时间为2002年10月至2002年12月。共测查991人,获得有效试卷974份,全部为男性,年龄:平均 21 ± 2.55 岁,最小17岁,最大39岁;衔级:列兵277人,上等兵306人,士官348人,干部43人;民族:汉族894人,其他民族80人;兵源:农村602人,城镇372人;教育程度:大专以上37人,高中或中专610人,初中319人,8人学历不详;职业:司机95人,文书33人,公务员18人,警卫值勤类714人,其他114人。

(二) 研究工具

1. 测验材料

本研究采用王进礼、龚耀先等人编制的多项能力测验,共有1146个项目,分布于抽象思维、空间能力、注意和速度及动作稳定4个分量表上,抽象思维分量表上包含了常识、文字分类、图案分类、数字接龙和图案接龙5个分测验,空间能力分量表上包含了折叠、拼配和补缺3个分测验,注意和速度分量表上包含了文字校对、数字校对、图形选择、编码4个分测验,动作稳定分量表上包含了打点速度、左手描线和右手描线3个分测验。该问卷各分测验的重测相关系数为 $0.47 \sim 0.88$ ($P<0.01$),四个分量表的重测相关系数为 $0.73 \sim 0.88$,总分为0.79。各分量表的 α 系数分别是抽象思维0.72,空间能力0.53,注意和速度0.75,动作稳定0.75,总分0.80。

2. 测验计分方法

测验采用0、1方式记分,即答对记1分,答错记0分。要将各分测验的原始分数都转化为标准分数。量表总分是所有分量表标准分之和。测验14及15两个描画线条的分测验采用了特殊的记分方法,首先用扫描仪将被试描画的线条与标准线条一起扫进电脑,然后记录每一对应的描画的点和标准的点,以像素为单位计算它们的差数,即描画点对标准点的偏离数,再计算出所有这些差数的平均值作为测验分数。

二、结果

(一)结构效度

1. 内部相关分析

从各分测验与总分之间的相关看:左手描线、右手描线和打点速度分测验与总分的相关低于或等于0.4,其余分测验的相关为0.55~0.64。各分量表与总分的相关:双手描线较低,其余三个分量表为0.694~0.807。各个分量表与它们所包含的分测验的相关明显高于与其他分测验的相关。在四个分量表中,抽象思维、空间能力、注意和速度三个分量表相关为0.402~0.472,双手描线分量表与这三个分量表相关在0.1以下。

2. 探索性因素分析

采用主成分分析与Equamax相等最大值转轴法进行因素分析,得到4个特征值大于1的因子(见表14-1)。因子1主要负荷在文字分类、常识测验、数字接龙、图案分类、图案接龙上,这些分测验都与对文字符号和数字符号或概念的抽象思维过程:理解、判断和推理等有关,故命名为抽象思维因子;因子2主要负荷在文字校对、图形选择、数字校对、编码测验、打点速度上,这些分测验都与知觉、注意的广度和速度有关,故命名为注意和速度因子;因子3主要负荷在拼配测验、折叠测验和补缺测验上,这些分测验都与对平面和立体的空间形象的知觉想象过程有关,故命名为空间能力因子;因子4负荷在右手描线和左手描线分测验上,这些分测验都与心理运动的双手动作稳定性和精确性有关,故命名为动作稳定因子。四个因子解释了总方差的54.28%。

表14-1 各分测验的因素负荷(n=974)

分测验	因素1	因素2	因素3	因素4
文字分类	0.752	8.756E~02	9.583E~02	3.268E~02
常识测验	0.699	0.198	0.124	3.005E~02
数字接龙	0.617	0.148	0.212	6.037E~02
图案分类	0.610	0.191	0.131	−2.243E~02
图案接龙	0.453	0.125	0.372	7.075E~03
图形选择	0.169	0.687	0.237	1.657E~02
打点速度	−4.275E~02	0.681	−6.423E~02	1.114E~02
文字校对	0.338	0.668	0.113	5.167E~02
数字校对	0.348	0.630	0.196	−9.601E~03
编码测验	0.138	0.607	0.256	5.142E~02
拼配测验	9.552E~03	0.139	0.756	5.118E~02
折叠测验	0.120	2.326E~02	0.745	6.199E~02
补缺测验	0.347	0.195	0.488	6.636E~03
左手描线	−1.575E~02	2.464E~02	6.077E~02	0.893
右手描线	4.675E~02	1.696E~02	2.272E~02	0.893

3. 验证性因素分析

使用Amos统计软件,用测量的数据拟合MAT的结构模型,结果显示,拟合指

数 $CFI(0.975)$、$NNFI(0.966)$ 均在 0.95 以上，$RMSEA(0.030)$ 小于 0.05，$CMIN/df(1.899)$ 小于 2。验证性因素分析结构模型见图 14-1。

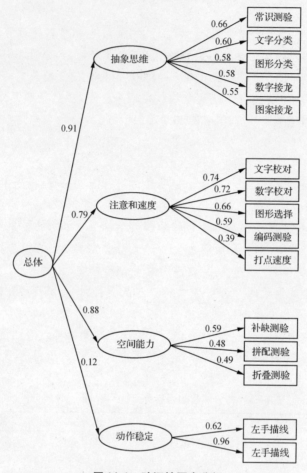

图 14-1 验证性因素分析

（二）实证效度

1. 群体区分效度

①文书、公务员、司机三种不同职业群体与总体的比较：文书 33 人，在文字校对、常识测验、数字接龙分测验和抽象思维分量表上的分数显著高于样本总体分数（$P<0.01$）；在编码、图形分类分测验和注意和速度分量表以及总分上显著高于样本总体分数（$P<0.05$）。在左右手描线、拼配等分测验上与样本总体分数无显著差异。公务员 18 人，在文字校对、常识、折叠、编码、打点速度分测验和注意和速度分量表及总分上显著高于样本总体分数（$P<0.05$）。司机 95 人，在文字校对、编码、常识、图形分类、数字接龙、打点速度分测验、注意和速度、抽象思维分量表及总分上低于总体（$P<0.01$）；在图形选择、数字校对、补缺测验、文字分类分测验 0.05 低于总体（$P<0.05$）。

②不同学历被试的测验分数比较：不同学历的群体除描画线条外的所有测验分数差异都显著。

2. MAT 与训练成绩的相关

武警部队最基本的三项训练是擒拿技巧、军事体能与队列动作,我们用 6 个中队 136 人的三项训练成绩与测验做相关分析,结果列于表 14-2。

表 14-2 测验分数与训练成绩的相关(r)

	擒拿技巧	军事体能	队列动作	三项总分
文字校对	0.079	0.166	0.095	0.141
图形选择	0.055	0.087	0.127	0.112
数字校对	0.213*	0.102	0.190*	0.216*
编码测验	0.006	0.042	−0.083	−0.015
打点速度	0.233**	0.131	0.169*	0.227**
右手描线	0.166	0.024	0.124	0.137
左手描线	0.181*	0.142	0.182*	0.214*
常识测验	0.094	0.001	0.078	0.079
文字分类	0.216*	0.230**	0.118	0.237
图案分类	−0.031	0.067	−0.046	−0.007
数字接龙	0.236**	0.101	0.042	0.165
图案接龙	0.238**	0.196*	0.090	0.222**
折叠测验	0.004	−0.017	0.067	0.027
拼配测验	−0.036	0.110	0.018	0.034
补缺测验	0.034	−0.119	0.067	−0.003
空间能力	−0.005	−0.020	0.075	0.021
注意和速度	0.175*	0.126	0.112	0.175*
抽象思维	0.182*	0.161	0.070	0.175*
动作稳定	0.191*	0.089	0.168	0.192*
总分	0.208*	0.159	0.150	0.219*

3. MAT 与领导评定的相关

抽取三个支队共 303 名战士,请每个被测中队的排长、指导员对归其所属的战士做能力评定,评定采用 7 个等级:7 = 最好,6 = 较好,5 = 略好,4 = 中等,3 = 略差,2 = 较差,1 = 极差;包括四个方面:语言文字能力、数理运算能力、动手实践能力和军事动作水平。结果显示,领导评定的语言文字能力与 MAT 的编码、常识、文字分类、数字接龙、图案接龙、折叠、抽象思维、空间能力、注意和速度等分测验和分量表分有显著相关(r = 0.115 ~ 0.219);领导评定的数理运算能力与 MAT 的常识、文字分类、图案接龙、抽象思维等显著相关(r = 0.114 ~ 0.168);领导评定的动手实践能力和军事动作水平仅与 MAT 的左手描线、打点速度、动作稳定性有一定相关。

4. MAT 与韦氏成人智力测验(简式)的相关

选用韦氏成人智力测验四合一简式(知识测验 I,相似性 S,图形填充 PC,图形拼凑 OA),同时考虑本测验有 5 个知觉注意的分测验,故又加选了韦氏智力测验中测量知觉注意的数字符号测验。我们计算了 MAT 各分数与韦氏成人智力测验五个分测验分数及总分之间的相关。结果表明,MAT 三个分量表与韦氏五个分测验间呈中度以上的相关。两测验总分间的相关系数为 0.64。

三、小结

1. 以上效度资料的分析表明 MAT 的结构效度比较理想，因素分析的四因子模型结果也很好地证实了这种结构的合理性。
2. 通过对不同职业群体的区分、训练成绩、领导评定、韦氏成人智力测验等不同效标的考察，其结果均证实了 MAT 的实证效度。

此案例引自《多项能力倾向测验(MAT)的效度研究》(王进礼、龚耀先、罗贵友、刘华强，2004)

思考题：
1. 多项能力倾向测验由哪几个维度构成？可以测量哪些能力？
2. 多项能力倾向测验是如何计分的？
3. 多项能力倾向测验的信效度如何？
4. 尝试采用多项能力倾向测验测量一个样本。

第二节 特殊能力测验

一、心理运动能力测验

心理运动能力测验(tests of psychomotor ability)是最早设计出来的特殊能力测验，主要用于预测特定职业和事业单位的工作绩效(郑日昌、孙大强，2012)。

(一) 斯特龙伯格敏捷测验

斯特龙伯格敏捷测验(Stromberg dexterity test)主要用于测试手指、手掌和手臂运动速度和准确性。在测验过程中，受测者需要将 54 张三种颜色(红、黄、蓝)的小图片按规定的顺序摆放在一起，时间越短越好。该测验可以考查机械操作员、焊接工等在工作中的操作灵敏性。与斯特龙伯格敏捷测验相似的还有明尼苏达操作速度测验(Minnesota rate of manipulation test)。

(二) 普度钉板测验

普渡钉板测验(Purdue pegboard test)主要用于考查被试的手、手指、手臂的灵活性，共有五项任务，分为两部分。第一部分，要求受测者分别用右手、左手和双手把钉子放入一块木板的小洞中；第二部分，要求受测者把钉子放入小洞，然后在上面放上垫圈和铜圈。研究发现，该测验的分数与机械工、雕刻师和钟表工等职业的工作绩效有显著的相关性。

(三) 本纳特手动工具敏捷性测验

本纳特手动工具敏捷性测验(Bennett hand-tool dexterity test)将手指敏捷度以及手臂和手的整体运动结合起来进行测试。主要任务是让被试从一个框架右边的 12 个三种型号的螺丝钉上拧下 12 个螺帽，然后重新装备到框架左边的螺丝钉上。分数按照测验的时间来计算。

二、文书能力倾向测验

(一) 一般文书测验

一般文书测验(general clerical test,简称 GCT)是一种综合的文书能力测试,包括 9 个分测验,主要考察三种能力:①文书速度和准确性,主要测量受测者的一般文书才能,包括校对和字母排列两个分测验。②数字能力,测量被试的算术潜能,由简单计算、指出错误、算术推理三个分测验组成。③言语流畅性,主要测量的是语文水平,包括拼字、阅读理解、字词和文法四个分测验(郑日昌、孙大强,2012)。

(二) 明尼苏达文书测验

明尼苏达文书测验(Minnesota clerical test,简称 MCT)是由安德鲁(D. M. Andrew)等人编制而成(Andrew, Paterson, & Longstaff, 1979),主要用于选拔知觉和操作符号能力强的职业人员,比如检验员等。测验分为两个部分:①数目比较,给被试呈现 200 对数目,每个数目包含 3~12 个不同的数字,要求被试尽可能快地找出两个数目完全相同的数对。②姓名比较,与数目比较类似,不过使用的是西方常见的姓名,而不是数字。测验计分较为简单,就是用做对题目的数量减去做错题目的数量。该测验的重测信度为 0.70~0.89,且有同时效度指标,测验分数与教师和上级的评价有中等程度的相关。

(三) 翁德里克人事测验

翁德里克人事测验(Wonderlic personnel test,简称 WPT)主要应用于人事与选拔中(郑日昌、孙大强,2012)。该测验是一个多项选择测验,其 50 个项目涉及语文、数学、图形以及分析等方面,这个测验信度很高,复本信度通常高于 0.90。它和多种工作的绩效测量都有显著的相关性,效标关联效度也比较高。同时有大量证据表明,在这个简短测验上的得分和在韦克斯勒成人智力量表等更加复杂的测验上的得分之间高度相关。翁德里克人事测验还有电子版,其目的主要在于评估能力和人格因素。

(四) ZHC 国家职业汉语能力测试

ZHC 是"职业汉语测试"的汉语拼音缩写。ZHC 由中国劳动和社会保障部职业技能鉴定中心(OSTA)组织国内语言学、语言教学、心理学和教育测量等方面的专家开发研制而出。ZHC 是考察应试者在职业活动中的汉语能力的国家级测试(宋铭,2008)。合格者可获得 OSTA 颁发的"国家职业汉语等级证书"。

ZHC 是一项核心职业技能测试,面向所有就业者。职业汉语能力是指人们在从事职业活动中运用汉语进行交际和沟通的能力、运用汉语获得和传递信息的能力。不同于其他语文测试,ZHC 重点考查被试在工作场所和职业情境中实际运用语言的能力。

ZHC 是标准化证书考试。在预测、等值、题库建设、分数体系设计、主观评分误差控制各方面有严格的技术要求,是公正的、科学的个人核心能力考试。

ZHC 包含阅读理解和书面表达两大部分,一共 102 道题,考试时间为 150 分钟。ZHC 目前采用书面考试。1—100 题为客观试题,填写答题卡;101—102 题为主观试题,在答题纸上笔答。ZHC 成绩从低到高分为初等、中等、高等三个等级。成绩合格的应试者获得相应等级的"国家职业汉语水平测试等级证书"。

目前,ZHC 能够考查被试的阅读理解能力和书面表达能力。今后 ZHC 将增加听力测试和口语测试。

三、机械能力倾向测验

（一）明尼苏达空间关系测验

明尼苏达空间关系测验(Minnesota spatial relations test,简称 MSRT)是由帕特森(D. C. Paterson)等人编制(Paterson, Elliott, Anderson, Toops, Heidbreder, 1930)的,包括 A、B、C、D 四种块板,两套几何形状的木板,一套插在 A 板和 B 板的凹陷处,另一套插在 C 板和 D 板的凹陷处。测验开始时,这些木块是零散摆放的,要求被试尽可能快地捡起木块,然后放入板中的规定位置。完成整个测验的时限为 10～20 分钟,按被试所用时间和正确率计分。该测验的信度和效度也很高。

（二）本纳特机械理解测验

本纳特机械理解测验(Bennett mechanical comprehension test,简称 BMCL)是由本纳特等人编制,主要测量在实际情境中理解机械和物理的能力(Bennett,1969)。目前该测验有 S 式和 T 式两个复本。题目的难度大,在选拔需要机械能力的学生和员工时运用较多,也会用于军事方面的选拔。该测验经过验证具有较好的信度,分半信度为 0.81～0.93。在预测机械工程方面的工作时,有很高的同时效度和预测效度。在第二次世界大战期间,这个测验成为预测飞行员表现的最优测验之一。

四、音乐能力倾向测验

音乐作为极具创造力和表现力的艺术形式,对人的禀赋和能力有特殊的要求。如何评定一个人音乐能力的高低,一直困扰着学术界,到目前为止,似乎没有一种测验可以完美地解决这个问题。不过已经有许多研究者做了开创性的工作,为音乐人才的选拔,也为音乐能力倾向的测试做出了贡献。

（一）西肖尔音乐才能测验

西肖尔音乐才能测验(Seashor measures of musical talents)作为第一个标准化的音乐能力测验,目的是测量不受音乐训练影响的基本音乐能力(郑日昌、孙大强,2012)。除了设计该测验,西肖尔还开创性地发明了音高镜和听力计,前者可以让歌唱者看到自己声音的视觉图像,后者可测定辨别各种频率音响的听力域限。该测验以一系列音乐调式或音乐符号为材料,测查被试的感观辨别能力。西肖尔音乐才能测验适用于小学生到成人被试,完成整套测验的时间大约是 1 个小时。

西肖尔音乐才能测验主要测量以下内容:①音调辨别力,主要判断音调的高低;②音量辨别力,判断音量的大小;③时间音程辨别力,判断两个音程哪一个较长;④节奏判断力,判断两个节奏是否一致;⑤音色判断力,判断两个音色哪种较悦耳;⑥音调记忆力,判断两首曲调是否相同。

西肖尔音乐才能测验使用的材料都比较简单(纯音),测查被试的感观能力,但人们对这些材料是否能够真正反映被试的音乐才能一直争论不休。

（二）戈登音乐能力倾向测验

戈登（E. Gordon）于1965年编制的音乐能力倾向测验（musical aptitude profile，简称MAP），与西肖尔音乐才能测验不同，它采用真正的音乐题材作为材料，考查被试的音乐能力（郑日昌、孙大强，2012）。

音乐能力倾向测验首先包含一些测量被试音乐理解力的项目，要求被试分别以旋律、和声、速度和拍子为依据，判断两小段音乐是否相同。被试完成之后，再进行三个分测验的测试。①T测验，考查被试的音调形象（旋律、和声），方法是使用两种演奏方法，让被试判断异同；②R测验，考查被试的节奏形象（速度、节拍）；③S测验，考查被试的音乐感受能力（乐句、对比和风格），要求被试判断两段音乐哪一种更有魅力。

该测验有较好的信效度资料，各分测验的信度都在0.80左右。戈登对5个学校中年龄在10—11岁的250名学生进行了为期3年的追踪研究，发现该测验分数对于学生的音乐才能发展有较好的预测力。

五、美术能力倾向测验

和音乐能力测验面临的问题一样，人们对于美术能力本身的界定也是非常困难的，因此设计美术能力测验也比较麻烦。梅尔（N. C. Meier）经过长期研究，认为构成美术能力的要素有六种：①手艺技巧（manual skill），眼、手的动作协调良好；②坚定的意志（volitional perseveration），注意力集中，精力充沛，坚决完成有目的的工作；③美术智力（aesthetic intelligence），具有一般智力与美术的基本智力；④敏锐的知觉（perceptual facility），敏锐精细的观察力；⑤创造性想象（creativelmagination），由经验发展到创作出一件美术作品的能力；⑥美的判断（aesthetic judgment），辨认客观情境中的审美能力（Meier，1939）。

（一）梅尔美术判断力测验

梅尔美术判断力测验（Meier art test）是由梅尔编制的，主要考查被试的审美能力，即对美术的鉴赏能力（Meier，1963）。梅尔美术判断力测验包含艺术判断和审美知觉这两个分测验。

艺术判断分测验包含100对未着色的图片，内容包含风景、静物、木刻、壁画等等，每对图片中，一幅是公认的杰作的复制品，一幅是在某些方面（平衡、比例、明暗等）对杰作稍有修改的作品，要求被试在两幅图片中选出他认为比较好的一幅。这些图画是根据25位艺术专家的意见来定好坏标准的，其中有些较难以判断，分值权重比其他图画高。被试的成绩是根据他选对图画的分数来定的。常模分为初中、高中和成人三组，采用百分位数。该分测验的分半信度为0.70~0.84。

审美知觉分测验包括50道题目，每题为一件艺术作品的四种形式，每一种形式相对于另外三种在比例、整体性、形状、设计等特征上略有修改，要求被试按照其优劣程度来排列等级。

（二）格雷福斯图案判断测验

格雷福斯图案判断测验（Graves design judgment test）和梅尔美术判断力测验类似，通过被试对美学基本原理的认识和反应来评估其美术能力。该测验包含90套二维或三维的抽象画作品，每题包含2~3个同一图案的变式（其中只有一个符合调和、主题、变化、平衡、连贯、对称、比例和韵律八项美学基本原则），被试需要选出他认为最好的那个。被试的得分取决于其正确选择题目的数量。

（三）霍恩美术能力倾向问卷

霍恩美术能力倾向问卷（Horn art aptitude inventory）是一种操作性的美术能力测验，测试美术的一般性记忆力、技巧、想象力和创造力。该问卷包含三部分内容：①素描画，要求被试画出常见物体的素描，即考查其作品的线条品质和画面布置的技能；②随意画，测量被试用指定的图形画成简单的抽象图案的能力；③想象画，给被试12张卡片，每张上都有一些线条，要求被试根据这些线条画一幅画，用来评判被试的想象力和作画技巧。计分方式使用等级评定法，对被试的成绩按优秀、普通和拙劣三个等级进行评分。该测验测得的分数与艺术院校专家评定之间的相关为0.53，与高中艺术课教师们评价的相关为0.66。经验证，该测验能有效区分美术专业人士和一般人，对美术学生的成功具有较好的预测力。但该测验在评分上较为主观，操作也较为复杂。

六、创造力测验

（一）发散思维研究与创造力测验

自从人们开始关注创造力研究后，在很长一段时间内，有关创造力的探讨就停留在思辨阶段，高尔顿认为其来自于遗传，以弗洛伊德为首的心理分析学派将之归结于无意识过程，格式塔学派认为它来源于顿悟，等等。由于研究方法和思路的不同，研究者们各执己见，众说纷纭。1950年，吉尔福特在美国心理学年会上发表了题为"创造性"的著名演讲，此后，许多创造力研究者都遵循他的思路继续研究。

吉尔福特在智力结构的研究中创造性地引入因素分析方法，由此提出了他的智力三维结构模型（戴海崎、张峰、陈雪枫，2011）。在此模型中，他发现智力结构中存在聚合与发散两种不同类型的思维：聚合思维是指利用已有的知识经验或传统方法来解决问题的一种有方向、有范围、有条理、有组织的思维方式；而发散思维则是既无一定方向又无一定范围的由已知探索未知的思维方式（斯滕伯格，2006）。

吉尔福特还认为发散思维在行为上表现出三种特性：①流畅性。面对智力任务能在短时间内迅速做出多种反应。②变通性。思维灵活多变，举一反三，不受传统思维或心理定式的影响，解决问题方法多种多样。③独特性。对事物能表现出不同寻常的新颖独特的见解。

这三种特性相互联系，变通性建立在流畅性的基础之上，独特性又建立在变通性与流畅性的基础之上，因为只有反应数量众多，才有可能反应角度多样化，进而才有可能出现新视角、新观点。

吉尔福特将发散思维的特性看作是人的创造性活动的特性，于是把创造力定义为发散思维的能力,即对规定的刺激产生大量的、变化多端而又独特的反应能力。他指出,现有的传统的智力测验大多注重的是聚合思维的测量,测验项目通常是选择题,评分则以固定的正确答案为标准,并不主张被试做出多样化的与众不同的反应(戴海崎、张峰、陈雪枫,2011)。因此,被试的创造力在智力测验中得不到充分的反映。然而,随着对创造力研究的深入以及社会对于创造性人才需求的日益增加,关于创造力的测量已经颇受关注了。

吉尔福特关于智力测验注重聚合思维而忽视发散思维的评论得到很多学者的赞同,并且,他视发散思维为创造力之核心的观点也被大家接受。因此,目前常见的、有一定影响力的创造力测验基本上是根据吉尔福特的理论观点编制而成的。

(二)吉尔福特发散思维测验

吉尔福特在长期的研究中设计出了诸多测量创造力的方法。这些测验将他关于创造力的定义和他关于智力结构的阐述结合到一起,把创造力看作发散思维能力,发散思维又是其支持的智力三维结构中操作维度所包含的五个因素之一;而作为操作因素,发散思维又可以与智力结构中的五种内容因素或六种结果因素结合出30种心理能力因素。

吉尔福特力图选择合适的方法来测量这30种能力因素,但最后由于精力有限只编制出14个分测验,并针对其中11种能力因素进行了测量。

(1)词语流畅。写出包含某一指定字母的词,测量DSU因素。

(2)观念流畅。列举属于某一种类的事物的名称,测量DMU因素。

(3)联想流畅。列举近义词,测量DMR因素。

(4)表达流畅。给定四个字母,要求写出所有可能的由四个给定字母开头的词组成的句子,测量DMS因素。

(5)多项用途。列举指定物体的各种不同寻常的用处,测量DMC因素。

(6)解释比喻。用不同方式完成一个比喻句,测量DMS因素。

(7)效用测验。列举某种事物的所有可能用途,测量DMU、DMC两因素。

(8)故事命题。写出一段故事情节的所有合适标题,测量DMU、DMT两因素。

(9)推想结果。列举一个假设事件的所有结果,测量DMU、DMT两因素。

(10)职业象征。列举一个给定的符号或物体所象征的可能职业,测量DMI因素。

(11)图形组合。仅仅使用一组给定的几何图形,画出指定的物品,测量DFS因素。

(12)绘图。以给定的简单图形为基础,绘出尽可能多的可辨认物体的草图,测量DFU因素。

(13)火柴问题。移动指定数量的火柴,形成特定数目的四边形或三角形,测量DFT因素。

(14)装饰。用尽可能多的方法来修饰一般物体的轮廓图,测量DFI因素。

测验适用于初中水平以上的人,从思维的流畅性、变通性和独特性三个角度评分。分半信度为0.60~0.90,测验手册中报告了每个测验的因素效度,但缺乏效标关联效度的数据资料。

（三）托伦斯创造性思维测验

托伦斯创造性思维测验（Torrance test of creative thinking）是在吉尔福特的智力理论及其发散思维测验基础上编制而成的，从流畅性、变通性、独特性和精确性四个方面评估个体的创造性思维能力（戴海崎、张峰、陈雪枫，2011）。测验共分两套，每套有两个复本。

1. 言语的创造性思维测验

这套测验包括七项活动：

（1）发问。呈现一张图画，要求被试看图回答问题。

（2）猜测原因。根据经验推断图中之事发生的所有可能原因。

（3）猜测结果。列举图中之事的所有可能产生的后果。

（4）产品改进。对呈现的玩具提出改进意见。

（5）非凡用途。列举某物可能存在的不同寻常的用途。

（6）不平凡的疑问。对活动5中所示物体提出不同寻常的疑问。

（7）推想结果。列举某假想事件的所有可能后果。

2. 图形的创造性思维测验

此套测验包括三项活动：

（1）建构图画。以明亮的彩色曲线为起点，建构一幅故事画。

（2）完成图画。利用所给的少量不规则的线条画出物体的构图。

（3）平行线条绘图。利用成对的平行线条绘出尽可能多的不同的图形（副本中以圆代替平行线）。

测验结果得到流畅性、变通性、独特性和精确性四个分数。在评判一个人的创造性思维能力时，必须将四个分数进行综合分析，而不能根据某一孤立的分数进行推断。测验的分半信度和复本信度为0.60～0.93，效度缺乏验证。

❊ 案例

明尼苏达文书测验使用复本时的练习效应

在先前的研究中，有记录显示明尼苏达文书测验在2～7天间隔时显示出练习效应。正如研究报告中所提出的，一个可能的克服这样练习效应的方法或者至少最小化这种练习效应到可以容忍的等级的方法是使用测验复本。本研究的主要目的在于使用两个明尼苏达文书测验的复本来验证这个假设，版本A是现在市场上使用的，版本B是不在市场上使用的。

一、研究方法

（一）样本

本研究的被试为575个来自明尼阿波里斯市三个机构的从事文书工作的女性。包含300名在主要工业领域的国际标准化组织中的来自明尼苏达大学的求职者和125名在国家生活保障公司工作的被试。

（二）研究工具

1. 测验简介

本研究的工具为两个版本的明尼苏达文书测验,版本 A 为市场上使用的明尼苏达文书测验是由安德鲁(D. M. Andrew)等人编制的,主要目的在于选拔检验员等工作中要求具备知觉能力及操作能力的职员。明尼苏达文书测验分为两个部分:①数字检查,给被试呈现 200 对数字,每个数字由 3～12 个不同的阿拉伯数字组成,要求被试尽快找出完全相同的两个数字。②姓名检查,与数目比较类似,不过使用的是西方常见的姓名,而不是数字。版本 B 是研究者制定的关于此测验的复本。明尼苏达文书测验的内部一致性系数为 0.75。重测信度为 0.70～0.89,有同时效度指标,测验分数与教师和上级的评价有中等程度的相关。研究结果显示其具有良好的效标效度,与图书保管员之间的相关是 0.50,与大学会计课成绩的相关达到 0.47。

2. 实施及计分方法

该测验的实施例题如下:

如果同一组的两个数或名称完全相同,则在中间的线上打钩。

66273894——66273984

527384578——527384578

New York World——New York World

Cargilll Grain Co——Cargilll Grain Co.

该测验的测验计分较为简单,使用做对题目的数量减去做错题目的数量。

二、结果

明尼苏达文书测验两个版本的练习效应之比较:

虽然两个研究组没有严格比较——一个明尼苏达文书测验得分明显高于另一个,但仍有一个强烈的趋势就是复本在数字和姓名测试上的平均分增长都要低于固定的版本。在数字测验上的平均分固定形式增长了 15.3%,复本形式只增长了 6.4%;在姓名测验上,固定形式增长了 19.6%,复本形式只增长了 6.5%。

从员工对实际项目的选择来看,在明尼苏达文书测验复本上发现的练习效应对于作者来说是可以接受的。随着重复测验时间间隔的增加联系效应可能会比现在发现的更少,因为现在的测试仅仅间隔了 1 分钟。

最直接的实际含义似乎是明尼苏达文书测验的额外形式的出版来与流动申请者在个人日常情况下练习导致的分数的抗衡。开发额外形式的明尼苏达文书测试会比较复杂,但是在版本难度上很可能有很大的区别。出乎意料的是,版本 B 被证明比版本 A 更难(分数低),特别在数字测验上。

三、小结

明尼苏达文书的复本再测显示出比重复的测量固定版本更低的练习效应。

此案例引自《Practice Effect on the Minnesota Clerical Test When Alternate Forms Are Used》(Longstaff, Beldo, 1958)

思考题:
1. 著名的文书测验有哪些?
2. 明尼苏达文书测验的计分方式如何?
3. 明尼苏达文书测验比较适合用来筛选哪类人群?
4. 尝试使用经典文书测验测量一个人的文书能力。

本章小结

多重能力倾向测验是由测量不同能力的分测验组成的综合测验,用于了解人的潜能方向。它有几个主要特点:典型的多重能力倾向测验包括 4-9 个分测验,各分测验测量不同的能力倾向;多重能力倾向测验的常模通常根据一个标准化的团体建立,因此测验得到的各种分测验的分数可以直接相互比较,从而判断一个人的优势和劣势;多重能力倾向测验在测验时间及材料上都比较经济,在事实上可以单独施测某个分测验,也可以把分测验组合起来使用。经典的多重能力倾向测验主要有区分能力倾向测验、一般能力倾向成套测验、弗朗纳根能力倾向分类测验。

多重能力测验很少涉及运动技能、艺术等领域,特殊能力测验则是其补充,特殊能力倾向测验的使用具有较大的灵活性,可以单独使用,也可以和其他测验结合起来使用。目前,常见的特殊能力倾向测验主要有心理运动能力测验、文书能力倾向测验、机械能力倾向测验、音乐能力倾向测验、美术能力倾向测验和创造力测验。

思考与练习

1. 多重能力倾向测验有哪些特点?
2. 结合自己的生活实际,谈谈多重能力倾向测验在生活中的运用。
3. 能力倾向测验与智力测验、成就测验之间有何不同?
4. 社会发展与需要在能力测验的产生和发展中起到了什么影响?
5. 能力倾向测验和特殊能力测验在应用上有何区别?

第十五章　学业成就测验

【本章提要】

◇ 学业成就测验的含义、性质、作用、应用、分类
◇ 经典学业成就测验的相关知识

成就是指个人通过学习和训练所获得的知识、学识和技能(郑日昌,2005)。成就测验是对学习所获得的成就以及学习效果进行的测验,可以说是对教学目标的测验。成就测验的目的在于评定个体在受过某些教育和训练之后所获得的具体的知识、技能。本章简述学业成就测验的相关知识。

第一节　学业成就测验概述

一、学业成就测验的含义

学业成就测验(academic achievement tests)通常是指用于测量某项学习计划的具体效果的测验形式(汪贤泽,2008)。一般而言,它们是对学生学过或完成的内容做出最终性评价。成就就是代表某种知识和技能的训练结果的水平。比如期末考试就属于成就测验。在标准化测验中学业成就测试是最为常见的。学业成绩测验适应性很广,几乎可用于每门学科、各种学业。常用的学业成就测验分为两类:标准化学业成就测验和教师自编测验。标准化测验即在相同的条件下进行测试,例如测试时长相同,通过严格的控制,可进行测验团体分数间的比较。标准化测验的编制不仅需要充足的时间精力和专业知识,还需要测验人员搜集各种相关资料,并进行全面的比较。教师自编测验是由教师编制的,目的是测量学生对教过的知识的掌握程度和对教学目标的完成程度。测试题应以教材为依据,有助于从教材和分数的对比中衡量学生习得的程度。教师自编测验的作用是不可替代的,教育中常常采用教师自编测验,但有时也采用标准化测验,用来对学生接受的教学进行准确且有意义的比较。

安娜斯塔西在《心理测验》中提出了标准化学业成就测验的一些基本功能。这类测验具有客观性和统一性,所以有助于评分或评价(霍涌泉、魏萍,2010)。这类

测验不仅能够诊断学生的学习情况,而且能使教学适合学生的个体需求。因此,可以说标准化学业成就测验对学习效果的评价和提升教学有积极意义。学业成就测验的正确使用可以对教育过程的结果进行有效的评价。

用于教育成就评定的准则参照测验是学业成就测验的另一种形式,相比较来说,这种测验更为新型。1963年,格拉泽首次论述准则参照测验(耶格、朱益明,1992)。准则参照测验的常模比较和标准化学业成就测验常模方法不同。准则参照测验实质是个体作业获得的具体水平。准则参照测验中的项目直接与要完成的教学目的联系在一起。因此,测验分数反映被试达到了什么水平,这与教师自编测验的目的一致,然而,将教学目标和后继的成就测量联系起来是准则参照测验的主要特点。通常来说,最低的成就到达水平是指定的。

二、学业成就测验的性质

"学业成就"一词常常是指个体经过对某种知识或技术的学习或训练之后所取得的成就,是个体认知性心理品质的发展,通常表现为个体心理品质在知识、技能或某种能力方面的增加和提升(钱含芬,1996)。学业成就测验是对个体在一个阶段的学习或训练之后所掌握的知识和技能的发展水平的测定。学业成就测验和心理测验是不同的,心理测验需要排除那些"专门"的学习或训练的影响,而测量个体稳定不变的心理品质。相反,学业成就测验则更希望所测量个体通过学习训练来提升某种水平或技能,如果测试者不经过专门的学习和训练,学业成就测验的测值几乎为零,所编制的学业成就测验就达不到质量要求。

与能力测验相同,学业成就测验在测量学中属于最佳行为测验。施测时,最佳行为测验要求被试调动所学的一切知识能力,对所有试题给出最佳答案或最佳操作。从这个角度来看,主试与被试的目的完全一致,都是为了测出被试的最高发展水平。因此,对于主试来说,编制学业成就测验就是要设计出与被试认知特质紧密相关的试题,并组合成试卷,通过施测、评阅,将被试的认知发展水平与某个数值对应,以便区别被试的水平。学业成就测验不同于典型行为测验中必须控制经验和学习的要求,它需要被试在测验时全力展现自己的水平,甚至测验编制者和施测者会担心被试在测验中未能发挥出最好的水平。然而,在学业成就测验中,也要避免被试用猜题、押题等"针对性"的学习和通过训练获得优秀成绩的现象。

学业成就测验所测的是认知性心理品质。认知性心理品质的好坏体现在以下两个方面:一方面是认知内容的数量,另一方面是认知能力的高低,也就是常说的知识与能力两方面。学业成就测验发展到今天,成为一种开发知识与发展能力二者并重的测验,仅仅测量知识的测验不再受到人们的欢迎。但是学业成就测验与一般能力测验的不同之处就在于:学业成就测验更强调所测为"专门的知识技能",而不是"一般能力"。能力测验虽然事实上也需通过对知识的理解、应用等操作行为的测量来实现,但重心还是在能力上。而学业成就测验对知识与能力一视同仁,既是测一般能力,也是测验对所学专门知识的理解、应用等能力。因此把学业成就测验编制成一般能力测验是不正确的。

三、学业成就测验的作用

学业成就测验的作用主要在于鉴定学生的学业成绩,为学生的升学、毕业、升级、留级、划分班级组别提供数据上的支持。人员招聘、晋升等人事管理都可以利用学业成就测验,以测验成绩作为重要的依据。没有学业成就测验提供准确的信息,教育管理会陷入混乱,人才使用会造成浪费而得不到合理配置。学业成就测验也可应用于教育科学研究。教育科研人员可以利用学业成就测验信息衡量在教学中的各种决策、甄选最佳的教学方案,从而推动教育改革。

四、学业成就测验的应用

自 1923 年第一个标准化成套成就测验——斯坦福成就测验(Stanford achievement test,简称 SAT)提出至今,标准化成就测验始终经历着不断编制—评论—修订的演进过程,在教育测评中发挥着重要的作用。编制和使用测验最多的国家是美国,据统计,从幼儿园到中学,美国每年约有 4.6 亿学生接受 15 亿人次的标准化测验。

较为普遍使用的标准化学业成就测验有加利福尼亚成就测验、都市成就测验、衣阿华基本技能测验、教育进步系列测验等。

学业成就测验是三大常用心理测验之一,随着社会的进步及教育教学发展的需求,不仅有新的标准化成就测验在持续产生和发展,而且已有的标准化成就测验也在不断向更合理的方向发展。

五、成就测验的分类

(一)按编制方法分类

按编制方法的不同,成就测验可以分为标准化成就测验和教师自编测验。

标准化成就测验是指在心理与教育测量学原理指导下,遵循一定的程序所编制的各方面质量都达到规定标准的学业成就测验(易木,2004)。标准化成就测验是依照国家的总的教育目标由专门机构编制的,题目由教育专家和心理测量专家共同选定,在命题、施测、评分和解释方面都有一定的标准和规定的测验,因此,这种测验具有较高的信度和效度。除了测量对学科知识的掌握程度外,标准化成就测验还考查学生对课程的理解和思维过程。因此,测验内容和常模样本较为普遍。我们比较熟悉的标准化成就测验有,美国为以非英语为母语的大学报考者举办的英语水平考试,即托福考试(TOEFL),以及为报考研究生的学生所设置的研究生入学测验(GRE)。

教师自编测验在我国教育领域使用得最为广泛,它是由教师根据自身的经验编制而成的测验。它既可以用于评价学生对知识的掌握程度,也可以用来检查教师教学质量,在某种意义上也属于成就测验,但是因为这种测验是由教师个人编写,所以权威性较差,内容不够严谨和正规,并且因为教师间的个人差异,所得到的分数不能够横向比较,并且失效速度快,内容范围和常模样本比较狭窄。教师自编测验和标准化成就测验可以相互补充,根据不同的测量目的来选择不同类型的测验。

(二) 按测验的目的分类

按测验目的的不同,学业成就测验可分为水平测验、调查测验、预测性测验、诊断性测验、准备性测验和形成性测验。

水平测验是一种标准参照测验,用来考查学生是否达到某种要求的能力水平。它是用来衡量被试是否达到规定的标准的测验。这种测验又被称为基本技能最低限度测验。

调查测验主要是用来调查被试对某种知识、技能等的总体掌握情况。如有些学校定期为高三学生采取的月考,便是来测量在这一个月中学生对知识的掌握情况。

预测性测验通常用来预测被试未来的学习成就。预测性测验有算数测验、阅读测验和外语测验等。一般来讲,它所包含的题目比相同学科的一般成就测验题目复杂,在预测今后是否成功方面,其作用与能力倾向测验类似。

诊断性测验可以鉴别被试在学习方面的困难。编写这种测验必须把被试在各个学科上的成就分解成在各种技能上的成绩,再分别设计出测量题目。诊断性测验可以了解被试在几个基本技能上的优劣,从而提出改进的依据。诊断性测验包括的题目差别很大,施测时间一般比相同学科调查测验要长,有时还要用到特殊仪器。

形成性测验是在教学历程中所实施的教学效果评量测验。它是传统教育中以评量学生对所学内容掌握情况为目的的评价或考试,并在学习告一段落后实施。它们的作用在于了解情况、发现问题,这对于学生和教师都很重要。一方面有助于教师改进工作,提高教学质量,同时方便对学生因材施教;另一方面,可供学生修正自己的学习态度与方法。

(三) 按测验内容分类

按测验内容的不同,成就测验可分为两类,一种是对各种科目的知识和技能的"学习程度"的测量,也被叫作普通成就测验、综合成就测验或成套成就测验,如 Stanford 成就测验、Metropolitan 成就测验、Reabody 个人成就测验等,每个分测验包括某种学科的知识,各分测验得分可相互比较。普通成就测验主要测量一个人在基础课中所学到的知识与技能,它以一个年级水平或年龄水平为基准,测查其在各个主要课程领域的基本知识技能。对低年级学生到成人的各种水平都可运用这类测验进行检测。可以对学生进行横向或纵向的比较是它的优势,既可以比较个体在不同学科领域中的相对位置,也可比较个体在不同方面的总成绩水平。另一种为特殊成就测验,也叫作单科成就测验,适用于确定被试在该领域的成就大小。这种测验包含的题目较多,内容较全,效度较高,信度高于普通成就测验。单学科成就测验通常包括外语测验、阅读测验、数学测验、科学测验、人文科学测验等。按其功能的不同,单科成就测验又分两种:一种是只评定某一成就高低的测验,类似于学期末考卷,只要标准化就可以了,如 TOEFL 考试;另一种是教育诊断测验,其主要目的是测出个人在某学科方面的优缺点,用来判定其学习困难所在,并作为干预的依据,如 Woodcock 阅读掌握测验、Keymath 诊断性算数测验等。

(四)按测验的形式分类

按受测验形式的不同,成就测验可分为口头测验、操作测验和纸笔测验。

出现较早的成就测验是口头测验,它要求受试者口头回答一系列口头或书面呈现的问题。使用口头的形式可以防止作弊,从而更有效地了解受试者的真实情况,而受试者的文字水平也不会影响其测量结果。同时通过采用沟通互动方式,有助于接触到个体的高级认知过程。

操作测验又被称为作业测验,是用如形式板、积木、迷津等非语文材料进行具体操作,测量出个体在某些方面的心理特征。操作测验在技能测验中应用得较多,它可用于测查个体将学到的知识和技能运用于实践的能力。

作为最常用的测验形式,笔纸测验是将测验的题目印成文字题目卷,受试者按题目意思在答题纸上写答案。它适用的范围最广,测查的目标和水平最多,评分也较客观。学业成就测验多用笔纸测验,在学校中可以大规模使用。

(五)按测验评分系统的参照系分类

按测验评分系统参照系的不同,学业成就测验可分成常模参照测验和目标参照测验两大类。常模参照测验以学生总体为参照对象,对学习成就的判断则是依靠个体在学生群体中的相对位置;目标参照测验以教材和大纲为参照系,以学生是否达到教材与教学大纲规定的教学目标来评价学生的学习成就。常模参照测验适用于横向比较,常用于选拔目的的测量;目标参照测验把教育目标作为统一的标准,进而判断学生是否达到标准。

(六)按测验的题型分类

按测验题型的不同,学业成就测验可分为定向反应型测验和自由反应型测验两类,它们分别又可称为客观测验和论文式测验。这两大类型的测验各有优劣,功能互补。因此建议,除非有特殊需要,不宜使用单一型的试题组成学业成就测验,还应以两大类题型配合使用最好,至于测验中两大类题型之比,可根据所测对象、能力、学科性质等特点做适当的调整,通常在 6:4 到 4:6 之间变动。

此外,根据被试人数的不同,学业成就测验可分为团体测验与个别测验两种。按测验材料的性质不同,学业成就测验可分为文字测验和操作测验,操作测验在技术和技能测试中运用较多。值得一提的是,目前有一种新的学业成就测验形式,即在计算机上进行的测验。这种测验是利用计算机进行其他学科的测验,故称其为计算机化测验。计算机化测验在形式上甚至可以把命题、组卷、出示试题、考生作答、评分等一系列的测验工作集中起来交给计算机管理实施,可节省大量的人力物力,而且评分客观公正,保密性能好。此外,一些操作性测验在相应的辅助设备的配合下,同样能够在计算机中完成。计算机化测验是测验科学与计算机技术相结合的产物,表现出众多的优良性能,因而受到社会的欢迎。

第二节 经典学业成就测验

一、韦克斯勒个人成就测验

韦克斯勒个人成就测验（Wechsler individual achievement test，简称 WIAT）于 1992 年出版，是用来评价学龄前儿童、学龄儿童、青少年、大学生和成人的个体成就测验。它适用于 4 岁至 85 岁年龄范围的个体，主要测验个体在口语、阅读、写作和数学方面的学习，能用于评价广泛领域内的学习知识技能，也可用于满足特定领域的测试需要。该测验的不足之处在于它并不适合测量天赋异常的青年人或成人。

修订过后的第二版的 WIAT 分为九个分测验，主要测试口语、阅读、数学和书面语言四个方面。口语的分测验包括听力理解、口头表达；阅读有假词解码、语词阅读、阅读理解三个分测验；数学涉及数学推理、数位运算两个分测验；书面语言有拼写、书面表达两个分测验。其施测的顺序依次为：语词阅读、数位运算、阅读理解、拼写、假词解码、数学推理、书面表达、听力理解和口头表达。

自 WIAT 问世以来，研究者一直关注其信效度。它有许多信度指标，包括重测信度、内部一致性系数、评分者信度等。其中各分测验的内部一致性系数均在 0.80 以上，口语、阅读、数学和书面语四个领域的内部一致性均在 0.90 以上。关于 WIAT 的效度，研究者们也从多方面进行过考查，包含预测效度、内容效度和效标效度等方面，结果表明 WIAT 的效度十分优异，可作为测量个体成就的有效工具。

二、大都会成就测验

大都会成就测验（metropilian achievement test，简称 MAT）首次发表于 1931 年，当时测验是为了测量纽约公立学校学生的学业成绩（Prescott，1985）。MAT 自发布以来进行过若干次大的修订，主要是为了保证其测验内容和常模的时效性。MAT 是一个多领域、多水平的调查和诊断性成套测验。所谓多领域是指它的内容包含多个学科的知识和技能，如自然科学、社会研究、写作、词汇、阅读、数学、拼写、语言研究技能和思维技能等内容；所谓多水平是指用于测评多个年级（幼儿园至十二年级）的学业成就。因为 MAT 涵盖了调查性成套测验、诊断性成套测验和一个附加的写作测验，所以该测验可以对课程、教学方法进行评价，获得学生的一般教育发展的水平状况以及比较不同学校的教学质量，同时能够诊断学生各学科的优势劣势和特殊的学习技能与缺陷。

基于当时学校新改进课程，Barlow 和 Farr 及 Hogan 等人于 1992 年发表了修订版 MAT（Barlow，Farr，Hogan，1992）。作为一个标准化的团体成就测验，MAT 包含五大内容领域，即科学、阅读、语言、数学和社会研究。编制者依据当时的课程指南、主要教材和要旨分析制作了测量规范与蓝图。MAT 涉及从幼儿园到十二年级共 14 个水平测验，其中幼儿园有两个水平测验，其余每个年级各一个水平测验。根据测验水平的不同,完成成套测验的时间为 1 小时 35 分钟到 4 小时 10 分钟不等。

MAT 的原始分数可以转化为多种分数,包含年级当量、标准分、百分等级和标准九分数等。

同样的,MAT 也具有较高的信度,依据 MAT 使用手册数据,几乎所有测验的信度系数为 0.80~0.90。MAT 也提供了各种效度指标,并含有编制者最为看重的内容效度,MAT 在编制过程中按照当时通用的教材,并请专家进行了判定,证实其有较高的内容效度。

三、斯坦福成就系列测验

斯坦福成就系列测验(Stanford achievement series,简称 SAS)于 1923 年出版,是最早的综合成就测验,后来经过了多次修订(2011 年第 10 版),编制者为加德纳(E. F. Gardner)等人(Education, 2011)。它是一种适用于 1—9 年级学生的组合式测验,纵向是 6 个层次水平,横向是 11 类科目内容。横向分别为词汇、阅读理解、拼字、听力理解、字汇、学习技能、语言、数学概念、数学计算、数学应用、社会科学常识和自然科学知识,美国中小学生所有的学习内容基本覆盖其中。该测验包括斯坦福学习技能测验(SESAT)、斯坦福成就测验(SAS)和斯坦福学业技能测验(TASK),测量阅读、语言、数学等领域的基本技能。

SESAT 适用于不同年龄的幼儿园儿童,有两个水平测验。SAS 的六个水平测验分别是:初级 1 型(1.5—2.9 年级)、初级 2 型(2.5—3.9 年级)、初级 3 型(3.5—4.9 年级)、中级 1 型(4.5—5.9 年级)、中级 2 型(5.5—7.9 年级)和高级型(7.0—9.9 年级)。TASK 的两个水平分别是:8.0—12.9 年级、9.0—13.0 年级。由此可见,该系列测验适用于任何不同年级的被试,即使学校教学计划难度高于或低于平均水平时,也有测验内容能够与之相符。

"等值"是斯坦福成就系列测验最主要的一个心理测量技术,而横向等值(form equating)和纵向量表(vertical scaling)又是等值的主要内容。横向等值是为了确保两套试卷可以交换使用,是对同一科目、同一年级、不同试卷的等值;纵向量表则是使同一科目在不同年级的考试可以进行比较,因此是对同一科目在不同年级的不同试卷进行量表化。

斯坦福成就系列测验现行版本提供两套常模,分别是学年初常模和学年末常模。常模样本采用分层随机抽样方法选取了来自 300 多个学区的 25 万名秋季测试学生和 20 万名春季测试学生。该测验的导出分数有多种形式,如百分等级、标准九分数、年级当量、量表分数和正态曲线当量。据报告,斯坦福成就系列测验的每个分测验的信度都在 0.80 以上,并且总测验的信度高于分测验的信度,高级别测验信度高于低级别测验信度。测验的内容效度和结构效度均得到符合要求的有力证明。

四、学术评估测试

在美国,高中生想要升入大学,除了高中三年学业平均成绩(graduate point

average,简称 GPA)、课外活动表现、论文及老师推荐信之外,SAT 的成绩是不可缺少的。SAT 的成绩被全美 90% 的大学作为参考,学生若没有这个成绩,就没有机会申请采用 SAT 作为标准的美国大学。1926 年,SAT 首次被提出,之后,关于此项考试的名称被多次更换。最开始,SAT 被叫作"学术倾向测试"(scholastic aptitude test),后来又改称"学术评估测试"(scholastic assessment test)。现阶段进行的 SAT 考试是从 2005 年 3 月开始的。

依据 SAT 的组织者——美国大学理事会(college board,简称 CB)的观点,SAT 考察的主要是学生在大学阶段所需的写作和阅读能力。CB 称,SAT 测验的是学生将学到的知识付诸实践并解决各种问题的能力。SAT 考试包括 SAT Ⅰ 推理测验和 SAT Ⅱ 专项测验两部分。考试时间为 3 小时五十分钟,题型为选择题和写作,满分是 1600 分,用于考察考生的阅读、数学、语法及写作能力。其中,SAT Ⅱ 考试时间为一小时,大部分为选择题,用于测量考生某个专业的知识。可选择的 SAT Ⅱ 单科考试科目有数学、物理、化学、生物、外语(包括日语、汉语、德语、法语、西班牙语)等。

SAT 的分数是常模性的,所得各分测验分数要用参照群体来解释。SAT 的早期版本是参照 1941 年大约 10000 名被试中获得的常模进行解释的。每年的 SAT 成绩都要与这个样本等同起来。SAT 在 1995 年采纳了一个新的分数量表,它是基于对 1988—1989 学年和 1989—1900 学年的超过 10 万被测者的抽样而建立起来的。这个样本已经被用来代表当前的被测群体。

五、托福考试

托福(the test of English as a foreign language,简称 TOEFL)是由美国教育测验服务社(ETS)举办的英语能力考试,全名为"检定非英语为母语者的英语能力考试",中文音译为"托福"。新托福考试由四部分组成,分别是阅读、听力、口试、写作。新托福满分是 120 分,有效期为 2 年。

六、美国研究生入学考试(GRE)

美国研究生入学考试(graduate record examination,简称 GRE),适用于除法律与商业外的其他专业,由美国教育考试服务处(educational testing service,简称 ETS)主办。GRE 是世界各地的大学各类研究生院(除管理类学院、法学院)要求申请者必须具备的一项考试成绩,也是教授决定对申请者是否授予奖学金所依据的最重要的标准。

最新的 GRE 考试通过多阶考察的方式,利用计算机适应性技术,其难度由考生在上一个部分的答题表现决定。测验允许考生浏览和回顾考题或修改已做出的答案。这样的安排更有灵活性。

七、我国大学英语四级、六级考试

1987 年,我国大学英语四级、六级考试(college English test,简称 CET)正式实施。CET-4、CET-6 是由我国教育部高等教育司主持的全国性教学考试,目的是落实英语教学大纲,提高我国大学英语课程的教学质量,提高大学生的英语能力。经我国教育部的委托,全国大学英语四级、六级考试委员会全面负责大学英语四级、六级考试。

八、关键数学算术诊断测验

关键数学算术诊断测验(key math diagnostic arithmetic test)出版于1971年,适用于学龄前儿童直至小学六年级的学生。测验由内容、运算和应用构成。内容由数学、分数、几何与符号三个分测验构成,主要测量基本的数学概念和知识。运算由加法、减法、乘法、除法、心算和数字推理六个分测验构成。应用由文字题、补充、金钱、测量和时间五个分测验构成。它属于个别测验,测验需30~40分钟。该测验从四个层次展开诊断:第一个层次是总体水平诊断,旨在确定被试在同年级群体中的位置。第二个层次是分块水平诊断,旨在比较被试在内容、运算和应用上的强弱。第三个层次是分测验水平诊断,比较被试在14个分测验上的高低差异。第四个层次为项目水平诊断,直接指出被试在各个项目所代表的内容和教学目标上的理解程度。各层次的结果中都会有侧面图,从而使诊断结果更加直观形象。该测验还有与各题目相关联的行为目标清单,作为教学补救计划的参考依据。据报告,该测验的常模样本包括了1222个幼儿园到七年级的学生,他们来自美国8个州21个学区,该测验的总分信度值为0.96,部分分测验的并存效度分布为0.38~0.63。

20世纪二三十年代我国掀起过研究和编制标准化学业成就测验的热潮,后来一段时间因战乱不断,我国标准化学业成就测验研究和编制相对滞后。新中国成立后我国台湾地区的学者在测验研究编制方面做了不懈的努力,有很多测验发表,而内地在这方面的研究起步相对较晚,现在正式出版且较有影响的标准化学业成就测验较少。20世纪80年代后,内地学者对标准化学业成就测验研究的关注中心一度是高考标准化的有关试验。

❋ 案例 学业成就测验的应用

校园氛围与青少年学业成就的关系:一个调节性的中介模型

校园氛围是指学校中被成员所体验并对其行为产生影响的、相对持久而稳定的环境特征(Hoy & Hannum,1997)。积极的校园氛围对青少年许多方面的发展都会产生影响(Cohen, McCabe, Michelli, & Pickeral, 2009)。当然,其中学业成就的作用是研究者最为关注的方面。其一,目前学校改革的重点便是学业成就;其二,青少年期不良的学业表现是许多问题行为的预测指标。然而,以往研究存在两方面的局限。第一,较少探讨校园氛围作用于学业成就的中介机制;第二,较少探讨校园氛围对学业成就的调节机制。综合而言,本研究有两个目的:①考察校园氛围对学业成就的影响是否通过学校依恋这一中介变量实现;②检验学校依恋这一中介变量是否受到自控的调节。该模型深化了校园氛围与学业成就的关系,不仅回答了校园氛围与学业成就的联系状况,而且提出了两者之间的联系何时更强或更弱。

一、研究方法

（一）样本

采用分层抽样方法选取本研究的被试。具体做法是，根据近年来广东省各地市人均 GDP 等综合性发展指标，选取经济社会各方面发展比较靠前（广州、深圳）和相对落后（梅州、河源）地区的初级中学作为本次调查的总体。在每个发达地市均抽取 1 所重点中学和 1 所普通中学，在每个落后地市均抽取 1 所重点中学和 2 所普通中学。在每所学校每个年级（7 至 9 年级）均随机抽取两个班进行调查。因此，总计 10 所学校 60 个班级的青少年参加了本次调查。经学校领导和青少年本人知情同意，共有 2758 名初中生参加并完成全部问卷。其中，男生占总数的 46.1%，女生占总数的 53.9%。初一学生占总数的 35.0%，初二学生占总数的 32.5%，初三学生占总数的 32.5%。被试平均年龄为 13.53 岁（SD=1.06，全距为 10—19）。所选家庭父亲或母亲受教育水平在"没有上过学或小学"水平者分别占 15.5% 和 23.6%，"初中"水平者分别占 44.5% 和 44.9%，"高中"水平者分别占 23.1% 和 17.8%，"大学专科/大学本科/研究生"水平者分别占 16.9% 和 13.7%。这与国家统计局公布的第六次全国人口普查数据相应群体受教育水平的全国平均状况比较接近。

二、研究工具

（一）校园氛围问卷

该问卷是在参考"中国儿童青少年心理发育特征调查"项目（董奇、林崇德，2011）的校园氛围量表设计理念的基础上编制而成的。项目经由本领域的 8 名博士和硕士研究生评定完成。它包含 6 个项目，如"学校里有学生打架斗殴"等。采用 4 点计分，从"从不"到"总是"分别计 1—4 分。反向计分后，计算所有项目的平均分，分数越高，表示校园氛围越好。探索性因子分析表明，取样适当性度量 KMO 系数为 0.84，Bartlett 球形检验显著，$\chi^2 = 5292.03$，$df = 15$，$p < 0.001$，说明该问卷适合做因子分析。应用主成分法按方差最大正交旋转进行分析，仅有一个因素特征值大于 1，且碎石图在此后发生明显转折，表明只能提取一个因素，方差贡献率为 52.08%，各项目的载荷为 0.51~0.82。问卷的 Cronbach's α 系数为 0.81。采用 Jia 等人（2009）编制的"校园氛围感知问卷"进行效标关联效度检验，结果表明，两大工具的得分相关显著（$r = 0.44$，$p < 0.001$），在一定程度上提供了效标效度的证据。

（二）学校依恋问卷

该问卷是在参考同类问卷的基础上（Libbey, 2004）编制而成。包含 5 个项目，如"我喜欢这所学校"等。采用 4 点计分，从"从不"到"总是"分别计 1—4 分。计算所有项目的平均分，得分越高，表示学校依恋越高。探索性因子分析表明，取样适当性度量 KMO 系数为 0.85，Bartlett 球形检验显著，$\chi^2 = 6012.44$，$df = 10$，$p < 0.001$，说明问卷适合做因子分析。应用主成分法按方差最大正交旋转进行分析，仅有一个因素特征值大于 1，且碎石图在此后发生明显转折，表明只能提取一个因素，方差贡献率为 63.17%，各项目的载荷为 0.66~0.87。问卷的 Cronbach's α 系数为 0.85。

（三）自控问卷

该问卷是在参考同类问卷的基础上（Duckworth, & Seligman, 2005）编制而成，项目经本领域的专家和博硕士研究生评定并在小范围预测后修改完成。包含 7 个项目,如"大家说我有很强的自制力"等。采用 6 点计分,从"完全不符合"到"完全符合"分别计 1—6 分。计算所有项目的平均分,分数越高表示个体的自控水平越高。探索性因子分析表明,KMO 系数为 0.77,Bartlett 球形检验显著,$\chi^2 = 2474.57$,$df = 21$,$p < 0.001$,说明问卷适合做因子分析。应用主成分法按方差最大正交旋转进行分析,根据特征值和碎石图提取两个因素(正向题和负向题各自负荷到不同因子之上),方差贡献率为 50.47%,各项目的载荷为 0.50~0.78。问卷的 Cronbach'α 系数为 0.68。作为效标效度的检验,采用青少年早期气质问卷修订版简本(李董平、张卫、李丹黎、王艳辉、甄霜菊,2012)中的意志控制分问卷作为效标,结果表明,两大工具的得分呈显著正相关($r = 0.66$,$p < 0.001$)。

(四)学业成就问卷

采用"学业成就问卷"进行测量(文超、张卫、李董平、喻承甫、代维祝,2010)。包含 3 个项目,要求青少年对自己在语文、数学、英语三门主科上的学业表现进行评价。虽然这里采用了主观评定的方法,但已有研究表明,学生对自己学业成就的主观知觉与客观考试成绩相关密切。因此,这种主观评定的方法也可以提供有价值的信息(Crockett, Schulenberg, & Petersen, 1987; Dornbusch, Ritter, Leiderman, Roberts, & Fraleigh,1987)。采用 5 点计分,从"很不好"到"很好"分别计 1—5 分。计算 3 个项目平均分,分数越高表示学业成就越高。问卷的 Cronbach's α 系数为 0.93。

二、结果

(一)各变量的平均数、标准差和相关系数

表 15-1 列出了各变量的平均数、标准差和相关系数。结果发现,校园氛围与学校依恋、学业成就均呈显著正相关,说明校园氛围越好,学生的学校依恋、学业成就越高。另外,学校依恋与学业成就呈正相关,自控与学业成就也呈正相关,这与以往研究相一致(McNeely et al., 2002; Tangney, Baumeister, Boone, 2004)。

表 15-1　各变量的平均数、标准差和相关系数

变量	M	SD	1	2	3	4	5	6	7	8
1. 性别[a]	0.46	0.50	—							
2. 初二[b]	0.32	0.47	-0.01	—						
3. 初三[b]	0.33	0.47	-0.02	-0.48***	—					
4. SES[c]	0.00	1.00	0.05*	-0.01	-0.03	—				
5. 校园氛围	2.92	0.61	-0.13***	-0.08***	-0.06**	0.20***	—			
6. 学校	2.91	0.76	-0.01	-0.04	-0.10***	0.17***	0.46***	—		
7. 自控	3.86	0.83	-0.05**	-0.03	-0.08***	0.10***	0.21***	0.30***	—	
8. 学业成就	2.91	0.92	-0.12***	-0.03	-0.13***	0.25***	0.17***	0.18***	0.25***	—

注:$n = 2758$。相关系数用 Bootstrap 方法得到。性别[a]为虚拟变量,女生 =0,男生 =1,均值表示男生所占比例。年级[b]为虚拟变量,以初一作为参考类别,初二和初三相对于该类别形成两个虚拟变量。初二、初三的 M 值分别表示概念机人数所占总人数的百分比。SES[c]是通过对父母文化水平、家庭经济状况、父母职业三个变量进行因子分析(斜交旋转)得到的因子分,得分越高表示社会经济地位越高。* 表示 $p < 0.05$,** 表示 $p < 0.01$,*** 表示 $p < 0.001$,下同。

（二）校园氛围与学业成就的关系：有调节的中介模型的检验

根据 Muller 和 Judd 及 Yzerbyt（2005）的观点，检验有调节的中介模型需要对三个回归方程的参数进行估计。方程 1 估计调节变量（自控）对自变量（校园氛围）与因变量（学业成就）之间关系的调节效应；方程 2 估计调节变量（自控）对自变量（校园氛围）与中介变量（学校依恋）之间关系的调节效应；方程 3 估计调节变量（自控）对中介变量（学校依恋）与因变量（学业成就）之间关系的调节效应以及自变量（校园氛围）对因变量（学业成就）残余效应的调节效应。在每个方程中对所有预测变量进行了标准化处理（Dearing & Hamilton, 2006），并对性别、年级、SES 等变量进行控制。所有预测变量方差膨胀因子均不高于 1.40，因此不存在严重的多重共线性问题。如果模型估计满足以下两个条件，则说明有调节的中介效应存在：①方程 1 中，校园氛围的总效应显著，该效应的大小不取决于自控；②方程 2 和方程 3 中校园氛围对于学校依恋的效应显著，学校依恋与自控对于学业成就的交互效应显著（Muller et al., 2005）。如表 15-2 所示，方程 1 中，校园氛围正向预测学业成就，自控正向预测学业成就，校园氛围与自控的交互项对学业成就的预测作用不显著。方程 2 中，校园氛围对学校依恋的主效应显著，校园氛围与自控的调节项对学校依恋的预测作用不显著。方程 3 中，学校依恋正向预测学业成就，且学校依恋与自控的交互项负向预测学业成就。

表 15-2 校园氛围对学业成就的有调节的中介效应检验

	方程1（校标：学业成就）			方程2（校标：学校依恋）			方程3（校标：学业成就）		
	B	SE	β	B	SE	β	B	SE	β
校园氛围	0.05	0.02	0.06**	0.31	0.01	0.41***	0.03	0.02	0.03
自控	0.18	0.02	0.20***	0.16	0.01	0.21***	0.18	0.02	0.19***
校园氛围×自控	-0.02	0.02	-0.02	-0.01	0.01	-0.01	0.00	0.02	0.00
学校依恋							0.05	0.02	0.05**
学校依恋×自控							-0.04	0.02	-0.05*
性别[a]	-0.21	0.03	-0.11***	0.07	0.03	0.05**	-0.21	0.03	-0.11***
初二[b]	-0.17	0.04	-0.09***	-0.05	0.03	-0.03	-0.17	0.04	-0.09***
初三[b]	-0.28	0.04	-0.14***	-0.11	0.04	-0.07**	-0.27	0.04	-0.14***
SES[c]	0.20	0.01	0.22***	0.05	0.01	0.06***	0.20	0.02	0.21***
R^2		0.145			0.268			0.149	
F		66.63***			144.19***			53.52***	

注：未标准化回归系数及其标准误采用 Bootstrap 方法得到。

为了更清楚地揭示学校依恋与自控的交互效应的实质，我们计算出自控为平均数正负一个标准差时学校依恋对学业成就的效应值（即进行简单斜率检验），并根据回归方程分别取学校依恋和自控平均数正负一个标准差的值绘制了简单效应分析图（Dearing & Hamilton, 2006）。检验发现，当自控水平较低时，学校依恋对学业成就促进效应较强，Bsimple = 0.09, SE = 0.03, $p < 0.001$；当自控水平较高时，学校依恋对学业成就的促进效应则不显著，Bsimple = 0.00, SE = 0.03, $p > 0.05$。因此，该交互模式符合"保护因子—保护因子模型"的排除假说而非促进假说（见图15-1）。

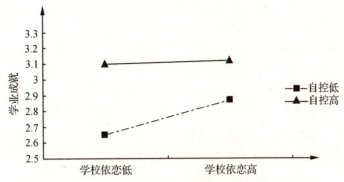

图 15-1 自控对学校依恋与学业成就之间关系的调节作用

综合而言,校园氛围通过学校依恋这一中介变量效应对学业成就的影响受到自控的调节。对于自控水平较低的青少年,校园氛围对于学业成就的影响是通过学校依恋这一中介变量来实现的。相反,对于自控水平较高的青少年,校园氛围对于学业成就的影响通过学校依恋对学业成就的间接效应不显著。

三、结论

此研究得出以下结论:

1. 校园氛围对青少年学业成就具有显著正向预测作用。
2. 校园氛围通过学校依恋间接影响青少年的学业成就。
3. 校园氛围通过学校依恋对青少年学业成就的间接效应受到自控的调节。相对于自控水平高的青少年,学校依恋对青少年学业成就的间接效应对于自控水平低的青少年更加显著。

思考题:

1. 经典学业成就测验有哪些?请简要介绍。
2. 学业成就测验的计分方式如何?
3. 学业成就测验常用于哪些领域?
4. 尝试用学业成就测验进行测试。

此案例引自《校园氛围与青少年学业成就的关系:一个有调节的中介模型》(鲍振宙、张卫、李董平、李丹黎、王艳辉,2013)

本章小结

学业成就测验通常是指用于测量某项学习计划的具体效果的测验形式(汪贤泽,2008)。"学业成就"一词是指个体经过对某种知识或技术的学习或训练之后所取得的成就,一般表现为个体心理品质在知识、技能等方面的增加和提高。学业成就测验的主要作用在于测定学生的学业成绩。

按编制方法分类,学业成就测验可分为标准化成就测验和教师自编测验。按测验的目分类,学业成就测验可分为水平测验、调查测验、预测性测验、诊断性测验、准备性测验和形成性测验。按测验内容分类,学业成就测验可分为普通成就测验和特殊成就测验。按测验形式分类,学业成就测验可分为口头测验、操作测验和纸笔测验。按测验评分系统的参照系分类,学业成就测验可分成常模参照测验和目标参照测验两大类。按测验的题型分类,学业成就测验可分为定向反应型测验和自由反应型测验。

经典学业成就测验包括韦克斯勒个人成就测验、大都会成就测验、斯坦福成就系列测验、学术评估测试、托福考试、美国研究生入学考试(GRE)、大学英语四(六)级考试及关键数学算术诊断测验等。

思考与练习

1. 什么是成就测验?它与一般的能力测验有什么区别?
2. 标准化成就测验具有哪些特点?与教师自编测验相比,其优势在哪里?
3. 学业成就测验有哪些分类?它们分别是以什么标准划分的?
4. 简述韦克斯勒个人成就测验。
5. 根据学术评估测试(SAT)来说明如何解释个人测验成绩。

第十六章 人格测验(上)

【本章提要】

◇ 弗洛伊德的人格结构模型、新精神分析理论
◇ 问卷法与会谈法的使用
◇ 自陈量表的信效度及特点
◇ 明尼苏达多项人格问卷、艾森克人格问卷、16PF 的使用

人格测验也称个性测验,用于测量个体的独特性和倾向性等特征,最常用的方法有问卷和投射技术。通过人格测验可以准确、全面地了解一个人的人格特征,进而进行因材施教、诊断心理异常、选拔人才。本章讲述人格测验的相关知识。

第一节 人格结构概论

一、人格的精神分析论

精神病学家西格蒙特·弗洛伊德(Sigmund Freud)认为人格的潜意识领域是探寻人格奥秘的重要内容。精神分析(psychoaanalysis)是弗洛伊德根据多年对精神病人的诊断、治疗和病理研究,于 20 世纪初提出的心理治疗和解释人性的一套系统理论。弗洛伊德还提出著名的冰山模型(意识、潜意识、前意识)理论,认为人格是由本我、自我和超我三个心理结构系统,大多数人都是由本我、自我和超我的行为共同作用的结果。本我、自我和超我分别遵循快乐原则、现实原则和理想原则,它们作为人格结构中的三个角色常常相互斗争制衡。一个有健全人格的人将努力保持自我、本我和超我的平衡。本我总是寻求欲望的满足,但欲望的满足常常是违背社会规则的,而超我又太遵从良心的要求,压抑自己的愿望。自我的作用就是在本我和超我之间找到一条平衡的途径,既能部分满足本我的要求,又不违背良心而致使超我的监督失效,从而在现实情境下做出最佳抉择,促使个体的人格能达到协调统一,保证其与环境的和谐互动。如果个体达不到这三者的平衡,就会出现心理异常,发展成为心理障碍患者。

二、新精神分析理论

(一)汉斯·艾森克的人格层级模型

汉斯·艾森克采用因子分析的方法,提出了人格层级模型(人格结构层次理论)。该理论本质上是一种特质流派的模型,因此它实质上是将人格(对人格的评价)分为 N 个特质(维度),每一特质的分布在人群中符合正态分布假设。所有特征都分为外向性、神经质、精神质三个基本人格维度。人格的层次模型的每个层次都具有不同的特质,所以每个特征都是建立在正态分布假设的基础上的。

此理论将人格结构分为类型、特质、习惯反应和具体反应四个水平:

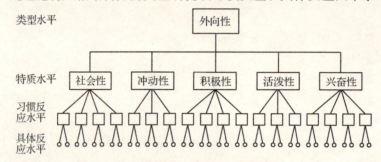

图 16-1 汉斯·艾森克的人格层级模型

类型水平:在人格关系的基础上表现出来的类型,这是一个共同的因素。分为三个维度:外向性(显示器和外向性差)、神经质(情绪稳定性的差异)、精神质(孤独、冷漠和敌意,奇怪的偏负面的人格特征)。

特质水平:人格特质由一个人的习惯组成,是一组因素,属于超级特质的下属结构,如外向性是由社会、冲动、积极、活泼和兴奋五方面的因素组成的。

习惯反应水平:如实验或生活情境的重新出现,使一个人以相似的方式做出反应,属于特殊因素。是特质的下属结构。

具体反应水平:个人对实验性测试的反应或一些最基本的"个别反应"(如最简单、最能显示的反应),在日常生活中,是一个误差因素。是习惯反应水平的下属结构。

(二)马斯洛的需求层级理论

马斯洛将个人需求分为生理需求、安全需求、社交需求、尊重需求、自我实现需求这五个由低而高的需求层级。每一个层级的含义如下:

生理需求:生理需求是最原始和最基本的需求,如服装、食品、住房等,这些都是人类生存最基本的要求。如果生理需求得不到满足,个体的生理机能无法达到正常运转。因此,在一定程度上,促进人行为的最重要的驱动力是生理需求。马斯洛认为,如果生活中的所有需求都得不到满足,那么生理需求很可能会成为个体行动的主要动机。如果缺少食物、安全、爱和尊重,个体必然对食物的欲望最强烈。

安全需求:充分满足生理需求之后,个体有必要进行安全防护,主要是为了避免危险、保护生命。引申开来,包括追求社会稳定、职业稳定、生活保障等。马斯洛认为,包括儿童和成年人在内的社会中的普通人更倾向于追求一种安全、可预测、有组织、有秩序、有法律的世界。

社交需求:每个人都想拥有一种双向的关系和照顾。感情需要不同于生理需要,它是由两个部分组成的:给予和接受爱,如果爱与归属感得不到满足,一个人可能会感到孤独和空虚。

尊重需求:每个人都想拥有稳定的社会地位,并希望其个人能力和事业成就能得到公众的认可。尊重需要分为内在尊重和外在尊重两个部分。内在尊重意味着个人在各种情况下都具有力量、能力、自信和独立性,即内在尊重是一个人的自尊;外在尊重意味着个人想要获得地位和威望,并且可以得到尊敬、信任和高度重视。

自我实现需求:这是最高层次的需要,最大限度地挖掘个人的个人能力,实现个人的理想和愿望,使它们能成为自己的理想,达到自我实现的境界,意识和解决问题的能力都得到极大的提高,可以接受自己和他人,并希望在没有任何干扰的情况下独立完成所有的力所能及的事情,这样个体才能感到最大的快乐。

第二节 自陈法

一、自陈法的定义

自陈法(self-report)就是依据所测量的人格特征编制的客观问题,要求被试根据自己的实际情况或感受逐一做出回答,以此衡量受测者在这种人格特质上表现的程度(郑日昌、吴九君,2011)。

二、自陈法的分类

自陈法亦可称为资料收集法,包括会谈法、问卷法、日记法等。资料直接从被试(研究对象)处获取。既可通过书面形式收集资料,也可以通过口头会谈的方式收集。在护理研究中常采用自陈法。

(一)会谈法

会谈法指以口头形式进行的自陈,是自陈法的一种,一般可收集到较为深入的资料,是一种主试与被试面对面的、有目的的会谈。

1. 会谈法的分类

根据研究人员是否有会谈格式,会谈法可以分为以下三种类型:

(1)结构式会谈

结构式会谈即研究人员严格按照事先准备好的书面程序进行会谈的一种方法。一般研究人员能够较多地控制会谈内容,同时对问题进行解释的程度一般较固定。

(2)非结构式会谈

非结构式会谈是一种开放式的会谈,交谈形式自由,一般不限定时间地点,问题的形式不一,主题可以是一个或多个,范围宽泛。研究人员不同程度地参与到研究情景中,且无事先准备的书面程序或格式。

(3) 半结构式会谈

半结构式会谈中研究人员会准备一个会谈大纲,在大纲的基础上鼓励成员针对其中的内容自由发言。这种会谈既可以针对一个个体,也可以由10—15人的小组构成。

2. 会谈问题的设计

设计会谈问题时首先要按照预想的研究目的组织的会谈大纲进行,在大纲的基础上,先设计一些普通的、不易引发防御心理的问题,再逐步深入,进入敏感的、具体的问题。设计问题时要考虑语言的流畅丰富,应符合研究对象的背景资料,如年龄、职业、兴趣等,可以将会谈问题分为几组,按内容依次进行。

3. 会谈者的培训

会谈法对主试有较高的要求,如果会谈人员不能胜任就会使会谈难以顺利完成或者影响会谈结果的有效性。在正式收集资料前,应该对主试的会谈能力进行培训,可以采用角色扮演、模拟会谈、小组互助等形式培训人员。对于主试的要求要声明:主试的语言不能引入个人倾向,不能带有倾向性以引导被试的观点,同时应该做出保密承诺,不能泄露被试的敏感资料。

4. 会谈的准备

会谈准备充分可以保障会谈顺利进行、结果有效。会谈的时间、地点应该根据研究需要和双方便利进行预约,会谈地点应该安静、光线良好、环境舒适,主试必须衣着整洁、举止大方,在会谈前应该对被试做充分解释,解除被试的疑虑,了解会谈的目的、程序。

5. 会谈的技巧

会谈的记录应不打扰会谈的正常进行。因为主试往往主导着会谈的顺利进行,因而主试应掌握一定的会谈技巧。首先语言方面应流利清楚、表达能力强,会谈时的语气应平缓温和、充满善意。主试应对会谈的目的、程序、主要内容了如指掌,避免会谈出现卡壳。主试应无条件地积极关注被试,以接纳、包容的心态面对被试,不得打断被试,不得表现出过多的个人情感。会谈记录应是自然的,不能影响被试会谈的心情,更不能打乱会谈节奏。会谈结束时应该做适当的总结,为会谈结束画个完美的句号,给研究对象留下好的印象。

6. 会谈的记录

会谈的记录可分为现场记录、随后记录、现场录音的方式。现场记录可保证会谈内容不被遗忘,但或多或少会影响会谈的进行。后期记录可能会遗失部分信息。录音成为最佳选择,然而录音必须得到被试的同意,因为有时录音会造成被试紧张。

(二) 问卷法

问卷法(questionnaire)是一种书面形式的自陈法,它可以帮助个人获得对背景、信仰、态度或事件、知识等信息的感知。

1. 问卷法的分类

包括邮寄问卷法、小组问卷法、电话访谈法三种。

(1) 邮寄问卷法

邮寄法问卷发放的范围较广,但回收率低,常需重复邮寄。标准的邮寄问卷应包括首页、问卷正文、写明回寄地址并贴足邮票的信封三部分组成。首页部分应该对研究的目的和意义、被试参与的方式、如何尊重被试的权利等进行说明。

(2) 小组问卷法

把一群被试集合起来,当场填写问卷并收回,这样收回的问卷有效率高,收集问卷的效率高,省时省力,但问卷填答内容可能受到当时情境影响,产生共同方法偏差,且资料深度受到限制。

(3) 电话访谈法

通过打电话的方式收集资料,效率比会谈法更高,但花费也更大。

上述方法在资料收集后应该对资料进行检查,看有无问题遗漏,并编号,注明资料收集人的姓名和收集日期。

2. 问卷的编制

一般可根据研究目的选择已有的量表,而成熟的量表不一定易于获得,即使获得也需要根据本次研究的人群、情境、研究重点进行修编,如项目的增删、语句的修改、整体内容的本土化等。如果没有已有问卷作为参考,则需要自编问卷。一般自编问卷需要考虑指导语、问卷题目来源、题目数量、语言风格、填答形式、排列顺序、答案设计等。

3. 问卷内容的排列顺序

问卷应从一般性的问题开始,如年龄、性别、教育程度、民族、治疗时间、医疗保险性质等,这类问题比较具体,属表浅层次问题,一般答案也是真实的。第二层进入实质性问题,如心理健康、健康状况等。同一主题的问题应集中在一处,敏感问题一般都放在问卷的结尾处。

开放式问题应放在调查问卷的结尾,留出足够的空间让研究对象书写。有些问卷结尾安排的是一个自由式和跳跃式的问题,应该清楚地标明怎样填答。

4. 编写指导语

问卷前应有一小段指导语,告知填写者问卷的目的、填写要求和对保密性的承诺等。如果被试没有足够的阅读能力,主试应该读给被试听。

三、自陈量表的特点

(一) 自陈量表的题量较多,多数用于测量人格的若干特质

例如明尼苏达人格问卷共有566个问题,包括3个有效性量表和10个临床量表,可测量10种特征的人格特征。

(二) 自陈量表通常采用纸笔测验,可同时测量多人

自陈表通常采用纸笔测试,将测试项目印刷并装订成卷,或者印在答题纸上,被试阅读测试项目,然后在答题纸上选择,所以可以同时测量许多人。近年来,由于

计算机的发展及普及,人们为了省去评分和计算上的麻烦,将测验编制成计算机程序,受测者直接在机器上作答,计算机根据受测者答题的情况直接计算并打印出测量的结果。

(三) 自陈量表对测验情境的要求不如智力测验那样严格

自陈量表的评分规则简单、客观,测试过程简单,容易获得,所以对测试情境和测试对象的要求不如其他智力测试严格。

四、自陈量表的信度和效度

和智力测验一样,标准化的自陈法人格量表应当具有测验信度和效度指标的阐述,但由于人格特征在行为中的表现远比智力的表现复杂和多样,同时人格测量中受测者具有较强的防卫心理,因此人格问卷的信度和效度低于其他智力测验。信度指标通常用于测试信度和内部一致性,信度系数一般不低于0.6。效度指标通常采用理论建构效度,而较少有关于校标效度的阐述,因为在自陈法人格测量中较难找到适当而又实用的校标。

五、明尼苏达多项人格调查表的使用

(一) 明尼苏达多项人格调查表简介

明尼苏达多项人格调查表(英文简称MMPI),是由美国明尼苏达大学临床心理学系系主任哈撒韦(S. R. Hathaway)和心理治疗家麦金利(J. C. Mckinley)于20世纪40年代共同编制的(Hathaway, McKinley, 1943)。在编制过程中,他们进行了大量的研究工作,参考了早些时候公布的大量的人格量表和心理医生的笔记,在大量项目编制时先分别对正常人和心理异常者进行测量,经过反复测试,以验证各分量表的信度和效度。经过反复验证和修订并临床实践,修订后的版本的项目在1966年被确定为566个,其中16个项目为重复项目(用于测试的测量响应的一致性)。566个项目的前399个项目被分配在13个维度,包括10个临床量表(疑病、抑郁、癔症、精神病态、男性化或女性化、妄想狂、精神衰弱、精神分裂、轻躁狂、社会内向)和3个有效性维度。通常只在临床诊断中使用前399个项目。

MMPI内容十分广泛,包括身体状态的各个方面(如神经系统、心血管系统、生殖系统等),以及家庭、婚姻、宗教、政治、法律、社会等方面。

几十年来,MMPI一直被广泛使用,被翻译成各种版本的量表达百余种,应用范围也扩展到诸如心理学、医学、人类学和社会学等领域的研究工作中。

在中国,宋维真从1980年开始主持修订MMPI,1989年完成了标准化工作,建立了中国版本的信度和效度,并制定中国常模,用于对超过16岁的中国初中毕业文化程度的成人的人格测定(宋维真,1989)。

修订后的项目仍为566个,只是对项目中的个别次序做了适当的改动。

三个效度量表的名称和意义如下:

(1) 说谎量表(L):分数高表示回答不真实。

(2) 诈病量表(F):分数高表示诈病或确系严重偏执。

(3) 矫正量表(K):分数高表示一种自卫反应。

此外,在效度量表中,可加疑问量表(Q),即无法回答的项目数,无法回答的项目数超过一定的标准,则认为此答卷不可靠。

MMPI(中国版)的信度指标采用重测信度和同质性信度。三个小样本的重测信度分别为 0.80(华北,N=15)、0.79(华东,N=13)、0.78(西南,N=15)。中文版与英文版的同质性信度系数分别为:$r_{中中}=0.70, r_{中英}=0.65, r_{英英}=0.53$。

MMPI 的效度指标采用校标效度和建构效度。经过对 840 位不同类型的精神病人(精神分裂症、躁狂症、神经症)的测量结果与常模分数比较,发现在许多分量表上存在显著差异,精神分裂症患者在妄想狂(Pa)、精神分裂(Sc)两个分量表上出现高峰。躁狂症患者在轻躁狂(Ma)分量表上出现高峰,而在疑病(Hs)、抑郁(D)和癔症(Hy)三个分量表上的分数明显提高,这表明 MMPI 对不同精神疾病有较好的诊断效果。各分量表的测量结果的相关分析表明,MMPI 的内部结构与国外的研究结果相一致。

(二) 施测方法

根据 MMPI 首页说明进行施测。回答这个问卷中的上百个项目是一个漫长而乏味的任务。正常人可在 1 小时左右完成作答过程,而对精神病患者,所需时间可能会长达 2 小时以上。如果受测者有焦虑感或情绪不稳定,可能会表现出对完成测验的不耐烦,这时,可将测验分成几次完成。在进行测验前,主试应当熟悉全部测验材料(包括调查表的内容、简介、指导语、信度和效度的资料以及常模资料等),了解受测者的有关情况(如文化程度、理解能力及身体状况)。测验情境应尽可能安静,无无关的人在场。可以告诉受测者,如果对有些项目无法回答,可以空下来,但尽可能不要空得太多。如果测试结果用于临床诊断,患者必须知道测试的重要性,以获得病人的合作。

(三) 计分方法

用预先制作的 14 章套板(每个分量表一张,M 和 f 各一张,男女各一张)进行计分,步骤如下:

(1) 将答卷按受测者性别分开。

(2) 将答卷纸上同一题的两种答案的题号用彩色笔划去,当作没回答,与"无法回答"的题目相加,作为 Q 原始分数。如果总分超过 30 分,则此答卷无效。

(3) 各分量表的封面套板与答题纸对齐。数好套板上有多少个圆洞被涂黑(圆洞代表的是原始分数量表),在这个表的原始分计分量柱上标明。

(4) 在疑病(Hs)、精神病态(Pd)、精神衰弱(Pt)、精神分裂(Sc)和轻躁狂(Ma)五个分量表的原始分数上加 K 分,方法是 Hs+0.5K,Pd+0.4K,Pt+1.0K,Sc+1.0K,Ma+0.2K(注意:字母所表示的分数均为原始分数)。不过,对于中国被试,加或不加 K 分,对测量的总结果并没有什么明显影响,所以也可以不加 K 分。

(5) 将各分量表的原始分数转记在剖面图的原始分数栏内。

(四) 原始分数的转换

MMPI 的规范使用 T 分数。在分数的转换过程中,先将各分量表的原始分数对照常模分别转化为 T 分数,然后在剖面图上找到各分量表的 T 分数点,将每个点连接,成为被试人格特质的曲线图。

(五) 测量结果的解释

对各分量表的 T 分数可以参照 MMPI 说明书中对各分量表分数提高的意义的文字描述予以解释。这里需要强调的是,说明书中所列举的人格特点只是一类人共同的典型的特点,在具体解释一个人的分数时应当持慎重和灵活的态度,这一原则同样适用于其他人格量表。

六、卡特尔 16 种人格因素量表

(一) 卡特尔 16 种人格因素量表简介

卡特尔 16 种人格因素量表(简称 16PF)是由美国伊利诺伊州立大学教授雷蒙德·B. 卡特尔(Raymond B. Cattell)经过几十年的系统观察、科学实验和统计分析的基础上形成的。这一量表可以用 45 分钟测量 16 个主要人格特征。初中文化程度或以上水平的人均可填答。

16PF 在世界上广受欢迎,已被翻译成法语、意大利语、德语、日语、中文等语言,并被多个国家进行了修订。其中的 16 种人格因素是各自独立的,和美国、中国和其他因素之间的相关性是比较小的。借助于本量表,受测者不仅可以对自己在 16 个因素上的人格特点获得了解,而且根据卡特尔制定的人格因素组合公式可以对自己的整体人格做出评价。

16PF 英文版有 A、B 两套等值的测题,每套 187 个项目,分配在 16 个人格因素中。每个人格因素包含的项目数不等,少则 13 个,多则 26 个。每个项目有 a、b、c 三个选项(如 a 表示是的;b 表示不一定;c 表示不是的),受测者根据自己的实际情况选择一个合适的选项。

16PF 中国版的修订工作由戴忠恒与祝蓓里在辽宁省修订本的基础上主持完成,取得了全国范围内的信度和效度资料,制定了中国成人(男、女)常模、中国大学生(男、女)常模、中国中学生(男、女)常模、中国产业工人常模、中国专利技术人员常模、中国干部常模以及上海市的各种常模,同时制定了 16PF 所测量的人格因素的名称及其字母代号。

16PF 的信度指标采用重测信度,通过对上海市 82 名大学生实施重测,所获得的个人各人格因素的重测相关系数。16 种人格因素中,除四种因素(即聪慧性、怀疑性、实验性和自律性)的重测信度系数较低外,其他因素的信度比较理想。16PF 的效度指标采用建构效度,以大学生为对象,得到了 16 种人格因素的相关系数。结果表明,各因素间的相关性比较低。因此,多数因素是相对独立的人格特质。

(二) 卡特尔 16 种人格因素量表的使用

1. 施测方法

16PF 是一组测试。测试时,先为每一位参与者提供一份答题纸,并填写受测者的姓名、性别、年龄、职业、考试日期。然后发放试题,翻至对测量部分的讲解,让受测者看和听测量说明书,并在主测指导下完成四个例子的答题纸,待受测者掌握答

题的方法后,让受测者完成正式考试。对施测情境的要求与 MMPI 相同。

2. 计分方法

每个项目有 a、b、c 三个选项,根据受测者对每一项目的回答,分别记为 0、1、2 分或 2、1、0 分。在实际操作时,要用预先制作好的两张有机玻璃计分套板。每张套板记录八个因素的分数。具体方法是:将套板套在答卷纸上,分别计算出每一因素上的原始分数,将其分数登记在剖面图左侧的原始分数栏内。

3. 原始分数的转换

16PF 的常模采用标准 10 分制。将受试者的教育或职业类别因素作为常模的因素转化为标准分数,并在该节的标准得分列左侧的部分登记。然后在剖面图中找出各因子的标准点,将每一点连接起来,即成一条曲线,表示主体的个性特征。

4. 测验结果的解释

根据剖面图上对各因素高分特征和低分特征的描述,可以大体解释受测者在 16PF 上的主要特点。如果要进一步解释,则参照《16PF 手册》中的文字描述。

16PF 不仅可以通过 16 种人格因素分析描述对象的主要特征,还可以根据实际的实验统计结果从四公式(分别为纠纷主体的适应性、外向性、情绪的和决定性的特征)的次级人格因素进行特征描述。同时,在新环境下与其他四个公式共同预测受试者在某些特殊情况下的行为(即心理健康水平、专业成就、创造潜力和适应能力),特别适合进入高等学校,作为就业和生活的指导。

七、艾森克人格问卷的使用

(一)艾森克人格问卷简介

艾森克人格问卷(Eysenck personality questionnaire,简称 EPQ)是由英国心理学家艾森克(H. J. Eysenck)及其夫人于 1975 年在先前几个人格调查表的基础上编制而成的(Eysenck,1975)。它的理论基础是艾森克提出的人格三维度理论。艾森克认为,虽然人格在行为上的表现是多样的,但真正支配人行为的人格结构却是由少数几个人格维度构成的。艾森克经过长期的实验研究和临床观察,提出精神质、外倾性和神经质是人格的三个基本维度。这里,人格维度代表着一个连续体,每个人都或多或少具有三个维度上的特征,但不同的个人在这三个维度上的表现程度是不同的。因此,通过测量可以在这些维度上找到受测者的特定位置。根据这种观点编制的 EPQ 由四个分量表构成(P、E、N 和 L),用于测量受测者在精神质(P)、外倾性(E)、和神经质(N)三个人格维度上的特征,L 是效度量表。儿童问卷共有 97 个项目,适用于 7—15 岁的受测者;成人问卷共有 101 个项目,适用于 16 岁以上的受测者。

EPQ 中国版由龚耀先教授主持修订(龚耀先,1986)。修订后的儿童问卷和成人问卷各由 88 个项目组成。每个项目都有"是"和"否"(儿童问卷中是"是"和"不是")两个选项供受测者选择。他们通过标准化工作,取得了全国范围内的信度和效度资料,制定了中国儿童(男、女)和成人(男、女)常模。

EPQ 中国版的信度是运用重测法在 87 名小学生和 49 名中学生被试身上得到的。结果如表 16-1 所示:

表 16-1　EPQ 的重测信度系数

量表	P	E	N	L
小学生	0.5972	0.5819	0.6393	0.6694
中学生	0.6453	0.8628	0.7290	0.6168

EPQ 中国版的效度指标用建构效度系数表示,通过对 1000 名成人(男女均各半)的测量,获得了各分量表之间的相关系数,结果如表 16-2 和表 16-3 所示。

表 16-2　EPQ 各分量表之间的相关系数(儿童样本)

	量表	P	E	N	L	
男	P	-	-0.2015	0.2863	-0.4265	女
	E	-0.1028	-	0.1573	0.2367	
	N	0.4665	-0.1121	-	-0.4695	
	L	-0.5409	-0.1668	-0.4285	-	

表 16-3　EPQ 各分量表之间的相关系数(成人样本)

	量表	P	E	N	L	
男	P	-	-0.0921	0.2865	-0.5759	女
	E	0.0949	-	0.1528	0.1375	
	N	0.2951	-0.0157	-	-0.2935	
	L	-0.5501	-0.1699	-0.3679	-	

(二)施测方法

EPQ 是团体测验。测试时,先为每一位参与者提供一份答题纸,填写受试者的姓名、性别、年龄、考试日期、职业、文化程度。然后发放测试题,翻到对测试题的说明,让参与者边看边听,主试阅读说明书,待受测者掌握答题方法后,让受测者自己完成正式考试。EPQ 对实测情境的要求与 MMPI 以及 16PF 相同。

(三)计分方法

EPQ 计分方法的依据是计分键,计分键中的数字是项目号,项目号前无"-"号表示该项目若受测者圈"是"记 1 分,圈"否"(或"不是")记 0 分。按 P、E、N、L 四个分量表分别记分,然后算出各分量表的总分(原始分数)。

(四)原始分数的转换

EPQ 的常模采用 T 分数。根据受测者的性别和年龄将受测者各分量表的原始分数对照常模分别转化为 T 分数,然后在剖面图上找到各维度的 T 分数点,将各点相连,得到受测者人格特征的曲线图。

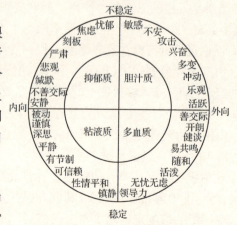

图 16-2　艾森克二维人格模型

(五)测量结果的解释

对精神质(P)、外倾性(E)和神经质(N)三个人格维度上受测者 T 分数的解释可参照手册中对高分特征和低分特征的文字描述。此外,艾森克还将外倾性(E)和神经质(N)两个维度做垂直交叉分析,从而得到四种典型的人格类型,根据受测者 E 和 N 的 T 分数可以在交叉图上找到相应的交点。

❋ 案例

1083 名中学生艾森克个性问卷调查及其相关性研究

性格主要与遗传和环境因素有关,个性是形成于社会稳定的心理特征,是一个人的整体精神面貌。因此,它直接关系到生活的质量和未来的发展,能帮助年轻人形成健全的人格。人格不仅具有一般规律,也有地域、民族、性别的差异。现针对1083 名回族、汉族中学生进行艾森克个性问卷调查及其相关性研究。

一、研究方法

(一)样本

2006 年 6 月整群随机抽取了西安市育才中学初一、初二年级的学生,西安市一中和回民中学初一、初二年级的学生。发放的 1146 份问卷中,回收有效问卷 1083 份,其中汉族学生 589 名(男 270 名、女 319 名),回族学生 494 名(男 216 名、女 278 名)。所有学生年龄在 13 至 18 岁之间。

(二)研究工具

1. 测验材料

本文采用龚耀先(1986)修订的艾森克个性问卷(Eysenck personality questionnaire,简称 EPQ),共 88 项问题,每个项目都有"是"和"否"两个选项供受测者选择。88 项问题分布于 E(内外向,25 项)、N(情绪稳定性,23 项)、L(效度量表,22 项)、P(精神质,18 项)4 个维度量表上,各量表的项目数即其最高分。P 分高的个性特点为古怪孤僻、缺乏同情心、适应环境不良、对人抱敌意、喜爱恶作剧、总要捣乱、富进攻性。E 分极高代表外向,表现为喜交际、爱冒险、好动、倾向进攻、不爱阅读和研究、稳定性差;E 分极低代表内向,表现为安静、离群、内省、保守、与人保持距离、生活规律严谨、少进攻。N 分极高的人代表情绪不稳定,表现为焦虑、紧张、易怒、对刺激反应强烈;N 分极低的人情绪反应缓慢,表现为平静、不紧张。L 是效度量表,高分表明回答多掩饰,结果不太可靠。以上各维度不是孤立的,E 和 N 维度相交,至少可以构成 4 个象限,形成外向、情绪不稳;外向、情绪稳定;内向、情绪不稳;内向、情绪稳定,分别相当于传统的 4 个气质类型,即胆汁质、多血质、黏液质和抑郁质(沈晓明、金星明,2005)。龚耀先等研究者通过标准化工作,取得了全国范围内的信度和效度,制定了中国儿童和成人的性别常模。修订后得到该量表的重测信度。小学生在四个量表上的重测信度分别为 P:0.60,E:0.58,N:0.64,L:0.67。中学生在四个量表上的重测信度分别为 P:0.65,E:0.86,N:0.73,L:0.62。EPQ 也有良好的建构效度。

2. 施测方法

EPQ 是团体测验。测试时,先为每一位参与者提供一张答题纸,填写受测者的姓名、性别、年龄、考试日期、职业、文化程度。然后发放测试题,翻到对测试题的说明,让参与者边看边听,主试阅读说明书,待受测者掌握答题方法后,让受测者完成正式考试。对实测情境的要求与 MMPI 以及 16PF 相同。

3. 计分方法

EPQ 计分方法的依据是计分键,计分键中的数字是项目号,项目号前无"-"号表示该项目若受测者圈"是"记 1 分,圈"否"(或"不是")记 0 分。按 P、E、N、L 四个分量表分别记分,然后算出各分量表的总分(原始分数)。

4. 原始分数的转换

EPQ 的常模采用 T 分数。根据受测者的性别和年龄将受测者各分量表的原始分数对照常模分别转化为 T 分数,然后在剖面图上找到各维度的 T 分数点,将各点相连,得到一条表示受测者人格特征的曲线图。

5. 测量结果的解释

对精神质(P)、外倾性(E)与神经质(N)三个人格维度上受测者 T 分数的解释可参照手册中对高分特征和低分特征的文字描述。此外,艾森克还将外倾性(E)和神经质(N)两个维度做垂直交叉分析,从而得到四种典型的人格类型,根据受测者 E 和 N 的 T 分数可以在交叉图上找到相应的交点。

二、结果

(一) 不同性别学生 EPQ 各因子比较

调查显示,对西安市部分男女中学生 EPQ 各因子比较发现,男女中学生在 E 维度得分上差异有统计学意义($p<0.01$),其余各维度得分差异无统计学意义($p>0.05$,见表 16-4)。

表 16-4 西安市部分男女中学生 EPQ 各因子得分比较

因子	男(n=486)		女(n=597)		t
	M	SD	M	SD	
内外向(E)	13.19	3.25	11.84	4.74	5.339**

注:** 表示 $p<0.01$。

(二) 回族、汉族中学生 EPQ 各因子比较

对西安市部分回族、汉族中学生 EPQ 各因子进行比较发现,回族、汉族中学生在 P 维度上得分差异无统计学意义($p>0.05$),在 E、N、L 维度上得分上差异有统计学意义($p<0.01$ 或 $p<0.05$,见表 16-5)。

表 16-5 西安市部分回族、汉族中学生 EPQ 各因子得分比较

因子	回族(n=494)		汉族(n=589)		t
	M	SD	M	SD	
内外向(E)	12.63	4.18	9.60	4.11	11.990**
情绪稳定性(N)	10.08	5.97	13.30	4.81	9.828**

注:** 表示 $p<0.01$;* 表示 $p<0.05$。

(三) 不同民族、不同性别各维度得分

接受此次调查的中学生在 P 因子上即精神质(倔强性)方面的差异无统计学意义($p>0.05$)。所有中学生的 P 值均为 $0\sim10$ 分,表明此调查区域内的中学生随和、富有同情心、喜欢和他人友好相处。男生个性外倾性(E)高分人数比例比女生高出将近 10 个百分点,而女生中偏于内倾的几乎占总数的一半。在情绪稳定性(N)方面,女生总体分布水平高于男生,差异有统计学意义,表明女生比男生的情绪稳定性低,更容易紧张、焦虑。男女生在掩饰倾向性(L)分布上的总体水平差异无统计学意义,但女生比男生趋于掩饰,只是这种差异未达到统计学意义水平(见表 16-6)。

表 16-6 不同性别中学生各维度得分分布情况(%)

因子	性别	例数	高分	中间分	低分	χ^2
内外向(E)	男	486	34.43	36.17	29.40	11.982*
	女	597	35.12	26.33	38.55	
情绪稳定性(N)	男	486	22.96	30.79	46.25	12.380*
	女	597	23.67	43.84	32.49	

注:* 表示 $p<0.05$。

回族、汉族学生在个性外倾性(E)及情绪稳定性(N)分布方面差异均无统计学意义。但在掩饰倾向性(L)上分布上差异有统计学意义,回族学生的 L 高分远多于汉族学生($p<0.05$,见表 16-7)。

表 16-7 不同民族中学生各维度得分分布情况(%)

因子	民族	例数	高分	中间分	低分	χ^2
掩饰倾向性(L)	汉族	589	32.04	29.98	37.98	14.385*
	回族	494	43.43	30.56	20.01	

注:* 表示 $p<0.05$。

三、小结

1. 该研究表明,男、女中学生在性格上,男生性格偏外向,女生性格偏稳定;在情绪上,女孩更容易处于焦虑、自卑和自责的状态。

2. 该研究表明,汉族学生喜欢交际、爱冒险、好动,性格外向,回族学生则恰好相反。

此案例引自《1083 名中学生艾森克个性问卷调查及其相关性研究》(雷晓梅、杨媛媛、李少闻、杨玉凤,2013)

思考题:

1. 艾森克人格问卷的计分方法是怎样的?
2. 艾森克人格问卷的适用年龄是多少?
3. 试用艾森克人格问卷测试个性。

本章小结

在诸多人格理论中,有一些理论将人格划分为不同的层次或部分,这些理论都可称为人格结构理论。较著名的有:西格蒙德·弗洛伊德的结构模型(精神分析流派)、新精神分析流派的诸多理论,如汉斯·艾克森的人格层级模型(特质流派或生物学流派)、亚伯拉罕·马斯洛的需要层级理论(人本主义人格流派)。

自陈法是护理研究中常采用的资料收集法,包括会谈法、问卷法、日记法等。资料直接从研究对象处获取。可通过口头会谈的形式,也可通过填写书面问卷的形式获取资料。自陈法根据是否有事先设计的特定结构,分为非结构式、半结构式以及结构式三类。

自陈量表的题量较多,多用于测量人格的若干特质。自陈量表通常采用纸笔测验,可同时测量多人。自陈量表对测验情境的要求不如智力测验那样严格。常见的自陈量表包括明尼苏达多项人格问卷、艾森克人格问卷和16PF。

思考与练习

1. 查阅相关人格心理学著作,讨论人格的理论研究对发展人格测量技术的作用。
2. 查阅有关文献,分析中国人格测量研究的现状和特点,并论述你对开展人格测量与研究工作的看法。
3. 简述多项人格问卷的计分方法。

第十七章 人格测验(中)

【本章提要】
◇ 投射技术的概述、盛衰、种类、特点
◇ 投射技术的特点、理论基础和信效度
◇ 投射技术与问卷测验、情境测验的比较
◇ 表露法、补全法与排选法、联想法与观察法的介绍

人格测验(personality test)也称个性测验,测量个体行为独特性和倾向性等特征。投射技术是为了克服自陈式人格测验所不能克服的无意识动机所造成的"防御心理"而发展出来的一种人格测验。投射技术这一心理术语,最早是由主题统觉测验的编制者莫瑞提出的(郑日昌,2008)。弗兰克明确阐述了投射技术的内涵和重要性(郑日昌,1987)。本章主要通过介绍投射技术中的表露法、选排法与补全法、联想法与构造法来了解人格测验。

第一节 心理投射技术

一、概述

投射测验(projective test)是心理学的三大测验技术(问卷测验、投射测验和情境测验)之一,它通过被试对模糊不清、结构不明确的刺激进行的反应,来分析、推断其人格特点。投射技术(projective technique)或投射测验是心理测验的另一门类。这一类的测验数量远不如能力测验或人格测验的多。有名的投射测验如墨迹技术(inkblot technique)、主题统觉测验(thematic apperception test,简称TAT)、填句测验(sentence completion test)、自由联想测验(free association test)、画人测验(draw-A-person test)等。

投射是一种手段。它对行为的隐蔽和潜意识方面很敏感,它允许和鼓励受试者的回答有很大差异,它是多维度的,并且它在受试者不大了解测验目的的情况下引出很丰富的或大量的回答。再者,投射测验的刺激材料是模棱两可的,解释有赖整体分析,测验唤起幻想回答,无所谓正确和错误的回答(Hall, Lindzey, 1957)。

综合多数定义,可将投射测验概括为"一种无结构的作业"。刺激材料无结构,回答不受限制,发挥自由联想。刺激是模糊的、模棱两可的。面对这种材料要做出反应,便要塞进自己的结构,所以称投射,也就是受试者的心理结构投射到无结构的刺激材料中。其实,各种投射测验还有各自的理论。现以罗夏墨迹测验(Rorschach inkblot method,简称RIM)以及TAT为例介绍投射测验,它们虽同为投射测验,但编制者对投射测验的理论是有区别的。

罗夏(Hermann Rorshach)认为,受试者的回答是将记忆痕迹与刺激图形所引起的感觉相整合的过程(郭庆科、孟庆茂,2003)。或者说将刺激引起的感觉与头脑中存在的记忆痕迹相匹配,这是在意识中进行的。换言之,受试者知道这墨迹与记忆储存的客体不同,而不过是相似,所以称其为联想过程。这种使之相似的能力,即将刺激感觉与记忆痕迹相整合的能力,各人的"阈值"是不同的。其差别是造成回答范围广泛或不同的主要原因。罗夏否认潜意识因素对回答形成有影响,认为回答过程是一种知觉和统觉。后来有的研究者从精神分析观察的角度来应用罗夏测验,但罗夏本人在建立此测验时却否认潜意识在回答形成中起作用。

Margan和Murray(1935)提出主题统觉测验(thematic apperception test,简称TAT),它是投射测验中与罗夏墨迹测验齐名的另一类人格测验。主题统觉测验的基本假定是,个人面对图画情境所编造的故事与其生活经验,特别是心理层次的内容,有密切的关系。故事内容,有一部分固然受当时知觉的影响,但其想象部分却包含有个人有意识或无意识的反应。也就是说,被试在编造故事时,常常是不自觉地把隐藏在内心的冲突和欲望等穿插到故事的情节中,借故事中人物的行为投射出来。主试如果能对被试所编的故事善加分析,便可了解其心理特征。

投射测验是一种用某种方法绕过被答辩人的心理防御,并检测他们的真实想法,以防他们有所准备的方法。在投射测验中,受试者接受一系列模糊刺激,必须对这些刺激进行反应。如抽象模型,可用于各种解释的未完成的图画。要求主体来描述模型,完成图片或有关的内容。主体的阐释中都会有自己的潜意识,这种方式在一定程度上理解了被测试者的思想。

二、投射技术的盛衰

"投射"一词最早是弗洛伊德对一种心理防御机制的命名,按照弗洛伊德的观点,自我会把超我不能接受的冲动或愿望压抑到潜意识中,从而否认自己有不可接受的愿望,反而把自己不能接受的冲动或愿望转移到他人身上,以此来减少自己的焦虑。荣格在心理分析学说的基础上把心理投射解释为:把一种存在于自身中的品质或态度潜意识地归咎于另一个人。冯·佛兰茨对荣格的"投射"进行了重新归纳:投射是一种在他人身上所看到的行为的独特性和行为方式的倾向性,我们自己同样表现出这些独特性和行为方式的倾向性,但我们却没有意识到它是把我们自身的某些潜意识不自觉地转移到一个外部物体上(Jung,1935)。H. A. Murray发展了著名的投射技术——主题统觉测验(TAT),其投射概念亦是从弗洛伊德的概念衍化而来,但不仅仅是一种防御机制。Murray认为,人们在认知和解释模糊性刺激时的知觉整合受到需要、兴趣以及总的心理组织(psychological organization)的影响。L. K. Frank 则是最早提出"投射方法"的人。他认为投射方法可以用以研究人格，这种方法就是使用一些刺激情境，使被试做出反应，使用这些刺激情境是要获得被试本身独特的人格组织投射在刺激情境的信息。

投射技术在20世纪40—60年代红极一时，以罗夏墨迹测验为代表，达到鼎盛时期。罗夏墨迹测验由罗夏开发于1921年，是临床心理学应用最广泛的投射测验之一。20世纪70年代以来，由于行为主义的兴起，使投射技术的发展势头大减。另外还有一个使投射技术不再火爆的原因，就是整个临床心理学及精神医学界对疾病诊断的态度发生了很大的变化：由原来重视诊断转向重视治疗。原来将诊断当作治疗的基本依据，十分重视诊断，但后来人们发现各种疾病的发展过程并不稳定，症状也常发生变化，且彼此的分别又并不很明显，所以与其费神诊断却又难以把握正确性，倒不如在有大致印象后就进行治疗。所以，对诊断的重视降低，也大大地影响到对投射技术的重视。但是必须看到，虽然不如以前那么受重视，但是投射技术的应用仍然占有较高比例。

三、投射技术的种类

投射技术的种类繁多，分类如下：

（一）联想法

联想技术起源于著名心理学家精神分析师荣格提出的语词联想技术，主要给被试呈现一些刺激如单词，要求被试说出由这种刺激引起的联想，一般指首先引起的联想。荣格的文字联想测验和罗夏墨迹测验属于此类测验。

（二）构造法

该技术要求被试根据一个或一组图形或文字材料来讲述一个完整的故事，以测量受试者组织信息的能力，并通过测试结果来分析被试的深层心理。比较著名的构造法测验有默里的主题统觉测验和儿童统觉测验，麦克莱兰的成就测验。

（三）表露法

人们试着通过玩游戏、绘画或表演来展现被试的精神状态，如房树人投射法。评定者根据被试的绘画作品分析，以此推测被试的心理特点或者对其心理障碍做出诊断。

（四）完成法

该技术是给被试提供一些不完整的句子、故事等材料，要求被试进行补充。句子填充测验是一种"半投射"技术，即填充的内容可能反映了被试潜在的态度、欲望和恐惧等(徐天和，2013)。

四、投射测验的特点

（一）优点

(1) 试验材料没有明确的结构和明确的含义，为被试进行广泛的自由组合提供了机会和空间。

(2) 使用非结构化的任务,被试对材料的反应是不受限制的。被试根据对试验材料的理解,发挥想象,做出任意的解释。在这种情况下,对物质的感知与阐释可以反映被试的思维特征、内在需求、焦虑与冲突等个性特征。

(3) 测试的目的有明显的隐蔽性,受试者对其反应过程没有先验知识且不知如何解释,这在很大程度上避免了测量的伪装和防御,从而能够测试出真实的个性。

(4) 对测试结果的解读侧重于对主体人格特征的整体认识,而不是集中于个体的某个或几个人格特征。

(5) 投射测验的内容多是一幅画,没有一个明确而统一的意思,测试不受语言的限制,因此被广泛应用于人格的跨文化研究。

(二) 不足

(1) 该项目最大的局限性是评分难度,研究人员难以对测试结果做定量分析。
(2) 缺少充足的常模资料,测验结果不易解释。
(3) 测验的信度和效度不易建立。

五、投射测验的理论基础

投射测验的理论基础主要包括:精神分析理论、人格的刺激—反应理论和知觉理论。精神分析理论强调人格结构的无意识范畴,以具有一定意义(非结构化)的刺激情境为导向,能使个人隐藏在潜意识中的欲望、动机、冲突和无意识投射出来。刺激—反应理论认为,不管个人是不是被动接受各种外部刺激,其总是会主动选择给外界刺激的意义并显示适当的反应。知觉理论认为,一个人对事物的反应是在对刺激的感知和现有的记忆痕迹的基础上形成的。人们总是把自己的情绪投射到外部事物上。人们的期望也会影响人们的知觉,人们更容易察觉到他们已准备好去感知的事物。从上面的理论可见,投射测验的假设是:①人们对外界事物的解释是心理原因,而且还可以给出描述和预测。②人对外界刺激的反应虽然取决于所呈现刺激的特点,但在过去的反应中他已经形成了较固定的个性特征,所以他对未来的期待和其他心理因素会渗透进测试过程中他对刺激的反应,所以通过提供一些暧昧的刺激情境给受试者,让受试者对其做出解释,然后通过分析其解释的内容,就有可能获得对其性格特点的认知。

六、投射测验的信度和效度

虽然投射测验在国外被广泛地应用于人格特征的评价过程中,尤其是20世纪40年代至60年代的临床心理学工作者更是把它作为临床诊断中不可缺少的工具,但是,人们对投射测试的批评并没有停止,目前学术界对投射测试的负面态度基本上是认为投射技术的可靠性和有效性均不高。批评者认为,通过健康个体的结果去观察病理组的投射测试结果的有效性,这将导致投射测验的效度被高估。至于信度,大部分使用的是重测信度得分。自由的投射测试是非结构的,这使得评分难度增加、可靠性不高的问题被暴露。

第二节 表露法

表露法就是通过绘画、心理剧、游戏等形式，使得被试的性格特征自然地流露出来（康菁菁，2011）。在表露法中，被试的反应方式和反应内容同样重要。

玩偶游戏是一种应用广泛的表露测验，而且多用于小孩子。测验可能要求儿童选择出不同的玩偶来代表家庭成员，也可以给他们玩不同颜色、不同性别或者有身体缺陷的玩偶，并记录他们的表现。

玩具世界测验是一个复杂但结构化的表露测验。不同复本包含的玩具数目不一样（160—30个）。玩具包括人物、动物、房屋、武器、交通工具等不同的种类。记下玩具的种类，明确儿童是怎么对它们进行分类的，并对儿童在玩耍中表现出来的攻击性以及破坏玩具的倾向性进行评定。

心理剧被广泛用来表达情感。它多用于治疗，但也可用于心理诊断。比如，可以请家长解决诸如"孩子不及格怎么办？"这样的问题，然后让他们在剧中扮演不同的角色。临床心理学家在一旁对剧中人的反应进行观察。心理剧也用于学校教育及咨询，它能起到改善人际关系的作用。

绘画也是表露法的一种形式。麦乔弗画人测验要求被试先画一个和自己同性别的人，然后再画一个异性。记录被试作画的顺序和被试对每幅画的说明。绘画测验没有常模，但可以参照一些个案研究，这类研究作品是用精神分析法来解释的。比如，涂鸦被看作是内心冲突的象征，头部大代表着智慧。各评分者之间的一致性很低。不过，也有证据表明整体评定比局部评定能更有效地预示着心理上的异常。

一、绘画法

绘画疗法是心理艺术治疗的方法之一，是让绘画者通过绘画的创作过程，利用非言语工具将潜意识内压抑的感情与冲突呈现出来，并且在绘画的过程中获得舒解与满足，从而达到诊断与治疗的良好效果（宁维卫，2011）。无论是成年人或儿童都可在方寸之间呈现出完整的表现，并在"欣赏自己"的过程中满足心理需求。

（一）绘画测验的发展

19世纪末期研究者开始关注儿童绘画测验所表现的内心世界。20世纪初兴起的精神分析和心理分析学派对神经症病人的自由绘画进行了心理分析。1926年佛洛伦斯·古德伊那伏尝试用画人的方法测试孩子的智力，这是第一次标准化绘画测验。20世纪中期产生了两种不同的绘画治疗的对峙，诺伯格主张绘画治疗的作用是使病人对所处境遇和发生在其身上的事情产生知觉重组；格拉玛则认为绘画治疗的关键在于治疗师在医患关系中所扮演的参与和分享的角色。巴克（Buck）和哈默（Hammer）分别在20世纪40年代和60年代提出房树人绘画投射测验，最先是以人物画为投射工具，探讨画中表现的个人发展以及绘画投射的作用（Buck，

1948;Buck,Hammer,1969)。20世纪70年代,罗伯特·伯恩斯和哈佛德·考夫曼发现在房树人绘画中缺乏动感,因此指导孩子进行一种家庭动力绘画,并且于1970年出版了《家庭动力绘画》,这更大力推广了房树人绘画投射测验的作用。

(二) 绘画测验的常见种类

绘画测验的常见种类包括画人测验(draw-a-person test)、画树测验(drawing-a-tree test)、伯恩斯和考夫曼的家庭活动画测验(kinetic-family-drawing technique,简称 KFD)和 Buck 的房树人测验(house-tree-person technique,简称 HTP)

1. 画人测验

最初的画人测验是指在测试过程中,给受测者提供纸笔等绘画工具,让受测者绘出人物形象,通过对这种作业的分析,了解其所投射出的情绪特征、人格特质和智力发展水平(沈德立,2006)。后来该测验成为衡量儿童智力和情绪成熟的测验评估工具。画人测验包括画人、画自己两种测验形式,是特殊儿童美术治疗中常运用的绘画检测工具。

画人测验的实施流程相对简单,工具选择也较为简单,有一支铅笔、一块橡皮和几张纸就可以进行。施测者常以指导语引导当事人进入绘画过程。

施测者在画人测验中关注的内容包括观察被试在绘画过程中的行为和态度、应从整体印象、画面内容分析、从发展成熟度的角度分析、从性格与情绪的角度分析、从神经生理的角度分析等。

2. 画树测验

画树测验是投射测验的一种,原为瑞士心理学家卡尔柯乞所设计,后由我国台湾地区的研究者于20世纪60年代修订中国版本。画树测验要求受测者随意画一棵树,通过受测者所画的树了解其内心状态。运用这种方法从受测者画出的树干、树冠、树枝、树叶、果实及树根等部分进行观察,可以有效地了解到作者在现实中的表现,如个人意志力、隐藏的内心世界以及个人平时交际状况等。让被试在完成绘画后介绍画作,被试在介绍时要注意介绍以下问题:树名、果实名(如果有果实的话)、季节、绘画时的心情。

画树测验经试用后结果显示,画树特征所显示的性格与被试者自评结果完全符合者计44%,部分符合者计41%,完全不符合者计15%,可见这套测验是具有理想效度的。

3. 家庭活动画测验

伯恩斯和考夫曼的家庭活动绘画测验,是指通过儿童绘出全家成员在一起的活动内容,了解画面呈现的家庭成员关系,借助画面中人物间的动态状况,探察儿童内在的心理互动现象,透过对画面呈现的动作、样式与符号象征意义的分析,了解儿童与家庭成员间的互动状态(孟沛欣,2012)。家庭活动绘画测验关注的内容是通过当事人在画中呈现的人物活动情境,了解当事人最为关注的家庭事件,透过画面呈现的人物关系,洞察当事人的心理状态,认识当事人的家庭状况以及家庭成员间的互动关系。画中的人物动态与表现、绘画样式、人在画中的关系是测验关注和探查的主要内容。

家庭活动绘画测验的实施流程是,首先给被试一张空白的纸张,可以将纸直接摆在被试的面前,把笔放在纸的中央,用指导语要求被试画一张有全家人的画,要画出家人都在干什么。此时可以鼓励被试尽可能按真实的样子去表现家人,而不要用教师教的简笔人物画去表现。例如,"他们是长发还是短发?""都长什么样啊?""老师没见过他们,可不可以画出家人的特征啊?"等等。根据画中的样式、符号的象征性、人物的动态、人物的身体特征、整个作品的结构布局这五项指标度对被试进行诊断或评估。

4. **房树人测验(HTP)**

房树人测验(HTP),又称屋树人测验,开始于 John Buck 的"画树测验"。1948年,John Buck 发明房树人测验,被测者须在三张白纸上分别画房、树及人。同年,John Buck 率先在美国《临床心理学》杂志上系统地论述了 HTP 测验。20 世纪 60年代,日本引进了 HTP 测验并加以推广应用。1970 年,Robert C. Burns 发明动态房树人分析学,被测者只需在同一张纸上画房、树及人。经过许多临床专家的努力,最后发展为"统合型房树人人格测验"。临床发现,分三次描绘三张图形对被测者的心理压力较大,尤其不适于那些精力不足、情感淡漠、注意力不集中的精神病患者。于是将房子、树、人三项合画于一张纸之中,这样不仅可大大减轻被测者的负担,还能扩大测验对象,提高成功率,这就是统合型 HTP 测验。

HTP 测验的方法与形式:要求被测者在三张白纸上分别简单地画出房、树、人;要求被测者在画完房树人后,再用蜡笔对画进行涂抹上彩;对人物画要求画性别相反的两个人物。统合型 HTP 测验:要求被试在同一张纸上画出房、树、人来进行测试。HTP 测验的正常顺序是先画房,其次画树,然后再画人。

HTP 的某些特定意义:在各部分布局上、在描绘过程中、某些绘画整体与局部之间关系不明确,强调某些部分或缺少某些部分。在房屋中以房顶、门窗为主,在树木中以树干、树枝为主,在人物中以头部、上肢为主。在比例上,所描绘的部分与其他部分之间的关系,例如,窗户与门的关系,树干与树枝的关系,上肢长度与躯体长度的关系。这些比例关系往往涉及被测者的智力水平。在透视程度上,画面的表达,如在纸上的位置,房、树、人之间的相互关系,都能显示被测者的能力和人格特征。

二、游戏法

游戏治疗法把心理治疗的研究推向了非语言的王国。让孩子们通过一次次游戏,激发出自我控制、自我完善、自我成长的动力,潜移默化地克服那些家长认为难以克服的坏习惯。该治疗主要适用于 4—13 岁儿童的攻击行为、焦虑、抑郁、注意力难以集中、违纪行为、社会适应障碍、思维障碍、应激综合征等。

(一) 游戏治疗的类型

目前儿童游戏治疗主要存在两种模式,即根据指导思想和治疗方案的不同,分为指导性(结构性)游戏治疗和非指导性(儿童中心)游戏治疗(高峻岭,2002;王岩、李凤英,2007;王岩、王红梅、吴振霞,2007)。而 Cattanach(2003)则提出游戏治疗的模式应有 3 种:指导性游戏治疗、非指导性游戏治疗和协作性游戏治疗。指导性

(结构式)游戏治疗就是针对各种不同性质的障碍,主动设计不同的游戏治疗程序,事先准备好材料,安排儿童进入经过设计的游戏情境,以达到治疗效果。1993年以来,指导性(结构式)游戏治疗与认知行为理论相结合。非指导性(儿童中心)游戏治疗是以被试儿童为中心,游戏治疗师建构安全、宽容、自由、平等、尊重的游戏氛围,给予被试以无条件尊重、积极关注和反馈,深信儿童有自我发展的能力。协作性游戏治疗模式是通过相互建构,儿童和治疗师形成共同合作的关系来促进儿童自我发展(曹中平、蒋欢,2005;赖雪芳、黄钢、章小雷、张利滨,2009)。

(二) 游戏治疗的理论模式

20世纪90年代的游戏治疗取向主要有:精神分析、人本主义、行为主义。进入21世纪以来,经常使用的游戏治疗模式已有10多种:儿童中心学派游戏治疗、阿德勒学派游戏治疗、荣格学派游戏治疗、完形学派游戏治疗、认知行为学派游戏治疗、家庭游戏治疗等。现选用当代常用的、具有代表性的儿童中心学派游戏疗法、阿德勒学派游戏治疗和认知行为学派游戏治疗三大理论模式进行阐述(吴传珍,2007)。

1. 儿童中心学派游戏治疗

儿童中心游戏疗法的实质是坚信每个儿童都具有自我发展的力量。只要治疗师为他们创设适宜的条件,无条件地接受并理解他们,那么儿童就一定能恢复原本的面目向前发展(陈新、严由伟,2001)。可见,以儿童为中心,真诚地相信儿童自我发展的力量,是儿童中心游戏治疗的核心思想。儿童中心游戏治疗学派并不会为儿童预设明确目标,但会设定一些有助于与儿童建立关系的目标。治疗师并不假设自己知道答案而去指导治疗过程,游戏的内容和导向完全由儿童自己决定,其治疗过程包括决定接受治疗阶段、初次治疗阶段、接受和宣泄阶段、情绪的认识和解释阶段、终结阶段。

2. 阿德勒学派游戏治疗

阿德勒学派游戏治疗师以阿德勒的人格理论来了解儿童,创造性地选择精心设计的策略,帮助被试儿童认识其自我防御行为,开始了解自己的想法、情绪、态度及行为控制方式,且发展出对自我能力的信心,做出明确的决定,最终成功地解决生活中的问题。此游戏治疗过程分为开始阶段、评价阶段、工作阶段和结束阶段,其基本治疗目标包括:与当事人建立平等的关系;了解当事人的私人逻辑、生活风格和目标;协助当事人了解其生活风格、错误的信念及自我防御行为;帮助当事人发展勇气,以便在遇到困难时能够思考其他可能的解决方案,而且开始学习和别人互动的新技巧(吴传珍,2007)。此游戏治疗的最终目标是治疗师利用与儿童的关系来帮助儿童增加对其自己的了解,利用儿童的洞察来达成在态度上、思想上和行动上的深远改变。

3. 认知行为学派游戏治疗

认知行为治疗是基于认知行为专家艾利斯、贝克、班杜拉、内尔等人的理论。认知行为疗法基本上是以结构、引导和目标为导向,主要是为了教导儿童在游戏的情境下,对其自己和其人际关系进行思考,协助孩子学习新的应对策略和实践行为。处理过程包括熟悉指导阶段、评估阶段、中期和结束阶段。治疗的目的不仅是为了缓解症状,而且要认同、矫正与当事人症状有关的不恰当的思想和行为。

(三) 方法技术

1. 游戏治疗准备与安排

(1) 游戏治疗同意书

在介入治疗前先与个案家长接触,制订干预计划,向其家长咨询被试的情况,对游戏时间、地点、参与人员、指导、游戏材料、游戏治疗过程、数据安全性进行了保密与处理,在得到家长同意后开始实施游戏治疗。

(2) 游戏治疗参与者

治疗对象治疗者、指导者、记录者。

(3) 游戏治疗材料及工具

游戏主要材料及工具有:沙箱、玩具架、各种玩具模型、白纸、铅笔、彩色铅笔、七彩石、布偶、手指玩偶、橡皮泥、气球、充气海豚、打气筒、篮球、职业图片、表情图片、秒表等。

(4) 治疗室布局

选择空间较大安静、安全、舒适的游戏训练室,室内面积30平方米左右,铺有地板,适合儿童尺寸的坚固木制的家具,配有空调、音响、黑板或白板、游戏材料等。游戏室分为两个区域,即沙区(放置沙箱和玩具架的区域)和桌椅所在区域。

(5) 记录工具

相机、录音笔、钟表。

2. 游戏治疗阶段(四个阶段)

(1) 熟悉环境阶段

这一阶段是对室内游戏情况的了解与熟悉,治疗者并没有给予任何指导的语言,主要是由接受治疗的个案观察情况,了解玩具类型、活动区域、游戏内容,掌握游戏的基本概况。

(2) 建立关系阶段

在这一阶段,应消除个案的紧张与生疏,建立个案对主试的信任与接受。在个案对游戏环境熟悉之后,治疗者重点要对个案在游戏中的情感和行为给予关注与反馈。

(3) 深入发展阶段

在这一阶段,个案要发现自身的不良情绪和问题行为,并进行合理的发泄,进而学会控制和调节自身的情绪,塑造良好的行为模式,树立信心。因此,治疗者在这一阶段的主要任务是要与个案保持良好的治疗关系,给予个案无条件的积极关注,充分利用游戏材料与个案积极互动,使其识别和改变不良的认知,在游戏过程中掌握情绪管理的技能,减轻个案的焦虑情绪,塑造个案良好的行为模式。

(4) 结束阶段

结束阶段是整个治疗过程中一个非常重要的阶段,应充分做好治疗的准备。在考虑是否结束治疗后,治疗主要参照以下指标:

① 个案的焦虑情绪症状有所缓解。

② 个案能掌握和运用情绪调节与控制技巧。
③ 父母的评估:发现个案的焦虑情绪和问题行为已经有所改善。

4. 游戏治疗资料整理与分析

在个案每次结束游戏治疗之后,将游戏材料拍照留底,整理、记录和分析个案当日的游戏治疗情况,作为下次游戏治疗的参考。当整个游戏治疗结束后,整理和分析所有游戏材料,分析个案的改善情况。

5. 游戏治疗方案总体思路

由于焦虑症状的成因是多方面的,每个人的情况不同,所以在游戏中的总体思路是因人而异、对症施治,在游戏中根据每个个案的具体情况设计具体方案。治疗方案总体思路是:熟悉环境、建立关系→自我表露、情绪发泄→改变认知、学习技能→复习巩固、展望未来。

三、心理剧

心理剧是一种可以使患者的感情得以发泄从而达到治疗效果的戏剧形式。通过扮演某一角色,患者可以体会角色的情感与思想,从而改变自己以前的行为习惯(刘嵋、董兴义,2011)。在心理剧里,患者可以扮演自己家的一员,一个老熟人,一个陌生人或治疗专家。故事可以是常见的(离婚,母亲和孩子的冲突,家庭纠纷等),也可以是类似个案实际情况的。在舞台上,个案扮演着角色,体验他人的想法和感觉,体验人物内心的跌宕起伏,可以成为有理想或幻觉的患者的化身。

心理剧是一种治疗,这是一种人与自己协作的方式,因为个案可以进入角色的内心,来描述他们,并看到他们看到的。通过表演戏剧的方式,个案会释放情绪压力。心理剧创造了一个可以通过分享、支持和接受来控制的环境,然后让心灵疗愈自己,并改善自己控制情绪的能力。

心理剧的组成要素有舞台、主角、导演、配角、观众,过程包括暖身、演出、分享和审视,所用技术为联席治疗、暖身技术、角色交换技术、替身技术、镜照技术、空椅技术、具体化技术、从一幕到另一幕、回到现在、去角、分享、终止。

✳ 案例

游戏法的应用:布偶剧《我爱我家》

一、个案资料

个案 A:女,小学五年级。

父母反映:孩子性格外向活泼,善于交谈,但是没有几个朋友。情绪变化迅速而激烈,常常会乱发脾气,跟哥哥不能很好地相处,老是吵架,不会控制自己的情绪。她以自我为中心,不考虑别人。她母亲说:"放学后,我去学校接她,在我开车时,她一直给我讲关于学校的事儿,但因为那时是交通高峰期,道路上车辆和行人很多,我专注于驾驶,但她仍然坚持让我听她的谈话,还问我一些问题。我警告她停下来,可她根本就不听。她拖延,没有时间的概念。早晨起床和洗漱动作太慢,敦促她好几次仍然不听,让家庭所有的成员都在等待她。她做事情犹豫不决,不知道自己的兴趣点是什么,并且做事情没有毅力。"

本研究以个案 A 为例,对其设计游戏治疗方案,让其熟悉环境,将治疗分为建立期(自我表露、情绪宣泄)、深入发展阶段(认知变化、自我认同、技能习得、重塑行为)、结束阶段(复习巩固、展望未来)。

二、采用布偶剧的目的

通过布偶剧让个案 A 换位思考,学会宽容和体谅别人,能站在别人的角度,学会思考解决问题的方法。

三、布偶剧准备与安排

(一)签订游戏治疗同意书

在介入治疗前先与个案 A 的家长接触,制订干预计划,向其家长咨询个案 A 的详细情况,对游戏时间、地点、参与人员、指导、游戏材料、游戏治疗过程、数据安全性进行了说明与承诺,得到家长同意后开始实施游戏治疗。

(二)明确游戏治疗参与者

治疗对象治疗者、指导者、记录者。

(三)材料

故事大纲,布偶。

(四)故事大纲

治疗者根据个案 A 父母反映的情况和个案 A 的平时表现事先设计好故事大纲。在此故事大纲中,人物有爸爸、妈妈、哥哥和个案 A 共四人;地点包括家中、路上、学校;时间为 2012 年的某个周五;天气为阳光明媚。在布偶剧中,个案 A 分别担任家庭中的妈妈、爸爸、哥哥(即角色换位),治疗者担任妹妹。

故事大纲包括六个场景,分别是:

1. 今天是周五,阳光明媚。妈妈早上催我很多次起床,但我醒来后又睡着了。好不容易起来,慢慢吞吞地穿衣服。妈妈、哥哥很着急,我却不在意。

2. 我们急急忙忙地出门了,到学校才发现原来我忘记带作业了,打电话给妈妈,让她把作业带到学校来。

3. 一天的学校生活结束了,妈妈开车来接我回家。这会儿是下班高峰,路上车辆和行人很多,妈妈专心开车,我兴致勃勃地跟妈妈讲今天学校里发生的事儿。

4. 放学回到家,妈妈让我赶紧做作业,我告诉妈妈明天是周末,不想立刻做作业。可妈妈一定要我赶紧把作业做完,而哥哥却可以休息,不用立刻就做。

5. 晚上,跟哥哥讨论有关"绿色家园"为主题的作文,但两个人意见不同。

6. 跟哥哥讨论完作文后,感觉饿了,就去厨房拿一点儿点心吃,但厨房的灯我忘记关了,妈妈责备了我。

(五)治疗室的布置

选择空间较大、安静、安全、舒适的游戏训练室,30 平方米左右,铺有地板,有适合儿童尺寸的坚固木制或硬表面的家具,设有空调、音响、黑板或白板、游戏材料等。

（六）记录工具

相机、录音笔、钟表。

三、游戏过程记录

第一个场景（对话例句）

治疗者：早上，妹妹在睡觉。

个案A：（妈妈）"快点起来喽！今天又不是星晴六，还要上课，快点起来！"

治疗者：（妹妹）"等一下啦！你先去准备一下早饭，我就起来，现在还早呢。"

个案A：妈妈很无奈，先去准备早饭了。

个案A：（哥哥）"快点起来啦，都已经七点十分了！"

治疗者：（妹妹）"知道了，知道了！"

治疗者：（妹妹）"急什么呀！"

个案A：（哥哥）"今天要考试啊！"

（哥哥）"快点，都七点三十分了，你要害我迟到考不了试吗？"

治疗者：（妹妹）"差不多啦！你先出去，我上个厕所啦！"

个案A：（哥哥）"快点！"

治疗者：她依然很慢，好像沉浸在自己的世界里。

治疗者：外面的人又催了，她依然比较慢，两手插裤袋，"好了。"穿鞋子。

个案A：（爸爸）"怎么这么慢？在下面等那么久了！"

治疗者：（妹妹）"还好啦，不是很慢啊，平常不是也这样？"

个案A：（哥哥）"快点啦！"

然后一起上车。

治疗者：好，第一个场景结束，什么感觉？

个案A：感受出爸爸、妈妈、哥哥的无奈。

治疗者：你觉得当时她这么慢是出于什么原因呢？

个案A：一点都不紧张，一点都不怕迟到。

治疗者：你可以感受到爸爸、妈妈、哥哥都很无奈，妹妹反而不着急。

个案A：对，爸爸、妈妈、哥哥反而比我着急。

治疗者：你现在能体会爸爸、妈妈、哥哥的感觉吗？

个案A：能，很着急。

治疗者：那你以后准备怎么让他们不是那么着急？房间很暖啊，出来多困难，对吧？

个案A：嗯……（思考中）那早点起来，拿我的超级闹钟，或者起床时穿衣服的速度快一点。

第二个场景（对话例句）

治疗者：她到学校准备要交作业了，翻书包发现作业没带。（妹妹）"咦，重要的一本数学作业本没有带。我想一下，昨天没有放进书包吗？好像没有放进书包。啊！忘了，忘了，打电话！"

治疗者：（妹妹）"喂，妈妈，我数学业本忘带了，快点帮我送过来！"

个案A:(妈妈)"在哪里?"

治疗者:(妹妹)"嗯,不知道,你找找看吧,我不知道放哪儿了。"

治疗者:(妹妹)"平时不都这样,你帮我拿的吗?有东西就帮我送过来啊!"

治疗者:(妹妹)"那我回班级再找一下。"

她回班级重新找,发现找到了,原来忘了已经放进书包里了。于是,她再打个电话回去。

(妹妹)"妈妈,作业本在我这里,我忘了,夹在课本里了,没看到。挂电话啦,上课了。"

治疗者:什么感觉?

个案A:妈妈很无奈,妹妹刚刚讲的那句话,让人感觉这些事情是理所当然的。

治疗者:哦,感觉这些事情是理所当然的,认为反正这些东西都是你平时帮我收拾的,就应该这样做啊,反正做习惯了,对吧?

个案A:感觉这些好像是理所当然要做的事,就像妈妈说的一句话,我又没欠你的,干吗要帮你做这些事?

治疗者:好。那下次开始不管从这边(指治疗中心)走,还是从家里出发,或者从学校离开,是不是都应该想一下:"我带了什么?别人给了我什么?我要带走什么?是不是要记住?"

个案A:嗯。

治疗者:慢慢养成习惯,尽量让自己落下东西的次数少一点,一周比一周少。

第三个场景(对话例句)

治疗者:(妹妹)"妈妈,跟你讲一件事儿。今天我们班上决定各运动员参加学校运动会的项目了——我要参加长跑比赛!"

个案A:(妈妈)"等一下,回到家再说。"

治疗者:(妹妹)"你知道吗?长跑比赛有很多厉害的人参加。我万一跑不好怎么办呀?"

个案A:(妈妈)"等一下,等一下。"

治疗者:(妹妹)"万一我跑不好怎么办?那不就丢脸了吗?"

个案A:(妈妈)"等下车了再讲啦!现在是下班的高峰,我开车需要很小心,你这样子,会分散我的注意力啦!"

治疗者:(妹妹)"那你之前不是也听我这样说的嘛!"

个案A:(妈妈)"之前不是高峰期,现在车特别特别多,以前车不多!"

治疗者:(妹妹)"那你以前转弯的时候车多,你也在听我说,干吗今天不听我讲?"

治疗者:刚刚是什么感觉?

个案A:很无奈,很苦恼。

治疗者:好,体会一下这种感觉。下次遇到类似情况——不一定是开车,做别的事情也一样;不一定是妈妈,其他同学、哥哥、爸爸也都一样,咱们都要注意说话时机。比如,同学在做一件事情,可能你想跟她分享某件事儿,就跑过去跟她说。

然而,可能同学嘴上没说,心里会认为你在打扰她。所以你觉得有时候他们都不理你,其实是不是你打扰到人家了。当初你跟我说维持友谊很难,这就是其中一条,你要考虑到在适合的时候去与人分享。

个案 A:对的,我记一下。

第四个场景(对话例句)

治疗者:(妹妹)"妈妈,我今天想先不做作业,因为明天周末嘛。我想先看会书。"

个案 A:(妈妈)"但你明天还是要出去上课呀,而且回来几乎是晚上了,后天又要出去上补习班,剩下的时间里还有一部分是用来弹钢琴的。"

治疗者:(妹妹)"我来得及做啦!我现在速度不是加快了嘛!而且有些作业已经在学校做完了呀!"

个案 A:(妈妈)"你总是这么说,可是一点点作业你却要做好久,你现在还跟我讲这个。快点去做啦!"

治疗者:(妹妹)"哎呀,我想先看会儿书啦,不然我做不进去啊!我不想做。"

个案 A:(妈妈)"快点去做作业啦!"

治疗者:(妹妹)"不要。"

(妈妈)"妹妹,你出来。你看,哥哥已经进去做作业了,你不要去吵他了,你也赶快去做作业吧!"

治疗者:(妹妹)"嗯,好吧!"

治疗者:好,停!什么感觉?

个案 A:就是很无奈,很苦恼。

治疗者:谁很无奈,谁很苦恼?

个案 A:妈妈和哥哥。

治疗者:那你认为妈妈应该怎样去做?怎样做才能让妹妹舒服一点?

个案 A:(思考中)咦,想到了!

(妈妈)"你先看书再做作业的话,心里就会想着'我的作业还没做完,怎么办?怎么办?然后做作业的时候想看书,就不能专心致志了。然而做完作业之后再看书,这样看书的时候就不会想着我的作业还没有做完,就不会一直心惊肉跳的啦。"

治疗者:事实上你的心里是这么想的吗?

个案 A:是的,正是如此。

治疗者:那你以后遇到这类事情,你准备怎么办呢?你有可能还是觉得不公平啊!心里还是会不舒服,想想该怎么办呢?

个案 A:(思考中)怎么办呢?

治疗者:你心里依然会觉得很"不公平",是吧?

个案 A:嗯。

治疗者:那想想,为什么会导致这样的"不公平"?

个案 A:哦!只要平时作业做快一点,像哥哥一样,而不是半个小时的作业做两个小时。都怪我分心造成了"不公平"。

治疗者:对,分心造成的。也就是像妈妈说的,如果有一天你也像哥哥一样,那么也可以先休息,再做作业,是吧?

个案A:对的。而且如果我偷偷地玩的话,我自己也会心惊肉跳的,担心妈妈突然进来。

治疗者:对啊!

个案A:所以,你要自己学着安排时间,看怎样做会更好一点。

第五个场景(对话例句)

治疗者:(妹妹)"哥哥,今天学校里布置作业了,题目叫《绿色家园》,你说我该怎么写?写些什么呀?"

个案A:(思考中)

(哥哥)"你就用对比的方式写,先写之前环境没有被污染的样子,然后再写现在环境被我们污染了的样子,最后在作文的结尾写'让我们保护地球妈妈,共建绿色家园吧'。"

治疗者:(妹妹)"哦,可是这两天我们教的课文是有关科技的,比如说科技进步给人类带来了新的东西、新的发明,然后老师就让我们按照这个思路写一篇《绿色家园》。所以我觉得应该是写新的科技发明吧,比如说怎样去处理垃圾,把环境变得更好呀;怎样减少二氧化碳的排放啊!"

个案A:(哥哥)"可是老师布置的作业上面的题目又没有写。"

治疗者:(妹妹)"可老师是这样说了的呀!"

个案A:(哥哥)"那随便你吧,跟你讲又不听,随便你吧!"

治疗者:那以后怎么办呢?就像上次说的,说是征求别人的意见,却又不仔细听人家的建议。换句话说,就是有点固执。

个案A:对呀!

治疗者:那你有没有想过?

个案A:(思考中)想到了。虽然两个人所讲的作文内容是不一样的,但是可以参考他的格式,有些好的句子也可以仿写。但之前我怎么就没有想到呢?

治疗者:对,可以参考。参考他的格式和思路。

个案A:还有语句。

治疗者:但主题可以按照你的写。

个案A:这样我觉得更妥当。

治疗者:又想到一个好办法,要不要记录下来?

个案A:要的。(记录中)其实我想到一句话:仔细听完别人的意见是对人最起码的尊重。

治疗者:这句话很好,有必要记录下来。

第六个场景(对话例句)

治疗者:(妹妹)"哥哥,你饿不饿呀?"

个案A:(哥哥)"还好。"

治疗者:(妹妹)"我饿了,我们要不要拿点东西吃?"

个案A:(哥哥)"随便。"
治疗者:(妹妹)"那走吧!"
个案A:(哥哥)"哦,你去吧,你帮我拿一个过来。"
治疗者:(妹妹)"一起去啦!你要吃什么,我又不知道。"
个案A:(哥哥)"呃,拿一块巧克力就好了。"
治疗者:(妹妹)"一起去看一下啦!"
个案A:(哥哥)"哦。"
哥哥拿完东西,很狡猾地就溜走了。
治疗者:然后,妹妹忘记关灯了,回到了房间。
个案A:这时,妈妈回来了。"是谁忘了关灯?"
(哥哥)"是妹妹忘了关灯。"
治疗者:对,妹妹是不是要想一想,自己的确有做得不妥帖的地方?大家都会看到,对吧?
个案A:嗯。
治疗者:刚刚妈妈开导妹妹的话说得很不错,你想到了。
个案A:嗯,我刚在英语课上学习了如何安慰别人。
治疗者:好,今后还要再想想如何去体谅别人。
个案A:嗯。
治疗者:今天咱们体验的其实是一个换位思考的问题。
个案A:是的。
治疗者:其实换位思考之后,你会发现别人也好苦恼呀。
个案A:对,发现妈妈很难当。特别是在两个孩子吵架的时候,爸爸、妈妈都很难当。

四、小结

在布偶剧的演绎中,个案A理解了自己学会去体贴和宽容其他人,学会不打扰他人,要尊重他人,认真听取他的意见,应该从别人的角度来思考问题;与他人沟通时,要注意自己的语言和速度。其中A最能够体会到爸爸、妈妈的无奈和苦恼,妈妈难当,意识到自己以前的行为会给别人带来困扰。

此案例引自《儿童焦虑情绪症状的影响因素及干预研究》(陈洁琼,2012)

思考题:

1. 游戏治疗前应当做什么准备?
2. 游戏治疗大致分为哪几个流程?有哪几种形式?
3. 布偶剧一般用于治疗哪类儿童?
4. 游戏治疗的理论模式由哪些?
5. 尝试用游戏治疗的一种方式进行一次干预活动。

第三节 选排法与补全法

一、选排法

选排法是受测者根据某一准则来选择项目,或做各种排列,然后用图画、照片等作为测验材料而进行的测验(车宏生、张美兰,2000)。森迪测验就是一个典型的选排法测验,因为被试必须在喜欢—不喜欢的维度上对整套图片进行排序。此外,罗夏克墨迹测验的选择题复本也属于选排法的范畴。

选排法客观、简便,但是对被试的限制较大。此外,采用自拟的方法计分也是选排法的一大缺陷。

二、补全法

补全法(completion technique)要求被试将未完成的句子、故事、卡通画等补充完整。

补全句子测验应用较多,其形式有限定表述("我最不擅长的学科是_____。")和自由表述("我相信_____。")两种。许多补全测验都是没有常模计分系统的"土产品",而罗特补全句子测验则两者兼备。故事也可用作投射的载体。M. 托马斯(Madeleine Thomas)的补全故事测验(Mills,1953)共由 13 个故事组成,适合对 6—13 岁的儿童单独施测。以下是其中的几个例子。

1. 一个男孩(女孩)在学校上学。有一次课间休息时,他没有和别的孩子玩,而是一个人待在角落里。这是为什么?
2. 一个男孩和父母正在吃饭,突然爸爸发起脾气来,这是怎么回事?
3. 一个男孩有一个很要好的朋友。有一天,这个朋友对他说:"跟我来,我给你看一样东西,但你要保密,别告诉别人。"他的朋友会给他看什么东西呢?

对被试的反应逐字逐句地进行记录,以备分析和解释之用。上面的故事能够解释出一个人的适应水平、在学校里的表现及逃避的心理。

罗森茨韦格挫折情境测验(Rosenzweig,1949)也是补全测验中的一种。整个测验由两个水平(适用于 4—13 岁的儿童和成人)的 24 幅漫画组成。每幅漫画中都有两个人,一个是挫折情景的制造者,另一个则未必对此情景做出反应。要求被试站在后者的角度讲出或者写出自己对这一情景的反应。根据所作反应的性质,可将他们面对挫折的反应倾向划分为外惩罚型(攻击性指向外界的人或物)、内惩罚型(攻击性指向自身)及无惩罚型(回避挫折情境)三种类型。将北师大的答案与常模群体相比较,还可得到"从众分数"。

※ 案例

选排法：森迪测验的四个实验

关于森迪测验研究的文献非常的单薄。除了文中提到的和其他有关森迪的出版物(Szondi,1937)，森迪测验被简要地应用于 Bell(1948)、Deri(1949)、Rapaport(1941)、Stephenson(1950)、Giuliani(1949) 和 Balint(1948) 的研究中以及四篇关于这个测试的论文：Calabresi (1949), Davidson (1949), Deri (1949) 和 Fosberg(Fosberg,1950)。这是总结此前关于森迪测验研究文献的现状。这里没有文献提到在实验领域如何充分处理的森迪理论。

一、研究方法

（一）样本

200 名被试参加了森迪测验，将获得单独操作机会的样本分布与没有获得此机会的样本分布进行比较，被试有 100 个正常人(50 个男人和 50 个女人)以及来自两个不同精神病院的 100 个病人(50 个男人和 50 个女人)。此外，将 100 个病人中 50 个被诊断为偏执型精神分裂症患者分离了出来。

数据来自于森迪测验之前研究的病人的测试数据以及经过电击治疗后的数据。

（二）研究工具

1. 测验简介

森迪测验是一个有关"大量的新人在投射技术领域"做诊断的测验。关于这个测试个性分析的具体方法，感兴趣的读者可以阅读森迪和得里的研究。这个测试材料由 48 个安装在 2—3 英寸卡片中的男性和女性的照片(肖像风格)组成。他们是有精神疾病的病人，被诊断为：(a)同性恋，(b)虐待狂，(c)癫痫，(d)歇斯底里，(e)紧张型精神分裂症患者，(f)偏执型精神分裂症患者，(g)躁狂抑郁症、抑郁症类型，(h)躁狂抑郁症、躁狂型。48 张卡片被分为 6 个组，每组 8 张图片。每组所有的 8 张图片包含上面列出的 8 大类型，被事先放置在被要求挑选两个他最喜欢的人和两个他最讨厌的人(或者说最不喜欢的)的被试面前。森迪测验没有公认的信效度。

2. 计分标准

测验假定患有不同病症的人的面部表情各有不同，具有相同的人格特质的人能够识别出来。至少在理论上，森迪测验认为，显性的同性恋会选出其他同性恋者的照片，隐性的同性恋者则可能选不出现同性恋者的照片。因此测验是通过计算选出照片频率来获得结果的。诊断是从被试选择的喜欢或不喜欢的照片的相互关系中做出的。

二、研究结果

假设基础是一个被试选择一张图片是纯粹随机的而根本不受心理逻辑因素的影响。给定的森迪类型的次数应该在拿到测验后计算的过程中被选择。例如，在

"喜欢"这个问题上,要求被试从他面前的 8 张卡片中选择两张卡片。任何给定的森迪因素可以被选的(称为 h 因子)概率为 2/8 而不被选的概率为 6/8。被试以这种方式从 6 组的 8 张卡片中进行选择,也就是说他要重复这个过程 6 次。

森迪因素可能被选择为"喜欢"的概率通过被推广的公式$(p+q)^n$来得到。$p=2/8, q=6/8, n=6$,因此算出概率$(2/8+6/8)^6$为:

(a) 完全错过:0.178
(b) 选择一次:0.356
(c) 选择两次:0.297
(d) 选择三次:0.132
(e) 选择四次:0.033
(f) 选择五次:0.004
(g) 选择六次:0.00024

"不喜欢"的系列是相似的,除了$(p+q)^n = (2/6+4/6)^6$概率为:

(a) 完全错过:0.087
(b) 选择一次:0.262
(c) 选择两次:0.327
(d) 选择三次:0.218
(e) 选择四次:0.082
(f) 选择五次:0.0165
(g) 选择六次:0.00136

三、小结

森迪的理论的研究结果显示:机会并不能决定"喜欢"或"不喜欢"P+因素区分正常记录和一场记录较有效果。

此案例引自《Four Experiments With The Szondi Test》(Fosberg, 1951)

思考题:
1. 迪森测验是如何计分的?
2. 迪森测验的信效度指标如何?
3. 迪森测验有什么作用?
4. 尝试采用选排法进行测量。

第四节 联想法与构造法

一、联想法

联想法(association technique)是要求被试尽快说出由主诚提供的文字或图片刺激而引起的联想(郑日昌,2008)。字词联想测验往往呈现一系列带感情色彩或者感情色彩呈中性的词语,然后请被试说出他们头脑中产生的第一个词语或者第一个想法。心理学家则记录被试反应的潜伏期、反应内容以及反应中的尴尬或迟疑。若被试很长时间未有任何反应,则表明被试内心十分混乱。肯特-罗塞罗夫自由联想测验是由一系列经过标准化的常用词(如桌子、寒冷、手)组成。编制者将1000个正常被试的反应编制成答案库,如果某一被试的反应没有包含在此答案库中,那么他就可能患有某种精神疾病。

(一)罗夏墨迹测验的形成和内容

罗夏墨迹测验是瑞士精神病学家罗夏经过长期的试验和比较而形成的投射测验。1910年,他开始用图片的方式来研究精神病人的知觉过程。在第一次水墨人物的制作过程中,他把一堆墨滴在一张纸上,然后把纸以墨滴为中心对折,再按下来,这样就形成了对称的图形。按此方法,罗夏相继制作出众多的图画并对各种精神病患者进行测试。此后,罗夏对正常人、精神病人艺术家们选择的不同类型的图片进行比较,最终选出10张墨迹图画作为墨迹图像测试的材料,并确定评分原则方法和测试结果的解释。1921年,罗夏正式发布此测验。10张墨渍图卡中,有5张黑白图片、3张彩色图片和两张黑红双色图片。

(二)实施罗夏克墨迹测验的基本程序

实施罗夏克墨迹测验是一项高度复杂的工作,只有那些经过专门的培训并具有丰富临床经验的人员才能使用。

1. 指导语

在施测之前,主试应当向受测者提供一个简短的指导语:要给你看的图卡上印刷着偶然形成的墨渍图像,请你将看到图卡时所联想到的事物,自由地、完整地说出来。回答无所谓正确与不正确,所以,请你想到什么就说什么。

2. 施测

实测过程分四个阶段:

(1)自由反应阶段

即自由联想阶段。在这一阶段,主试向被试提供墨渍图,一般的指导语是"你看到或想到什么,就说什么"。应避免所有诱导性的提问,只是记录被试的自发反应。主试不仅要尽量原封不动地记录被试的所有言语反应,而且还要对他的动作和表情给予细心的关注并真实记录。此外,要测定和记录呈现图卡之后到被试做出第一个反应的时间,以及对这一张图卡反应结束的时间。

(2)提问阶段

这是确认被试在自由反应阶段所隐藏的想法的阶段。主试尝试以自由联想阶段的记录材料为基础,通过提问,清楚地理解被试的反应利用了墨渍图的哪些部分,以及其得出答案的决定因子是什么。

(3)类比阶段

这是对尚未完全理解的问题采取的补充措施。主要是看受试者对墨渍图的决定因子的反应是否也用于对其他墨渍图的反应,以确定受试者的反应是否具有决定性因素。

(4) 极限测验阶段

当主试对被试是否使用了墨渍图的某些部分或对被试得出答案的决定因子还存在疑虑时,要加以确认。在测验过程中,主试以记号对被试的各种反应进行分类,并计算各种反应的次数,以便在绝对数、百分率、比例等方面进行比较。

3. 记号化

记号是指对被分类的测试数据进行分类,并给出相同的标记。记号包括以下四个方面:

(1) 区位记号。这是根据受测者对墨迹图反应的范围进行的分类,有五种类别:整体反应(W)、普通局部反应(D)、细微局部反应(d)、特殊局部反应(Dd)和空白反应(S)。

(2) 决定因子记号。这是根据受测者对墨迹图反应时的依据所做的分类。这些反应有四种类型:形状反应(F)、运动反应(M)、浓淡反应(K)和色彩反应(C)。

(3) 内容记号。这是根据受测者对墨迹图反应时的内容进行的分类。这些内容主要有以下一些类别:人(H)、动物(A)、解剖(At)、性(Sex)、自然(Na)、物体(Obj)等。

(4) 独创记号。这是根据受测者对墨迹图反应的独特性所进行的分类。有普通反应(P)和独创反应(O)两种情况。

4. 测验结果的解释

根据试验手册中的描述,结合反应的位置、反应的内容、反应的创意以及它们之间的定量关系进行解释。

一般来说,W 分高,表示具有高度的综合能力,但过高也表明缺乏精细分析的能力;M 分高,表示具有想象力和移情倾向;C 分高,表示性格外向,情绪不稳定;A 分高,且反应资料呈无组织状态时,表示智力低下,思维刻板;F 分高,表示良好的自我控制和情绪活动的和谐;K 分高,可能预示着不安的情绪;等等。在对各记号项目进行解释时,应注意对各种分数做综合性的解释,不可凭任何单一定额分数来判断一个人的人格是否正常。只有这样才能体现投射测验的初衷。

二、构造法

构造法(construction technique)是要求被试在看完一幅画(风景、人物或社会生活的场景)后讲一个故事(郑日昌,1987)。构造法包括主题统觉测验(thematic apperception test)和绘人测试。

绘人测试要求被试在一张白纸上用铅笔任意画一个人。画完之后,再要求被试画一个与前者性别相反的人。主试人可以通过面谈的方式向被试了解他所画人物的年龄、职业、爱好、家庭、社交等信息。最后,测验者对被试的作品进行分析(李永瑞,2009)。

(一) 主题统觉测验的形成和内容

主题统觉测验(thematic apperception test,简称 TAT)是与罗夏墨迹测验齐名的人格投射测验,它是由美国哈佛大学的心理学家莫瑞(H. A. Murray)和摩根(C. D. Morgan)于 1935 年创制的,此后经过三次修订。TAT 是一种探究受测者的需要、动机、情绪、情操和人格特征的方法。它的基本原理是向受测者呈现一系列意义相对模糊的图卡,并鼓励他们按照图卡不假思索地编述故事。编制这种测验的基本假设是:①人们在解释一种模糊的情境时,总是倾向于将这种解释与自己过去的经历和目前的愿望相一致。②在面对测验图卡讲述故事时候,受测者同样利用了他们过去的经历,并在所编造的故事中表达了他们的情感和需要,而不论他们是否意识到这种倾向(吕建国,2004)。

现在使用的 TAT 是经莫瑞修订过的第三版。第三版的全套测验包括 30 张黑白图卡和 1 张空白卡,图卡的内容有的为人物,有的为静物。就测验内容而言,TAT 比罗夏墨迹测验的组织和意义要明确,但 TAT 同罗夏墨迹测验一样,对受测者的反应不加任何限制,任其针对图卡凭空想象去编造故事。30 张图卡分为四组,分别是成年男性组(M)、成年女性组(F)、儿童男性组(B)和儿童女性组(G)。其中有的图卡适用于所有的受测者(只用数字表示顺序号),有的图卡只适用于特定年龄及特定性别的受测者。适用于各组受测者的图卡均为 19 张,外加 1 张空白卡,共 20 张图卡。

(二)实施主题统觉测验的基本程序

1. 测试环境与指导语

测试应在良好的测试环境下进行。测试环境的安排应具有一定的审美情趣,并能刺激人们的想象力和创造性。

一般的指导语是:这是一种想象的考验,是智力测试的一种形式。我会让你看到一些照片,每一张照片让你看一段时间,你的任务就是要把每一幅画面作为你的一个戏剧性的故事,这是什么因素导致的?目前在发生什么事情?这件事情会是什么结果?你可以在五分钟内讲述一个故事。明白了吗?现在开始看第一张图片。

上述指导语适合于正常智力的青少年和成年人,对于儿童和受教育较少或有智力障碍的成人,应做适当的变通。此外,空白卡的指导语是特殊的。其指导语可以是这样的:请你看这张卡片,一边尽力想象他的上面有什么图案,一边仔细地把它描述出来,变成一个你想象中的故事。

2. 施测

在实施 TAT 时,每个组的受测者都要完成两个系列的测验。1—10 号图卡为第一系列,11—20 号图卡为第二系列。其中第二系列图卡的情境更加抽象,也更加奇特。完成每个系列的测验任务需要 1 小时的实践,两个系列之间至少要间隔一天。

在测验的过程中,主试一般不应说话,以免打断受测者的想象过程。但在下列情况下,可以给予必要的语言指导:①如果接近实现,可以给予提醒;②编完一个故事后可以给予适当的语言鼓励;③如果在编的故事中忽略了一些关键的地方,可以请受测者补充,但不能与受测者就故事情节展开讨论。

在测验过程中,主试要记录受测者所说的内容,如果笔记有困难,可以利用录音机录音,但前提是不能让受测者发觉。

3. 评分

TAT 的评分分两部分:一是在每一种需要变量和情绪变量上的分数,评分规则是根据每一种需要或情绪的强度在 1 至 5 之间计分;二是在每一种压力变量上的分数,评分规则是根据每一种压力的强度在 1 至 5 之间计分。最后在每一变量上都得到两个分数,一是总体平均分(AV),二是分数的分布(R)。

评价主要有需求变量和情绪变量,情绪变量有谦虚、成功、侵略、自我责备、照顾、服从、保护、进取、所有权、独立、矛盾、情绪变化、抑郁、焦虑、怀疑等;需求变量有归属、攻击、支配、照顾、排斥、物理危险。这些变量的评价是根据在故事中的主角的行为,需要,动机,情感和在环境中的主角描述。整个故事都反映了被试的想法。

4. 测验结果的解释

解释 TAT 分数有两个基本假设,第一个假设是,主人公的归属(需要、情绪状态和情感)代表的倾向的主题。解释 TAT 分数有两个基本的假设,第一是主人公的归因代表着受测者人格的倾向性;第二是受测者因图版感知到的环境压力也代表其过去经历过的、现在感知的或未来期望/恐惧的压力。

主要测试应根据以上两个基本假设,人工对各种需求、情绪和压力变量进行解释,说明主题的基本描述,在故事中的个性和特点。同时,要比较强度、强度、情感和压力的压力,并分析它们之间的相互作用的结果。

❋ 案例

画中的自己——罗夏墨迹测验

一、罗夏墨迹测验图版

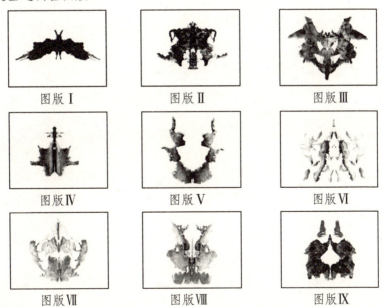

二、测验方法

(一)阶段划分

1. 自由反应阶段

即自由联想阶段,在这一阶段,主试向被试提供墨迹图,一般的指导语是"你看到或想到什么,就说什么"。应避免所有诱导性的提问,只是记录受试者的自发反应。第一次测试不应该记录所有的口头回应,但也要注意被试的动作和表情。除了确定和记录图表,还要记录被试的第一反应时间以及反应结束时间等信息。

2. 提问阶段

它证实了受试者在自由反应阶段所隐藏的想法,并尝试以自由联想阶段的记录材料为基础,通过提问,清楚地理解被试的反应利用了墨迹图的哪些部分,以及其得出答案的决定因子是什么。

3. 类比阶段

这是对尚未完全理解的问题采取的补充措施。主要是看受试者对墨迹图的影响因素的反应是否也可用于对其他墨迹图的反应,以确定受试者的反应是否具有决定性因素。

4. 极限测验阶段

当主试对被试是否使用了墨迹图的某些部分或对被试得出答案的决定因子还存在疑虑时,要确认。在测试过程中,主试以记号对被试的各种反应进行分类,并计算各种反应的次数,以便比较绝对数、百分比、比例等。

(二) 提问

研究人员的描述非常简单,例如,"它看起来像什么?""这是什么?""这让你想到了什么?"

主试者要记录:

(1) 被试反应的语句;

(2) 每张图片出现到被试开始第一个反应所需的时间;

(3) 被试各反应之间较长的停顿时间;

(4) 被试对每张图片反应总共所需的时间;

(5) 被试的附带动作和其他重要行为等。

目的是诱导受试者的生活经验、情绪、人格倾向等。在被试无意识地参与过程中,主试会接触到他们的真实心理,因为被试讲述了画面的故事,已经把自己的思想反映了出来。

(三) 回答内容

1. 人体:完整的人体、人体的一部分,虚构或神话中完整的人体、虚构或神话中人体的一部分。

2. 动物:完整的动物、动物的一部分、虚构或神话中完整的动物、虚构或神话中动物的一部分。

3. 抽象回答:如害怕、发怒。

4. 回答为字母或阿拉伯数字。

5. 人或动物的解剖:如颅骨、骨盆。

6. 人类学回答:如图腾、古代武士。

7. 艺术的回答:如绘画、舞蹈。

8. 植物。

9. 衣着。

10. 天上的云、雾、霜等。

11. 爆炸。

12. 日常食物。

13. 日常家具。

14. 风景。

15. 自然现象。

16. 性器官或性活动。

17. 有关职业等。

(四) 结果分析

系统的分析解释是很复杂的。简单地说,做完这个测验一般需要20分钟～30分钟,被试者反应过快,可能患有躁狂症;反应过慢,则可能患有抑郁症;若慢得很多,此人容易生病(隐匿性抑郁);非常慢则要防止他自杀了。运动反应多,有创造力,情绪稳定,内向。彩色反应多,感情丰富多变,灵巧机敏。在回答总数方面,正常人对10张图片做出17～27个回答,回答总数多但质量差为患有躁狂症;总数多质量也高,多为内向者;回答总数少质量却高,多为抑郁症患者;总数少,质量又差,多提示被试患有脑器质疾病如脑瘤,或属智力痴呆者。动物回答少的几乎肯定是专门艺术家,而动物反应过多(70%～100%)是非常刻板的学究;动物反应在20%～35%,表示被试心情好;占50%～75%则可断定为心境压抑。

回答内容、回答部位、决定因素的不同,反映了被试不同的精神心理状态,并可对其疾病的预后做出展望。因其科学性强,计算严密而复杂,此不详述。

三、罗夏测试的反应

李某,男,29岁,硕士,教师。

表 17-5 测验记录

图卡	NO	回答与询问	评定
I	1	15"像动物的头	$W + F^0\ Ad\ 1.0$
	2	像是蝙蝠	$W + F^0\ A\ 1.0\ P$
	3	从中间分开的,像两个狼头……狗头	$D + F^0 Ad(2) 4.0$
	4	像个地图,像海边伸出去的大陆架	$W^{V/}\ Fv"\ 4.0\ Ge$
	5	像变形金刚,中间像眼睛,四个空白部分像机器发光	$W + dsF\ m + 1.0 Idio$
II	6	5"中间空白部分像佛教的塔	$Ds5 + F0\ Ay$
	7	黑的地方像两只小狗在玩	$D1 + Fc'\ FM^0 P(2) 3.0 A$
	8	上面两个红色的,像两个人在做鬼脸	$D3\ CF\ M^0 (2) 5.5 H$
	9	前面尖的地方像火箭……火箭头	$D6^0 F"Sc$
	10	下面红色的像昆虫的头部,两面像复眼	$D4 + CF + (2) 3.0 Ad$

图卡	NO	回答与询问	评定
Ⅲ	11	5"像一个壶	W + F 5.5 Hh
	12	中间红的像男人的领带	$D3^0 FC^0 Cg3.0$
	13	∨∧像马戏团的面具	$W^{v/+} F Cg5.5$
	14	∨像海底游弋的鲨鱼	$D5^0 VF + A3.0$
	15	<像男人抬东西,而且像女人	$W + FM^0 H P5.5$
Ⅳ	16	3"像兽皮(野兽)	W + FT + Ad2.0
	17	∨∧像巨人躺在地上,二腿叉开	W + FD + HP2.0
	18	中间像一条大道	$Dd25^0 F v^u Ls$
	19	< >∧像雪盖树枝	$Dd^v C' F^u Ls$
	20	中间像一把剑	$D6^0 F^0 Idio2.0$
Ⅴ	21	3"像一只蝴蝶	$W + F^0 A1.0P$
	22	∧像一只蝙蝠	$W + F^0 A1.0P$
	23	∧中间像蜗牛,蜗牛头	$D3^0 F^0 Ad2.5$
	24	整体像鱼跃起,海豚那样	W + Fm + A 1.0
Ⅵ	25	47"∧<∨∧像拨浪鼓	W + F + Hh 2.5
	26	前面像峡谷中的一条河流	$Dd25^0 F^0 Ge2.5$
	27	像王八、鳖	$W^{v/+} F^u A 2.5$
	28	一边像一只军舰	$Dd22^{v/+} F^u Sc(2) 2.5$
	29	中间有点像人,一个人的头部在里面	$Dd26^v F-H$
Ⅶ	30	9"像两个人相对而坐	$D2^{v/+} F^0 H(2)3.0$
	31	∧像两个人一起跳舞	$D2^{v/+} FM^0 H(2)3.0$
	32	∧下部分像南北美洲的地形图	D2 + F + Ge(2)3.0
	33	上面像两个人各自竖起大拇指	D2 + F + Hd(2)3.0
	34	∧∨中间像铁锹	DS8 + F + Hh4.0
Ⅷ	35	6"两边红色像动物在攀缘	D1 + CF FM + (2)A 3.0
	36	像变形金刚的头部	W + F + Idio4.5
	37	上面像风筝	D3 + F + Art3.0
	38	∧中间像一个瘦高女神	$D^{v/+} F^u H3.0$
	39	∧总觉得像一块快速前进的什么,中间直线像高速公路,有直线的美感	$D^{v/+} mFY^u Ls4.0$

图卡	NO	回答与询问	评定
IX	40	12″上面像树枝	$D10^{v/+} F^0 Bt(2) 2.5$
	41	∧∨中间像乐器,像大提琴的一部分	$D8 + C^0 Art 2.5$
	42	∧整体像人,没戴帽子,头部不清,插着手	$W^{v/+} FC^0 Hd\ P\ 5.5$
	43	像一位旦脸部表情愉快、笑的人——欧洲中世纪贵族	$W + FC + Hd\ P\ 5.5$
X	44	8″马戏团的面具,有两只眼睛和两条眉毛	$W + F + Cg\ 5.5$
	45	上面像两个怪物在吵架	$D8^0 FM + (A)\ 4.0$
	46	下面像很有威望的人,有两撇胡子	$W + FC + Hd\ 5.5$
	47	下面有点像花蕾	$D13^0 F^0 Bt 2.5$
	48	两个蓝色部分像漩涡	$D1^0 CF^0(2)\ Nd\ 4.0$

测验各项指数:R:49 Zf:43 Zsum:123.5 Zest:148 P:8(2)

回答部位 W:19 D:24 Dd:6 S:3

发展质量(DQ) +:26 V/+9 O:10 V:2

形状质量(FQ) +:17 O:21 u:8 −:1

决定因素:

复合的:5

单独的:M:2(M−):0 FM:4m:3C:I Cn:0 CF:4 FC:4 C':0 C'F:1 FC':1 T:0 TF:0 FT:1 V:0 VF:1 FV:2 Y:0 YF:0 FY:1 rF:0 Fr:0 F:28 Fo:1

回答内容:H:5 (H):1 Hd:5 (Hd):0 A:8 (A):8 (A):I Ad:5 (Ad):0 Ab:0 AL:0 An:0 Art:2 Ay 1 BL:0 Bt:2 Cg 3 Cl:0 Wx:0 Fi:0 Fd:0 Ge:3 Hh:3 Ls:3 Na:0 Sc:2 Sx:0 Xy:0 Idio:3

S-CON(自杀丛指数):5

SCZI(精神分裂指数):5

DEPI(抑郁指数):4

其他指数 Zsum−Zest−24.5 EB:2:7.5 EA:9.5 −es:14 eb:7:7 D−1 ∧ ∧DJ D:0 a:p:7:0 Ma:Mp:3:0 FC CF+C:4:5(纯C)1 Afr−3.753r+(2)R:0.25 纯F/非纯F:1.33 混合回答:R 5:49 X+%:0.78 F+%:4.4 X−%:0.02 orig%:0 A%0 W:M 19:2 W:D 19:24:6 隔离指数:8:48 Ab+Ay:3

An+Xy:0 H(H) Hd(Hd)5:6(纯H)5(H、Hd)(A、Ad)I 1 H+A:Hd+Ad 13 10

四、内容分析

有自杀意念组总欲求标准分高于无自杀意念组($t−3.88, P<0.01$);在欲求亚量表上,有自杀意念组负性欲求(如冲突、自我攻击、消极、沮丧)、教养、援助及谦卑标准分高于无自杀意念组,差异均有统计学意义($t=2.15−8.09, p<0.05$ 或 $p<0.01$)。

五、初步简单解释

个案的情况与诊断结果十分近似,这体现出罗夏墨迹测验的洞察力。李某来自山区,经济不充裕,但他勤于思考、善于表达,非常用功。但在恋爱紧张之际,可从测验结果看到其内心明显的张力。

此案例引自《投射技术:对适合中国人文化的心理测评技术的探索》(童辉杰,2004)

思考题：
1. 罗夏墨迹测验的原理是怎样的？
2. 如何对罗夏墨迹测验的结果进行分析？
3. 罗夏墨迹测验的过程主要分为几部分？
4. 罗夏墨迹测验过程中要记录哪几部分内容？
5. 尝试实施罗夏墨迹测验。

本章小结

　　投影技术是另一种心理测试。这类测试的总量远低于能力测试或个性测试的总量。包括罗夏墨迹、主题统觉测验、补全法、自由联想测验、画人测验等。

　　投射技术的种类繁多，主要有联想法、构造法、完成法和表露法。表露法就是通过绘画、心理剧、游戏等形式，使得被试的性格特征自然地流露出来。在表露法中，被试的反应方式和反应的内容同样重要。表露法主要包括绘画法、游戏法和心理剧。选排法要受测者根据某一准则来选择项目，或进行各种排列，可用图画、照片等作为测验材料。补全法则要求被试将未完成的句子、故事、卡通画等补充完整。联想法是要求被试尽快说出由文字或图片刺激所引起的联想。构造法是要求被试在看完一幅画（风景、人物或社会生活的场景）后讲一个故事，包括主题统觉测验和绘人测试。

思考与练习

1. 投射测验的理论假设是什么？比较自陈量表与投射测验的优缺点。
2. 简要说明罗夏墨迹测验（RIT）和主题统觉测验（TAT）的区别。

第十八章 人格测验(下)

【本章提要】

◇ 控制观察法的含义、适用范围、优缺点
◇ 访谈法的定义、优缺点、类型、设计方法、注意事项及信效度
◇ 情境测验的基本概念,公文筐测验的概念、优缺点、功能及实施,无领导小组讨论简介
◇ 非介入测量法的简介

目前,人格测量的应用非常普及。人格测验中的观察法主要包括控制观察法和非介入测量。本章将结合经典案例对人格测量中的控制观察法和非介入测量进行具体的介绍,以让读者全面地了解人格测验。

第一节 控制观察法

一、含义

控制观察法(controlled observation)是将个体置于结构化的情境中,以观察某种特定的行为或反应的研究方法(海根,1999)。控制观察法属于观察法的一种,观察法强调被试的外显行为,在不干预、不介入的前提下观察个体与其同伴的自然的互动情况。对比自然观察法(多被用于观察个体在群体中的典型行为),控制观察法会对自然化的环境进行控制和设计,使所观察到的内容更加明确,同时也在一定程度上影响测验效度。

二、适用范围

(一) 一般用途

这种测量方法的目的是要确定人或动物在各种情境中有怎样的行为表现。一般用于目的性和系统性较强的观察或简单观察后,为使观察更加精确而进行的补充观察或取证。

（二）在教育中的应用

例如，在观察情境中，发展心理学家可以观察儿童在预先设置好的一系列条件中展现的欺骗行为或者体现诚实的品质。

（三）在军事中的应用

美国战略服务部为挑选间谍设计了一系列情境测验，如哈特肖恩和梅的"围墙问题"中，分配一群人来完成穿越峡谷的任务，真正的被试不知道这些被指派去帮助他的人是实测者事先安排好的而非实际的被试。其中一个"被试"充当阻碍者，他通过提出不现实的建议、发表讨厌的言论来制造障碍；另一个"被试"假装不理解任务，抵制被试的命令。这样测试者就可以观察到在面对困难重重的情境时，被试在努力完成任务的过程中是怎样表现的。

三、优缺点

（一）优点

控制观察法的好处是可借助录音、录像等一些现代化的技术手段来取得数据资料，并且其目的性强。

（二）缺点

控制观察法的不足是容易破坏观察环境的自然情态，掩盖真实情况，造成假象。

四、控制观察法的分类

以下将介绍两种形式的控制观察法：访谈法和情境测验。访谈的目的是公开的，是一种一对一的、对个体行为所采取的介入性观察；而情境测验则要求被试对一些现实性问题做出反应，因而掩饰了测验的真正目的。

（一）访谈法

1. 访谈研究的定义

访谈法是通过与研究对象的交谈来收集其资料和信息的一种途径（郑日昌，2008）。然后依据这些信息描述一个人的特征甚至对其未来做出判断的一种方法。访谈法是心理学研究中运用最广泛的研究方法之一。心理学研究对象的特殊性决定了访谈法在心理学研究中的特殊意义与作用。目前，访谈法越来越多地被运用在心理学的各个领域。

2. 访谈法与日常交谈的区别

访谈法与日常交谈的不同在于其有明确的目的性、计划性、工具性、辅助性和单向性。

3. 访谈法的优点与缺点

访谈法的优点在于它研究内容的广泛性、深入性，研究结果的可靠性以及研究方式的灵活性和有效性；缺点在于其成本高、匿名性差，对访谈员的依赖程度高、易受当时环境的干扰，难以标准化、资料记录难度大。

4. 访谈法的类型

（1）依据不同的控制水平或标准化水平可以将访谈分为结构式访谈、半结构式访谈和非结构式访谈。

（2）根据访谈人数的不同可以将访谈分为个体访谈与集体访谈。

（3）根据研究所采用的会话媒介手段的不同可以将访谈法分为直接访谈和间接访谈。

5. 访谈法的信度

访谈信度从三个方面来体现：

（1）评分者信度依赖于问题的结构性、真实性和明确性，同时也受被访者的合作意愿与合作力以及访谈者区分态度和信念的能力的影响。

（2）访谈的稳定性信度。在两个不同时间对同一组被访谈者进行访谈，可以测量到访谈的稳定性信度。

（3）访谈的等值性信度。这可以通过用两套或两套以上的访谈问题对同一组被访者进行访谈而得到。

6. 访谈法的效度

访谈法的效度的不同来源于两个方面：

（1）许多访谈的效度误差来源于人们在做出准确、合乎逻辑的观察及判断时所遇到的困难(Schuler,1993)，光环效应就是其中的典型代表。如果被访谈者的一个突出特征使得访谈者对他的判断产生偏差，就会妨碍其做出客观的评价(Hollingsworth,1922)。

（2）还有一类影响效度的因素是种族、文化、阶层(Satter,Wood,1998)。例如，日本人和阿拉伯人认为目光接触是攻击性的象征，而美国中产阶层则认为直接的目光接触是诚实和诚恳的象征。对文化曲解之类的误差来源可能会降低访谈者资料的有效性。

（二）情境测验

设计较为真实的情境来观察人的性格特征，这种测验即为情境测验。在品格教育调查这项大型研究中，由哈茨霍恩和梅(1928)主持施测的情境测验是最早的情境测验之一。研究者选择了体育比赛、联欢会、学生家里等不同的场合来了解在机会不请自来的情况下学生作弊、说谎、伪造、偷窃及自我吹捧等情况。

通过这些研究，哈茨霍恩和梅得出了一些结论：①欺骗行为因任务而异——学生在家的表现与在学校中的行为几乎没有什么关系；②两种行为（如说谎和偷窃）之间的相关较低；③多数情境测验的效度较低（约为0.40）；④事实上，在不同地点施测的不同情境测验之间不存在相关。

情境测验的效度可以从两个方面来观察：第一，效标效度，在对被试进行情境测验的同时进行一个相关变量的测试，比较两个测验之间的相关性，若相关性高，则表明情境测验的效度高；第二，结构效度，比较测验内部各个维度之间的关系，如果总分和各个维度的相关性高于维度之间的相关性，则表明情境测验的结构效度良好。

就信度而言,因为情境测验具有特异性,所以一般采用重测信度和平行信度。情境测验主要包含公文筐测验和非领导小组讨论。

1. 公文筐测验

(1) 公文筐测验的概念

公文筐测验(in-basket test,简称 IB)又称公文处理测验或文件筐测验,是依据胜任力理论与胜任力特征模型设计的一种情境模拟测验,旨在模拟实际工作的情境从中评价测评对象与特定岗位所需的胜任力特征是否相匹配。公文筐测验作为评价中心技术的核心技术之一,在人力资源管理测评中已有广泛的应用。Gaugler 和 Kaya(1990)所做的调查显示,在国外,公文筐测验在人力资源管理测评中的使用频率已高达 81%。

公文筐测验模拟某个特定岗位的情境,测评对象通常扮演某一管理者的角色,处理一系列信函或文稿,包括通知、报告、电话记录、办公室的备忘录等。这些材料通常放在办公桌的文件框内,文件筐因此而得名。材料的具体内容因应试者拟定职位的要求不同而不同。

(2) 公文筐测验的特点

公文筐测验与通常的纸笔测验相比显得生动而不呆板,较能反映应试者的真实能力水平;它以书面形式提供给应试者背景信息、测验材料和回答要求及方法,符合应试者在日常工作的现实,而且也为每一位应试者提供了条件和机会均等的情景。

(3) 公文筐测验的优点与不足

优点:情境性强,效度较好;可以大范围地测试;形式灵活多样;内容综合。

不足:首先,由于评价者与应试者缺少互动的交流,所以难以测评应试者口头沟通、人际协调的能力。其次,要编制一个好的测验很不容易。最后,评价者的一致性也很难保证,在一定程度上影响了此方法独特性的充分发挥。

(4) 公文筐测验的功能

可以用来挑选有管理潜力的应试者,并且可以有效地训练应试者的计划、授权、时间管理、决策方面的管理能力。

由于测验与实际工作情景很相似,所以经过文件筐测验的应试者可以在很大程度上提高其工作技能。

(5) 公文筐测验的实施

① 准备阶段:准备清楚详细的指导语,说明应试者在测验中的任务与有关要求。测验材料充分而真实,其包括两类:背景材料和各种测验材料。背景材料一般包括应试者的特定身份、工作职能和组织机构等具体的情景设计。各种测验材料包括信函、报告、请示、备忘录等。要合理设计答题纸,给测验材料和答题纸编号。答题纸主要应有以下三部分:一是应试者的姓名、编号、应聘职位、文件序号;二是处理意见或处理措施、签名及处理时间;三是处理理由。事先要编制好评分标准。文件筐测验环境最好能与真实情景相似。为了保密和公平,所有的应试者必须在同一时间里完成测验。

② 开始阶段。主试者仔细朗读指导语并简单介绍测验要求,同时强调有关注意事项。在应试者理解测验指导语后,才可以开始阅读背景材料。背景材料通常包括工作职能、组织机构表、工作描述和部分工作计划等,此部分一般耗时 10 分钟。

③ 正式测评阶段。这通常需要 2 小时左右,应试者独立思考,将对文件的处理意见写在答题纸上,此阶段任何问题都不得向主考官提问。

④ 评价阶段。测试结束后,主试者要对应试者的回答做粗略的评价,只有当应试者的回答模糊不清时,才可能对应试者当面进行提问。在评价应试者的回答时,要同时兼顾应试者的文件处理方法及其对每个文件处理方法的理由说明。

2. 无领导小组讨论

指给一组考生(5~7 人)一个与工作相关的问题,通过进行一定时间(一般是 1 小时左右)的讨论来检测考生各个方面的能力和素质,包括组织协调能力、口头表达能力、说服能力、情绪稳定性、处理人际关系的技巧、非言语沟通能力(如面部表情、身体姿势、语调、语速和手势等)等。

❋ 案例

大学生隐性逃课个体访谈

一、访谈目的

探讨大学生隐性逃课的形成原因。

二、访谈提纲的编制

大学生隐性逃课访谈提纲:

1. 你对你的大学课程感兴趣吗?请具体说说。
2. 回顾你的大学生涯,你通常在什么情况下会隐性逃课?为什么会这么做?
3. 你对自己的大学生活有什么样的期望?隐性逃课对你期望的达成有什么样的影响?
4. 你为什么敢在上课时不认真听课?你认为自己有能力应付大学学习生涯吗?
5. 你大学课堂氛围如何?你怎样看待老师的教学?其教学对你隐性逃课有怎样的影响?
6. 你身边同学的上课状态会对你的上课行为产生怎样的影响?
7. 父母对你学业上的督促会不会影响你隐性逃课的态度?为什么?
8. 你怎样看待当今的就业形势?这种形势是否会导致你隐性逃课?请具体说明。

三、访谈对象的选取

从大学生隐性逃课问卷中选取问卷得分高于平均数一个标准差的问卷并通过被试所留的个人基本信息以及联系方式决定本次研究的访谈对象。本研究严格执行以上步骤,通过《大学生隐性逃课问卷》选取 10 位被试作为访谈对象,其中文科、理科各 5 名,男、女生各 5 名,大一和大四各 2 名,大二和大三各 3 名,城市 2 名、农村 8 名,来自家庭类型中单亲 2 名、非单亲 8 名。

四、访谈者

本次访谈的访谈者是苏州大学心理学专业本科生,有一定的访谈学习经验和一定的心理学知识。态度诚恳、对研究问题和对象感兴趣、工作认真,具有良好的沟通能力。因被访谈对象也是大学生而更有利于沟通和交流。

五、访谈情景的选取

访谈统一在周末进行,地点选在较为安静的教室,访谈采取一对一的方式进行,在征得访谈对象同意的基础上采用录音笔记录访谈内容。

六、访谈内容实例

姓名:刘某

性别:女

城乡:城市

年级:大一

专业:文科

家庭:非单亲家庭

问:我们可以开始访谈了吗?

答:可以了。

问:你对你的大学的课程感兴趣吗?请具体说说。

答:我对大学的课程,怎么说呢?兴趣不大。我来这里上学就不是很甘心,不过自己没考好能怎么办?随便选了个专业,只是马马虎虎地混吧。我反正对自己选的专业不是很抱希望,应该没什么出路,还不如抓紧时间考点证啊什么的比较实际。英语四、六级,计算机,普通话,教师资格证,会计证,这些我都准备去考,还是这种比较实际。至于学校的课程,真的没兴趣,反正对以后也没有用。

问:回顾你此前的大学生涯,你通常在什么情况下会隐性逃课?为什么会这么做?

答:我觉得我会隐性逃课是因为我就是不想上课,但碍于点名若不去会扣学分而不得不去。老师讲的内容没什么可学的,就是把书读一遍,很没意思,而且我不认为我能从课堂中学到些什么,那不过是纸上谈兵罢了。老师讲他的课,我玩我的,我也不影响别人。再说了,朋友经常和我信息联系,还是和朋友聊天比较开心啊,嘿嘿。

问:你对自己的大学生活有什么期望?隐性逃课对你期望的达成有什么影响?

答:我的期望就像刚才说的,要考很多东西,希望这些都能考到吧。隐性逃课么,当然是为我看别的书提供时间啊。我反正一直把上课时间直接等价于自习课的。课后大家活动比较多,哪有那么多空闲的时间!还是上课看书最有效率了,我有时候只带自己要考试的书,老师要上课的书我都不带,反正就当是自学,这样我虽然没在听老师讲,不过也是在学习,不是嘛?

问:你认为自己有能力处理好你的大学课程吗?这是否影响你隐性逃课?请具体说说。

答：应付大学课程应该不难吧。我听学姐们说过，只要考前背下老师划出的重点，不会挂科的。再说了，挂科了不是还有补考嘛？再不行，就重修。我觉得我肯定不会挂科的，我考前会好好背的，及格肯定没问题，所以，就算上课不认真听讲也没关系啦。

问：你的大学课堂氛围如何？你怎样看待老师的教学方式？其教学对你隐性逃课有怎样的影响？

答：我觉得氛围一般吧，大家都不怎么积极，说句难听的，我也没觉得老师上课有多热情啊。但不得不说，有的老师上课真的有意思，没办法不去听他讲，现在想想都好笑，好多经典语录啊。我反正是老师讲得好，我肯定听；老师讲得一般，我就没有听课的心情了，不如自己做自己的事。

问：你身边同学的上课状态会对你的上课行为产生什么影响？

答：同学在刷微博啊，聊天啊，很难不参与呀。可能我的自律能力太差，我还是很喜欢和大家一起讨论聊天的。

问：父母对你学业上的态度会不会影响你隐性逃课的行为？为什么？

答：这个我觉得会有影响。因为我老妈会打电话询问我的学习情况，这时候我就觉得不能贪玩，要好好学习。不过他们肯定没法天天盯着我啊，所以难得会思想紧张，大部分时间还是很放松啦。

问：你怎样看待当今的就业形势？这种形势是否会导致你隐性逃课？请具体说说。

答：严峻，非常严峻。但是我感觉你是什么专业和你要找的工作几乎没有关系，所以我也不知道大学学的这些有什么意义。就算我好好听课，成绩优异，还不是和别人一样很难找工作？反正，我觉得这种就业形势害死我们了。

七、对访谈内容的编码

（一）一级编码——开放式编码阶段

开放式编码也就是以一种开放的心态，摒弃研究者自身的偏见以及以往研究中的"定见"，原原本本对访谈内容进行记录，从访谈记录里发现概念类属，对类属加以命名。

本研究在一级编码过程中对与大学生隐性逃课行为有关的部分内容进行逐句编码，寻找本土化的信息，尽量以原始资料中的关键词为基础编码，初步产生341个编码。

在这一轮分析中，本研究采取的是一种完全开放式的态度，全身心地投入原始资料之中。比如，被访者提到"我对大学的课程，怎么说呢？兴趣不大"可以提取出关键词"缺乏兴趣"，"老师讲的内容没什么可学的，就是把书读一遍，很没意思"可以提取出关键词为"内容无用"，"我不觉得这有多难，大学课程无非就是考试及格嘛"可以提取出关键词"考试简单"等。在一级编码过程中，注重访谈的原始内容，将被访者的原话提取关键信息后归纳总结，却不失原有意思。

（二）二级编码——关联式编码阶段

在这一步中，主要是发现和建立概念类属之间的各种联系，来挖掘各部分内容之间的关系，这些关系可以是因果关系、语义关系、情景关系、相似关系、过程关系等。本研究每次只对一个类属进行深度分析,围绕着这一个类属寻找相关关系,称之为"轴心"。在此之后还需要分辨什么是主要类属、什么是次要类属。通过比较的方法建立它们之间的联系。

本研究从原始资料的341个编码中,通过关联式编码分析出11个范畴,包括:课程学习兴趣、课外活动兴趣、学业动机、生活动机、老师态度、同学态度、父母态度、考试方式、考试难度、对就业形势的认知、对学习与就业之间关系的认知。

在这一轮分析中,本研究将一级编码提取出来的关键词进行词与词之间的联系分析,将有关联的词归类到一个范畴之内。例如:"缺乏兴趣""对课程没有兴趣""不喜欢课堂内容""不喜欢上课"等与大学课堂兴趣相关联的编码可以归结为一个范畴,命名为"课程学习兴趣"。再如"考试简单""考试没有难度""考试容易""考试容易过"等就可以归类为"考试难度"这一范畴。同理可以将341个一级编码进行初步归类,形成二级编码的11个范畴。

(三)三级编码——核心式编码阶段

在这一步骤中,本研究的主要任务是在所有已发现的概念类属中选择一个"核心类属"。核心类属必须能够将最多数的研究结果囊括在一个比较宽泛的理论范围之内。

本研究使用了选择型分析法来确定原始资料的核心类别,同时查询原始资料,探讨已有类别之间的联系,寻找有可能导向核心类别的线索。整理得到导致大学生隐性逃课现状的原因应该通过学生兴趣、学生动机、他人态度、考试制度和就业认知这五个层面进行分析。

八、访谈结果小结

大学生隐性逃课行为产生的原因可以从五个层面来阐述。

(一)大学兴趣方面,无论是对大学课堂缺乏兴趣,还是对课外娱乐充满兴趣都会影响大学生隐性逃课的行为。

(二)学生动机方面,学生有自己的学业动机和没有对未来生活的动机都是引起大学生隐性逃课的重要原因。

(三)他人态度方面,老师、同学和父母的态度都是影响大学生对待隐性逃课态度的不可忽略的因素。

(四)考试制度方面,如今大学普遍采用的学分制下的考试存在很多不足,考试的方式以及考试的难度导致大学生对课堂学习毫无压力感进而习惯隐性逃课。

(五)就业认知方面,严峻的就业形势和大学生对就业与大学学习之间关系的认知误区导致大学生隐性逃课现象日益严重。

此案例引自《当代大学生隐性逃课现状及成因分析》(眭莹,2014)

思考题:

1. 访谈有哪几种类型?
2. 陈述实施一个访谈的具体流程。
3. 选择一个感兴趣的主题进行访谈并进行编码总结。

第二节 非介入测量

　　介入性是一般测量的本质特征,即需要受测者明确测验的目的,好让他们能够按照施测者的要求作答。而非介入测量则不需要争取受测者的合作,受测者也往往意识不到有人正在观察他。假如我们想知道在博物馆哪样展品最受欢迎,我们可以通过民意调查得出答案,但是韦布(Eugene Webb)及其同事建议应该去检查不同展品前面地板的磨损程度,面前地砖磨损最严重的便是最受欢迎的展品。

　　非介入性测量方法提供了一种与众不同的、创新的测量方法,这种方法通过间接方法降低了研究中有意识的反应性。非介入测量方法可以作为一种验证其他方法结果的方法或作为一个单一的数据来源独立于对象以外的观察,是一种创造性的和有想象力的间接观察。以韦布为代表的西方社会学家在20世纪中期系统构建了非介入性测量的基本理论和方法。1966年,韦布和三个同事曾对物迹、管理记录、事件及隐私记录等几种非介入测量方法做了介绍。

一、物迹法

　　人们用物迹法来测量人格已经有很长一段时间了。一般通过课堂观察就可以对教师和学生有所了解。涂鸦之作反映了学生的态度、恐惧和抱负;图书馆的借书卡记录了学生课外阅读的情况;家中的藏书体现了这家人的志趣和品位;私人汽车的车型往往能表现出一个人的人格特质;午餐后被扔掉的食物数量可以测量学生对学校供餐的满意程度。

　　但物迹也并非无可指摘。涂鸦可能是为了达到一种视觉上的冲击效果而作;阅读兴趣也不是从图书馆借书的唯一原因;藏书不多可能不是因为这家人不爱读书,而只是苦于经济紧张……不过这些证据确实能够提供一些初步的线索,如果有必要,便可以顺藤摸瓜,通过一些介入性的方法查个明白。

二、管理记录

　　为了某种目的(比如备案),政务、司法及保险部门要实施连续的记录,这就是所谓的管理记录。比如,通过统计结婚证书上的错别字数目可以得知文盲率;学校开除不同民族或种族学生的记录则可表明学校管理者对少数民族的敏感程度。然而,有些情况下这种记录是不完整、不存在或者是不准确的。

三、事件及隐私记录

　　事件及隐私记录包括私人文件、报告及私人信件等,是人们在无意中留下的记录。比如,关于垃圾食品销售情况的记录就是事件记录;而同学之间的信件往来则属于隐私记录;对蓄意破坏公物行为的记录属于事件记录,该记录基本能够反映社会的风气,当然也可以用于测量治安保障系统的力度。私人信件不容易得到,不过一旦得到了，也就获取了理解个体的丰富的资源。

❀ 案例

宿舍生活之非介入测量

本研究走访某大学的研究生宿舍，分别拍下男生宿舍和女生宿舍的生活照，在研究生同学没有介入的情况下，收集关于男生宿舍和女生宿舍生活中的照片信息，调查研究生生涯中男生宿舍和女生宿舍的生活结构存在的差异。

一、研究方法

（一）收集信息

走访苏州大学某研究生宿舍区的14个男生宿舍、19个女生宿舍，对每个宿舍分别拍摄10张有代表性的照片，拍摄的区域包括阳台、床铺、电脑桌、书架、衣柜、洗漱台、卫生间等。拍摄到的物品包括食物、衣物、被褥、洗化用品、书籍、纸笔、电脑、画报、摆设、化妆用品、运动器材、烟酒等。

走访的宿舍大部分为研究生一年级的学生宿舍，少部分为研究生二年级和三年级的学生宿舍，被观察的研究生所学的专业包括：心理学、教育学、医学、材料化学、管理学、文学、历史学等。男女生宿舍每个宿舍住4名学生，男生一共56名，女生一共76名。

（二）组织编码分类

通过走访研究生宿舍所观察到的信息，浏览拍摄到的所有照片，将收集到的信息分为基本生活需求、学习研究、娱乐消遣、其他这四类。

基本生活需求：食物、衣物、被褥、洗涤用品等满足基本生活需求的物品以及相关设备。

学习研究：书籍、纸笔、电脑等用于满足学习和科研的物品以及相关设备。

娱乐消遣：画报、摆设、化妆用品、运动器材、烟酒等用于娱乐消遣的物品以及相关设备。

其他：少数没有被纳入以上三类的物品以及相关设备。

考虑到4名学生生活在同一个宿舍，有许多宿舍空间属于公共物品的摆放处，同时宿舍生活存在共建性、感染性和辐射性，一个宿舍就像一个小的社会团体，宿舍具有整体性，不适合以单个学生作为研究单位，所以本研究以单个宿舍作为研究单位。每个宿舍都有10分，基本生活需求、学习研究、娱乐消遣和其他这四个类别下的分数代表各个类别在宿舍生活中所占的比重。

三、结果

（一）研究生基本生活需求、学习研究、娱乐消遣的比例

表 18-1　基本生活需求、学习研究、娱乐消遣、其他四个类别的描述统计（N=33）

项目	平均数	标准差	最大值	最小值
基本生活需求	3.37	1.42	8	2
学习研究	3.09	1.38	6	1
娱乐消遣	2.61	1.58	5	0
其他	0.55	0.62	2	0

表 18-1 表明：研究生的宿舍生活中基本生活需求所占的比重最大，其次是学习研究，最后是娱乐消遣。

（二）性别对基本生活需求、学习研究、娱乐消遣及其他的影响

男生宿舍和女生宿舍在基本生活需求上没有显著差异；在学习研究上存在显著差异，男生（$M=4.00$）显著高于女生（$M=2.42$）。在娱乐消费上存在显著的异男生（$M=1.29$）显著低于女生（$M=3.58$）。在其他类别上没有显著差异。

（三）男女生在基本生活需求上的差异

男生在宿舍存放的基本生活需求物品更多的是衣物、洗漱用品、清洁用品等，而女生更倾向于在宿舍储存水果、零食、蜂蜜等物品，男生相对较少在宿舍储存水果、零食、蜂蜜等物品，但是在基本生活需求上男生宿舍和女生宿舍的差异并不显著。

下图（图Ⅰ、图Ⅱ）就是拍摄的女生宿舍和男生宿舍在基本生活需求上非常具有普遍性的照片，从中可以看出男生宿舍和女生宿舍对于基本生活需求物品储存的差别。

图Ⅰ　女生宿舍　　　　　　图Ⅱ　男生宿舍

（四）男女生在学习研究上的差异

下图Ⅲ展示了男生在学习研究方面投入很多精力，图Ⅳ展示了男生对于学习生活非常具有计划性，在研究生阶段，男生比女生有更多的就业生存压力，有更多的责任感和上进心，将更多的时间精力投入到学习研究中，对未来的工作、生活有明确的规划，并且男生宿舍和女生宿舍在学习研究上的差异是显著的。

图Ⅲ　男生宿舍　　　　　　图Ⅳ　男生宿舍

（五）男女生在娱乐消遣上的差异

图Ⅴ、图Ⅵ是女生宿舍化妆品摆放的代表,女生宿舍的娱乐消遣类别得分比较高,因为在女生宿舍几乎每个女生都有化妆品、镜子、头饰、挂件等物品。这种现象从另一个角度印证了男生宿舍在学习研究上所占比重大于女生宿舍。男生宿舍和女生宿舍在学习研究与娱乐消遣上的差异都是显著的。

图Ⅴ 女生宿舍　　　　　　　图Ⅵ 女生宿舍

（六）男女生在其他类别上的差异

1."拉帘"现象

在本研究过程中,特别发现女生宿舍另外一个特有的现象就是给自己的床铺"拉帘",但是男生宿舍没有类似"拉帘"现象,图Ⅶ、图Ⅷ均为女生宿舍的"拉帘"现象。

图Ⅶ 女生宿舍　　　　　　　图Ⅷ 女生宿舍

2."品味、情调"和"脏乱、无章"两极现象

有一小部分男生宿舍极其注意整洁卫生和美观,同时也有一小部分男生宿舍极其杂乱无章,而女生宿舍则没有这种极端现象。图Ⅸ、图Ⅹ、图Ⅺ、图Ⅻ分别是男生宿舍整洁美观状况两极分化的代表。

图Ⅸ 男生宿舍"情调"　　　　图Ⅹ 男生宿舍"品味"

图Ⅺ 男生宿舍"无章"　　　　图Ⅻ 男生宿舍"脏乱"

四、小结

本研究运用非介入测量方法,探究某大学部分研究生宿舍的生活状况,分析男生宿舍和女生宿舍在基本生活需求、研究学习、娱乐消遣、其他这四个类别上存在的差异,发现男生宿舍和女生宿舍在基本生活需求和其他类别上没有显著差异,而在研究学习和娱乐消遣上均存在显著差异。总体来讲,女生宿舍更加注重审美和舒适度,摆放的物品更加丰富并且整体上比男生宿舍更整洁卫生,这种情况也与中国文化传统分别赋予男性和女性各自的社会角色相一致,即男性以事业为重,女性以家庭为重。除此之外,本研究总结出男生宿舍和女生宿舍各自存在的特殊现象:女生宿舍的成员更加注重彼此的私人空间,"拉帘"现象在女生宿舍比较突出;男生宿舍的整洁卫生状况虽然整体上不如女生宿舍好,但是男生宿舍在整洁卫生状况上存在极端现象,即男生宿舍存在"品味、情调"和"脏乱、无章"两极分化现象。

此案例引自苏州大学2012级应用心理专业硕士研究成果

思考题:
1. 非介入测量的方法有哪些?请简要介绍一下。
2. 物迹测量法该如何实施?
3. 寻找自己感兴趣的主题做一次物迹观察。

本章小结

控制观察法是将个体置于结构化的情境中,以观察引起某种特定的行为或反应的研究方法。一般用于目的性、系统较强的观察或简单观察后,为使观察更加精确而进行的补充观察获取证,在教育和军事领域都有应用。控制观察法的好处是可借助录音、录像等一些现代化的技术手段来取得数据资料,并且其目的性强;其不足是容易破坏观察环境的自然情态,掩盖真实情况,造成假象。

在访谈法中,研究者通过与研究对象的交流来收集其心理与行为特征的数据资料。具有明确的目的性、计划性、工具性、辅助性和单向性。根据访谈研究的控制水平或标准化水平不同可以将访谈分为结构式访谈、非结构式访谈和半结构式访谈。根据访谈人数不同可以将访谈分为个体访谈与集体访谈,也可以根据研究所采用的会话媒介手段不同可以将访谈分为直接访谈和间接访谈。访谈法的优点在于其研究内容的广泛性、深入性,研究结果的可靠性、灵活性和有效性;缺点在于其成本高、匿名性差,对访谈员的依赖程度高、易受当时环境的烦扰,标准化程度较低、资料记录难度大。

设计较为真实的情境来观察人的性格特征,这种测验即为情境测验。情境测验主要包含公文筐测验和非领导小组讨论。

非介入测量不需要争取受测者的合作,受测者也往往意识不到有人正在观察自己。非介入测量主要包括物迹法、管理记录法和事件及隐私记录法。

思考与练习

1. 访谈法的优缺点分别是什么?
2. 如何实施非介入测量?
3. 如果让你选择相面和笔迹学来对自己进行分析,你会相信哪种? 为什么?

第十九章 态度、兴趣和价值观测验

【本章提要】

◇ 态度测量概述、瑟斯顿量表、利克特量表和哥特曼量表简介
◇ 兴趣测验概述、斯特朗职业兴趣问卷、库德职业兴趣测验、霍兰德自我指导问卷简介
◇ 奥尔波特—弗农—林迪的《价值观研究》、科尔伯格的《道德判断量表》

态度测验主要测量态度的方向和强度,它包括一组相互关联的叙述句(态度语)或项目,被试的态度根据受测者对态度语或项目做出的反应来推测。兴趣测验是将职业特点与个人兴趣相互联系后表现出来的特殊心理测验。价值观测验在发展中逐渐变成有条理、有组织及概括化的价值体系。本章将介绍态度测验、兴趣测验和价值观测验。

第一节 态度测验

一、态度测量

(一) 态度概述

态度包括认识、情感和行为倾向三种成分,它是指个体对人或事所持有的一种较为持久而又一致的心理倾向(周丹丹,1994)。态度的三种成分起作用是有先后顺序的,通常是认识在先、情感在其次、最后为行动倾向,其中认识的作用是形成对人或事物的了解、认识、看法,并在此基础上形成一定的评价。有时候,认识、情感、行动倾向几乎是同步甚至一致发生的,有时候从认识到行动倾向却具有一定时间差。态度既是相对稳定的,也是可以改变的,例如在许多情况下广告就是要改变人们的态度。

态度测量可分为直接测量和间接测量两类。前者是指以某种态度的方向和强度为指标进行测量,传统的量表法基本上都属于直接测量;后者是指以某种间接方式推测态度,如投射法、生理反应法、内隐态度测量法等(郑日昌、蔡永红、周益群,1999)。这里主要介绍几种常见的态度测量方法。

(二) 量表测量

1. 等距量表法

这种方法是瑟斯顿1929年创立的,又叫瑟斯顿量表。这种方法的基本思路是:针对某一态度主题,选取能代表该方面的叙述句(态度语)或若干项目,由专家对其进行登记排列,然后对专家排列的结果进行项目分析,保留有效的项目以及根据专家的反应确定项目的等级。要了解被试对某一对象所持的态度,只需要看其在该量表上的反应,最后以全部项目的反应结果(等级)求中位数来表示该受调查者的态度状况。在等距量表中,题目中相邻选项之间的差异相等。该方法的难点在于:一是项目的收集和编辑;二是项目的好坏和等级的确定(Thurstone,1938)。

(1) 项目的编辑

首要任务是要找到足够的叙述句(态度语),一般在预试时要有100~200句。常用的编辑方法有查阅相关的文献、请来自不同团体的成员写出他们对特定事物的看法以及请相关问题的研究专家编写项目等。在选题过程中,首先应特别注意找够中间等级的态度语句,通常两种极端的态度语比较多且容易编。其次要使态度语的表达合乎以下两个要求:一是措辞简单,语义易于理解;二是每一态度语须针对本研究主题表示一个确切的态度。

(2) 确定项目的好坏和等级的确定

通常请专家对前面编辑的项目进行优劣及积分标准的判断,专家将对项目进行等距排列,由最不赞成到最赞成,等级数不能太少,一般在7至13之间。用1表示最不赞成,13表示最赞成;2表示不赞成,程度仅次于1,12表示赞成,程度仅次于13;其余类推。由于评定专家不止一人,因此评定的结果可能不一致,那么如何根据专家们的评定来决定项目的好坏和确定等级呢?例如,这里有一个按11等级排列的项目,各专家判断的等级的累计百分数如图19-1所示:

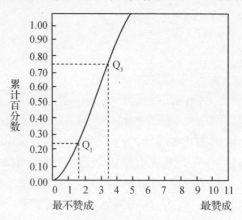

图19-1 态度评价的累计百分比分布

图19-1告诉我们两个结果:一是该项目的量表值;二是该项目的鉴别力。项目的量表值是以项目累计分布的中位数(即50%累计百分比所对应的等级)表示。而该项目的鉴别力以Q值(四分差)表示,由累计百分比图上的25%和75%的点所对应的等级Q_1和Q_3之差作为大小,即$Q = Q_3 - Q_1$。一般而言,Q值越小,表示评判专

家的态度越一致。即态度越不含糊,质量好;Q 值越大,则表示该态度语越不一致,质量差;Q 值大于 2 的态度语应当淘汰。

经过上述过程后,合乎要求的态度语和项目在一起构成了一个态度量表,这个量表的每个项目均有等级值。要求受测者做赞成与不赞成的回答,通过此就可以知道该受测者的态度。由于不能确定受测者是否持赞同态度,所以在估计受测者的态度等级时通常是把受测者表示同意的项目依分数高低排列,然后求出中位数,以聚众项目的量表值作为该受测者态度的估计值。

瑟斯顿量表的信度一般为 0.8~0.9。瑟斯顿量表主要有以下几点不足:①制定过程复杂,选题目、找专家评定都很困难;②用中位数代表态度等级不一定合适,因为中位数相同,但其与被试的反应并未一致;③项目挑选的等级确定以专家的评判作为依据,专家的意见能否代表一般人,这还有待商榷;④等距量表事实上是否真正等距,亦把握不准。尽管如此,瑟斯顿量表在测量主题比较清楚、调查范围不局限在态度的问题上时,效果还是比较好的。

2. 李克特量表法

总价量表中最常用的一种是李克特量表法,它是由李克特(R. A. Likert)于 1952 年提出来的(Likert, 1952)。

在项目表述与等级评定以及项目筛选上李克特量表法有如下特色:

(1) 项目表述与等级评定。李克特量表在项目表述上有两种方式,即正面陈述与负面陈述,而在等级评定上都是相同的等级数,只是在总计分上要考虑颠倒,保持标准统一,即负面陈述要把分数颠倒。

(2) 项目筛选。只有保证每个题目的鉴别力,才能保证态度测量的有效性。因此按总分由高到低的顺序将所有受测者的得分进行排列,然后计算高分组与低分组在每一项目上平均得分的差异。差异越大,表明鉴别力越好;反之则越差。

李克特量表的优点是能广泛接受有关态度的项目,制作过程较为简单,另外也允许受测者充分表达态度的强烈程度,还可通过增加项目的数量来进一步提高效度。其问题与不足是,相同的态度分数并不能表示受测者持有相同的态度,从总分只能看出一个人总的赞成程度。

3. 哥特曼量表法

哥特曼量表亦称哥特曼模型,是由社会学家哥特曼(Louis Guttman)于 1944 年提出的(Guttman,1944)。与前述两者不同的是,这种量表在编制思路上试图确定一个单向性的量表。如果一个人赞同第二个项目,他同时也赞成第一个项目;如果他赞成第三个项目,他也赞成第二、第一个项目。总之,单向性就是项目之间的关系或排列方式是有序可循的。瑟斯顿量表不具备这种单向性。瑟斯顿量表中的项目尽管有等级,但赞成高等级项目者并不一定也赞成低等级项目。在利克特量表中,受测者的结果依项目总分而论,与单个项目的关系就更远了,正因为如此,瑟斯顿的中位数估计法与利克特的总分估计法对有相同分数等级的人都难以做出相同态度模式的测量结论。而哥特曼量表有这种优势,相同分数的人,态度模式也相同。

哥特曼量表的制定方法比较简单：

（1）挑选与对某事物态度有关的具体陈述句，作为测量项目，构成一个预备量表（假设有 7 个项目）。

（2）筛选样组，施测预备量表。赞成的项目以"○"表示，不赞成的项目以"×"表示（假设抽取了 13 人）。

（3）将受测者按回答赞成的多少由高到低排列，将项目依赞成多少也由高到低排列，这样得到一个受测者对项目集的反应表，如表 19-1 所示。

（4）去掉某些无法判断是赞成还是反对的项目。

（5）计算复制系数。复制系数的计算公式如下：

$$C_{rep} = 1 - \frac{误答数}{总反应数}$$

它作为一个衡量单向性好坏的指标，如果复制系数高于 0.90，单向性才能得到基本保证。那么何谓误答系数何谓总反应系数呢？

总反应人数为 9 人，每人 7 次，反应的总次数即 63。沿着答赞成与答不赞成的分切点所画的一条阶梯线被称为误答系数（分切线上答不赞成或分切线下答赞成的即为误答系数），这些是不符合单向性标准的，从表 19-1 可知，不符合单向性模式的共有 4 点，故 $C_{rep} = 1 - \frac{2}{63} = 0.97$，属单向性比较好的哥特曼量表。将这些题目按新的顺序要求排列便得到了所需要的单项量表。

表 19-1 哥特曼量表反应分析表

被试	7	5	1	2	4	6	3	分数
7	○	○	○	○	○	○	×	6
9	○	○	○	○	○	○	×	6
1	○	○	○	○	×	○	○	6
3	○	○	○	○	×	×	×	4
8	○	○	×	○	×	×	×	4
2	○	○	○	×	×	×	×	3
6	○	○	×	×	×	×	×	3
5	○	○	○	×	×	×	×	3
4	○	○	×	×	×	×	×	2

该量表的优点前面已经谈过，主要是由单向性带来的态度分数与态度结构的一致性，而缺点则是编制困难。

（二）内隐联想测验

随着对内隐认知过程的研究，双重态度模型（model of dual attitude）被威尔逊等（Wilson，Lindsey & Schooler，2000）提出，他们认为在态度课题中可能内因与外因是共存的。外显态度就是那些人们能够意识到、通过自我反省就能表现出来的，并且能用语言来表达的。而人们对态度课题的自动反应，不能用语言来表达，是埋在心里的、压抑的、克制的态度则称为内隐态度。传统的量表测量法只能了解人的外显态度，自陈报告无法测试内隐态度，只能通过间接测量方法。当前应用最广的方法之一就是内隐联想测验(implict association test,简称IAT)。

IAT是一种研究内隐社会认知的新方法,是由格林沃德等(Greenwald, McGhee & Schwartz, 1998)提出的。IAT通过一系列选择反应任务来测量受测者概念之间的联系,以反应时为指标,通过测量概念词和属性词之间的自动化联系程度来推测个体的内隐态度。该测试基本借由计算机完成。

IAT的基本程序中,计算机屏幕上会自动呈现刺激(词或图像),要求被试迅速分类并做出反应。这些刺激分属于四类概念:一对客体概念和一对属性概念。根据任务要求被试对样例刺激按左键或右键,并记录其反应时间。

测验中的分类任务有"相容任务"和"不相容任务"两类。"相容任务"是指课题概念和属性概念的关系与被试的内隐认知结构相一致时的任务;相反,"不相容任务"即课题概念和属性概念的关系与被试的内隐认知结构不一致的任务。通常来说,相容任务较简单,反应时较短;不相容任务因会导致受测者的认知冲突,从而反应速度慢,反应时间长。IAT的测量指标就是这两类任务平均反应时之差,该指标间接反映了被试内隐认知中对客体的相对态度。

内隐联想测验的结果相当稳定,内隐态度对行为也有很高的预测力。内隐测验的有效性颇受质疑是因为它是一种间接测量。但是,内因联想测验为研究内隐态度及其与外显态度的关系提供了一种新的思路。

❊ 案例

李克特量表在生物学课程情感评价中的应用

现代课程评价理论认为,对学生的评价应该体现评价指标的多元化,不但关注学生的认知发展,也关注学生的情感发展。这种评价理念要求人们对传统的单纯注重认知评价的观念和做法进行反省与扬弃,并重视在生物学课程中应用情感评价。

在《普通高中生物课程标准》的评价建议中提到建立学生行为记录卡、学生自评、同学互评等方法。在此,介绍一种较易操作的利用李克特量表进行情感评价的方法。

一、李克特量表的定义

李克特量表是由李克特提出的用于测量态度的一种量表,后被广泛应用于情感评价领域。这种量表主要是列出一系列与所测的情感变量有关的陈述,要求学生对每一陈述做五级评定——非常同意、同意、不确定、不同意、非常不同意,从学生对所陈述项目的回答中可推论学生的情感态度与价值观的倾向及程度。

二、李克特量表的评分

李克特量表的评分比较简单。对于5个评定等级分别加以1—5分,其中对积极陈述的回答从非常同意到非常不同意按5—1分计分;相反的,对消极陈述的回答,从非常同意到非常不同意按1—5分计分。将全部项目得分相加即得到总分。一个包括10个项目的量表,每位学生的得分最低10分,最高50分。总分越高,学生的情感状态越积极。

指导语:这份问卷包括12个陈述,其中有的陈述是肯定句,有的陈述是否定句。请判断这些陈述在多大程度上符合你的情况,在符合你情况的选项下打"√"。你不必在问卷上写出你的名字,答案没有对错之分,请按真实情况回答。

完成之后,请主动将问卷放到讲台上的箱子里。谢谢你的支持!

表19-2 生物学课程态度量表

项目	非常符合	比较符合	不确定	不符合	完全不符合
1. 我喜欢上生物学课					
2. 看生物学课本是一件枯燥的事					
3. 做生物学实验很有趣					
4. 我想学点生物学知识,这个对我有用					
5. 对生物学课,我没有太大兴趣					
6. 做生物学实验纯粹浪费时间					
7. 与同学讨论生物学题目是很没有意义的					
8. 生物学课上学的东西,对我没什么用					
9. 各种科目让我选,我会选择学生物学					
10. 这些生物学练习真烦人					
11. 课后翻翻生物学课本还是挺有趣的					
12. 要不是为了考试,我才不会学生物					

此案例引自《李克特量表在生物学课程情感评价中的应用》(王晓程,2004)

思考题:
1. 李克特量表的项目表述是怎样的?
2. 李克特量表的等级评定方法是怎样的?
3. 李克特量表如何进行项目筛选?
4. 尝试用一个李克特量表进行测试计分并对测验结果进行解释。

第二节 兴趣测验

一、兴趣测验概述

兴趣是个性的一部分,是指对一项活动的喜爱超过了其他活动(周丹丹,1994)。不同人的兴趣有不同的特点,这些差异表现在三个方面:一是兴趣的指向性差异;二是兴趣的广度差异;三是兴趣的稳定性差异。

在兴趣测验中有两个基本问题需要考虑:一是兴趣的客观表现。通常来说,兴趣不是凭空存在的,兴趣的表现也往往与活动有关。如果一个人对体育感兴趣,他就会经常观看电视中的体育新闻,了解体育明星的经历和状况,学习体育比赛的知识,阅读体育杂志等。二是兴趣的主观表现。有时仅仅通过活动了解兴趣是不够的,它是一种主观愿望,比如有的学生本不喜欢数学,但考虑到数学成绩不好就考不上重点中学,为此他也可能刻苦学习,到处订数学辅导资料,找老师问数学问题等。只有主观上喜欢并在客观上有所表现者,我们才能准确地判断其兴趣所在。

综观很多研究,我们不难发现,目前心理测验学家对兴趣的测验主要集中在比较稳定的职业兴趣方面。斯特朗(E. K. Strong)于 1927 年编制了斯特朗职业兴趣调查表(简称 SVIB)(Strong,1927),此后,库德(G. F. Kuder)编制了库德爱好记录表。这两个量表都是严格按照心理测试的要求构建的。然而,霍兰德在 20 世纪 50 年代末编制了职业爱好问卷(简称 VPI),他把职业兴趣分成六个领域,同时把职业分成相对应的六个职业领域,根据被试的反应在职业分类表中确定其职业兴趣。

除上述三种职业兴趣测验外,比较有影响的主要有白纳德(Brainard)的职业爱好问卷、美国大学入学考试中心(简称 ACT)的兴趣问卷、鲁尼伯格(Lunneborg)编制的职业兴趣问卷(简称 VII)。

二、常见的职业兴趣测验

(一)斯特朗职业兴趣问卷

斯特朗职业兴趣问卷是根据经验编制的测验,它是世界上最早的兴趣问卷(彭永新、金树人、郑日昌,2009)。其基本做法是:取两组被试,一组标准职业人员,代表专门从事某种工作且喜欢该职业的,而另一组则代表一般人,让两组受测者对测验项目进行诸如喜欢、无所谓和不喜欢的选择反应,两组人员的回答因其自身差异而不尽相同。而这些能反映两者差异的项目被斯特朗集合在一起,便构成某个标准职业的兴趣测验的项目集,不同的职业有不同的项目集组合(不同的职业有些项目相同),把这些不同的项目合在一起,就构成了该兴趣问卷的总项目。按照各种职业标准量表,将某人对所有项目的反应计分,视其得分的高低最终确定其职业兴趣。

坎贝尔(D. Campbell)于 1968 年和 1972 年先后将库德量表中的同质性量表与霍兰德的六大职业领域引入斯特朗职业兴趣问卷,于 1974 年出版了斯特朗—坎贝尔职业兴趣问卷。在桑格参差上可以解释该量表的结果:第一、二、三层分别为霍兰德的一般职业主题(简称 GOT)、相互异质的同质性量表(简称 BIS)和职业兴趣量表。此后,该测验经过多次修订,最新的版本为 1994 年的斯特朗职业兴趣问卷(strong interest inventory,简称 SII)。新版的工具分为 8 个部分,包括 317 个项目(如表 19-3 所示)。

表 19-3 SII 的 8 个部分及其例题

	例题及回答方式		
职业(135 题)	例:会计师 喜欢 L	无所谓 I	不喜欢 D
学校科目(39 题)	例:天文学 喜欢 L	无所谓 I	不喜欢 D
休闲活动(29 题)	例:野兽 喜欢 L	无所谓 I	不喜欢 D
人的类型(20 题)	例:婴儿 喜欢 L	无所谓 I	不喜欢 D

	例题及回答方式		
活动偏好(30题)	例:统计员/社会工作者 偏爱左边的活动 L	没有偏好 I	偏爱右边的活动 R
活动(46题)	例:修理钟表 喜欢 L	无所谓 I	不喜欢 D
个性特点(12题)	例:喜欢用小工具进行修补 是	不知道	否
工作偏好(6题)	例:观念/数据 偏爱左边的题目 L	没有偏好 I	偏爱右边的题目 R

SII 为受测者提供剖面图、数百个量表得分以及有关的职业信息,所以它只能通过计算机来计分。通过五类量表得分来解释 SII:一般职业主题、基本兴趣量表、管理指标、人格类型量表和职业量表。

基于霍兰德的六种职业人格类型进行理论建构便得到一般职业主题(GOT),每个主题中包含 3~5 个基本兴趣量表(BIS),被包括的低一级量表都与 GOT 之间有高度相关。

SII 总共包括三个管理指标,分别是总反应指标(317 道题中若答题数目少于 300 个,则漏答太多,测验无效)、奇特反应指标(当被测者有大量奇特反应时,说明结果可疑,需要进一步澄清问题所在)和反应分布百分比指标(选择"喜欢""无所谓""不喜欢"各类反应的百分比,通常应该为 14~60 分)。这些管理指标用于考察测验结果是否有效。

SII 包含个人风格量表,用于测验个体的工作风格(喜欢与人打交道还是与数据或事物打交道)、学习环境(喜欢学术环境还是通过实践来学习)、领导风格(喜欢被人领导还是领导他人)和冒险精神(是否喜欢冒险)。

SII 得分的平均数为 50,标准差为 10。根据被试测验的结果,将其放在所有职业量表、基本兴趣量表和一般职业主题上计分,即可得出该受测者的职业兴趣的总体状况。经多次修订,1994 年版 SII 的一般职业主题、基本兴趣量表、管理指标、职业量表、人格类型量表均有较高的内部一致性信度和重测信度,其内容效度、同时效度、预测效度和建构效度也在测验手册中有报告。当前,SII 多用于帮助高中生或大学生规划未来的专业教育和职业生涯。

(二)库德职业兴趣调查表(简称 KOIS)

库德(G. Kuder)是另一位在职业兴趣测量研究领域卓有成效的贡献者。自 1930 年起,他陆续开发出了一系列的兴趣量表。库德用两种不同的方法测量兴趣。第一,被试得到 10 个,包括户外、机械、计算、科学、劝说、艺术、文学、音乐、社会服务和文书等领域的百分位数。库德偏好记录的职业卷和库德一般兴趣调查就是以这种方法编制的。在第二种方法中,库德同样采用了实证性解答技术,此技术与斯特朗职业兴趣问卷相似,不同的是没有总体参照组。他将每个人的分数直接与不同职业的人的分数相对照。若与被试回答相同的人数在某一种职业中越多,那么他在该职业量表中得到的分数也就越高。

库德量表的最新版本是 1999 年的库德职业搜索与个人匹配(Kuder caeer

search with person surver,简称 KCS)。KCS 提供的是个人—个人的匹配,而不是早期所使用的个人—群体的匹配。库德认为一个人可能更类似于从事某一具体工作的另一个人,而不是类似于一个具有少量差异的职业群体。如果能将一个人的兴趣与另一个人的兴趣进行匹配,就可以获得关于个体的更精确、更有意义的信息。

(三) 自我指导问卷

目前,在国外的职业兴趣研究中影响较大的是霍兰德的职业兴趣理论。霍兰德于 20 世纪 50 年代开始职业兴趣的测量研究。1959 年,霍兰德首次提出了自己的职业兴趣理论。1970 年,霍兰德编制出了第一个自我指导问卷(self-directed search,简称 SDS),1985 年他又对其做了修订。霍兰德的 SDS 中主要包括两部分:职业类型测验和职业搜寻表。其测定程序是先由受测者测定自己的兴趣特性(也叫人格特点),然后根据自己的人格特点查找适合自己的职位。很显然,职业人格类型或特点与职业之间有一种内在的联系。

霍兰德把职业兴趣分成现实型、研究型、艺术型、社会型、企业型和传统型六种类型。每个人的人格都是这六个维度各自按不同的程度组合而成的,与此相应,职业所需要的特性与这六个维度也密切相关。霍兰德采用三个维度来标定个人的职业兴趣特性或人格特性。这三个维度的排列方式称为"职业三字母码",如 RIA、ASE 等。这样,经过第一部分测验所确定的三字母码就和职业搜寻表中的三个字母码相配了。

为了便于理解,下面简单介绍这个测验的基本内容和施测过程:

第一步是依据个人的经历或感觉确定自己感兴趣的职业。

第二步是进行测量。这个测验的内容包括活动、能力、职业和能力自我评价四个方面。按六种类型以 R-I-A-S-E-C 的顺序排列每个方面的内容。每个方面的各种类型题目的数目都是相等的(能力自我评价除外,它主要是进行六种类型的活动能力水平等级评估)。这些项目按照六种类型分别集合在一起,而不是随机排列的。

第三步即确定职业码。分别把六种类型中所有肯定的回答计总分,将分数最高的三个维度按由大到小的顺序排列即可。

第四步即在职业搜寻表中根据这个职业的三字母码寻找相匹配的职业。如果这些职业都不理想,则可以将三字母码重新排列,然后再在职业表中查找。一般来说,这些职业会与前面填的理想的职业类型基本一致。

霍兰德的职业兴趣理论及测量经过了历史的检验,获得了大量支持证据,职业的 R-I-A-S-E-C 分类也被其他职业兴趣测验吸收和借鉴。然而,霍兰德的理论在我国只得到了部分的支持,因此,其跨文化的适用性还有待研究。

第三节 价值观测验

价值观是一种人们在处理事情时判断对错、做选择时取舍的标准。就像生理成熟的过程一样,价值观逐渐变成有条理、有组织及概括化的价值体系。D. 克拉斯沃(David Krathwohl)和他的同事(Krathwohl, Bloom, Masia, 1964)认为,一些人能够基于一套清晰的可理解的原则来安排生活。目前为止,还没有任何一个测验可以供教师或心理学家测量克拉斯沃所描述的所有价值水平。然而,下面两个价值观测验已经为教师和心理学家们所熟知。

一、奥尔波特—弗农—林迪的《价值观研究》

《价值观研究》(Allport, Vernon, Lindzey, 1960)是一份用于测量6种基本价值观的相对力量的量表,这6种价值为:

(1) 理论价值:实施、经验和理智,重经验、理性。
(2) 经济价值:时间价值和有用性,重实用、功利。
(3) 审美价值:美感、形态和对称,重形式、和谐。
(4) 社会价值:利他主义和博爱主义,重利他和情爱。
(5) 政治价值:权利、人格再认和影响力,重权力和影响。
(6) 宗教价值:神秘性和经验的统一,重宇宙奥秘。

这6个类别是基于E. 斯普拉吉(Spranger, 1928)的理论提出来的。奥尔波特和弗农于1931年编制了测验的最初版本,后来在1951年和1960年奥尔波特、弗农与林迪三人共同对其进行了修订。在价值观研究中,被试的任务是将不同的点数赋予各选项。例如下题,被试要把4点给予最吸引自己的选项,将1点给予最没有吸引力的选项。

一个工作了一周的人最好在周日做什么?

a. 读一些严肃的书籍。
b. 赢得一场高尔夫或赛马比赛。
c. 听一场管弦音乐会。
d. 听一场出色的演讲。

如果一个题只含两个选项,那么被试可以按自己认为合适的方式分配点数,或者把所有的点数都给其中一个选项而不给另一个选项,但两个选项所得点数不能均等。

《价值观研究》具有较高的内部一致性。分半信度都在0.80以上,短期稳定性系数(1个月)在0.77(社会量表)与0.92(经济量表)之间变化。E. L. 凯利(Kelly, 1955)报告,经济量表和政治量表20年后再测的信度近似于0.50。与兴趣量表相同,年龄的增长可以使得信度上升。

《价值观研究》的效度在很大程度上依赖于同时效度。例如,专业性的大学里学生所学专业与其在《价值观研究》中的得分有很大的相关。例如,神学院学生在宗教量表上得分很高,商学院学生在经济量表上得分很高。遗憾的是,还没有关于其预测效度的证据。

《价值观研究》也存在一个问题,那就是其对6种价值观的描述引起人们的困惑。例如,社会量表所关注的是人类的幸福,它并不是指对家庭的爱。D. 苏皮和J. 克赖茨(Super, Crites, 1962)指出,许多来自于宗教家庭的高中生在宗教量表上会得到高分,但实际上他们只是"从语言上表达了对宗教的顺从"。

二、科尔伯格的《道德判断量表》

L.科尔伯格(Kohlberg,1974)编制了《道德判断量表》,试图区分处在 6 个不同道德阶段的学生。科尔伯格提出,人们必然从第一阶段顺次发展到第六阶段,但目前还没有什么证据可以证明他的观点。

《道德判断量表》包括 9 个两难问题,学生被要求做出判断和解释。其中有这样一个很典型的题目:有一个女人患癌症濒临死亡,只有一种药可以救她,但这种药在一个高价药商的手里。这个女人的丈夫向药商解释了他们的处境并保证以后会还清药商的钱,但药商不同意,于是丈夫就闯入药房为妻子偷了药。问题是问丈夫是否应该这样做以及为什么。施测者要得到学生尽量完善的解释,从而确定学生属于哪个道德阶段。科尔伯格认为学生会选他们所能理解的最高道德水平。因此,如果施测者能确定学生的理解水平,就能估计出他们的道德评价水平。

科尔伯格设想了 6 个道德阶段:

阶段 1:道德行为基于服从和对惩罚的惧怕。

阶段 2:道德基于自我满足及对常规的遵循。

阶段 3:道德基于他人的赞许及维持良好关系。

阶段 4:道德基于维护权威和社会秩序。

阶段 5:道德基于法律契约和大多数人的意愿。

阶段 6:道德基于彼此尊重和信任的原则及良心。

然而科尔伯格的工作受到了 W.柯蒂斯和 E. B. 格里夫(Kurtines,Greif,1974)的批评,他们认为科尔伯格的《道德判断量表》的标准化程度有待提高(施测指导语和评分不严格),量表中主要人物都是男性(这可能是男性为什么比女性显得更有道德的原因),缺乏信度证据及阶段顺序不变的证据(特别是 4—6 阶段)。但仍有证据表明该量表可以区分不同的社会群体,如警察和政治活动家。实际上,这种批评能帮助和鼓励他人不断地改进测验。然而,该量表目前版本的最大价值还是在于其研究价值。

思考题:

1. 价值观测验是通过什么方法来计分的?
2. 价值观测验的主要内容是什么?
3. 价值观测验是否有良好的信效度?
4. 尝试采用价值观量表进行施测。

本章小结

态度是指个体对人或事所持有的一种较为持久而又一致的心理倾向,它包括认识、情感和行为倾向三种成分。态度的准确评价至少有以下几种功能:一是了解人们对各种不同事物的态度;二是评价宣传工具在改变人们态度中的效果;三是评价教育工作的成效。态度测量大致可分为两类:直接测量与间接测量。态度量表主要有等距量表、李克特量表、哥特曼量表和内隐联想测验。

兴趣是个性的一部分,是人们从事各种活动的动力之一。兴趣测验通常要考虑两个基本问题:一是兴趣的客观表现;二是兴趣的主观表现。常见的职业兴趣测验主要有斯特朗职业兴趣问卷、库德职业兴趣调查表和自我指导问卷。

有两个价值观测验已经被教师和心理学家们所熟知,它们是奥尔波特—弗农—林迪的《价值观研究》和科尔伯格的《道德判断量表》。

思考与练习

1. 职业兴趣测验的量表发展趋势有哪些?如何评价职业兴趣测验在职业选择中的作用?
2. 态度测验有哪些常用方法?它们有什么不同?
3. 价值观测验有哪些常用方法?它们分别有哪些优缺点?

参 考 文 献

英文部分

Achenbach, T. M., Edelbrock, C. S. Manual for the child behavior profile and child behavior checklist[J]. *Burlington, VT: Author*, 1983.

American Psychological Association. Technical recommendations for psychological tests and diagnostic techniques[J]. *Psychological Bulletin*, 1954, 51(5).

American Psychological Association. *Standards for educational and psychological tests and manuals*[M]. Washington, DC: American Psychological Association, 1966.

Andrew, D, M., Paterson, D. G., Longstaff, H P. *Minnesota clerical test*[M]. Psychological Corporation, Harcourt Brace & Company, 1979.

Annastasi, A., Urbina, S. *Psychological Testing*[M]. Engle wood Cliffs, N. J., Prentice-Hall, 1997.

Balint, M. On the psycho-analytic training system[J]. *The International Journal of Psycho-Analysis*, 1948, 29: 163.

Barlow, I. H., Farr, R. C., Hogan, T. P. *Metropolitan achievement test* 7[J]. 1992.

Bell, J. E. Projective techniques: a dynamic approach to the study of personality[J]. 1948.

Bennett, T. Studies on the avian gizzard: Histochemical analysis of the extrinsic and intrinsic innervation[J]. *Zeitschrift für Zellforschung und Mikroskopische Anatomie*, 1969, 98(2): 188–201.

Boyd, R. C., et al. Screen for Child Anxiety Related Emotional Disorders (SCARED): psychometric properties in an African-American parochial high school sample[J]. *Journal of the American Academy of Child & Adolescent Psychiatry*, 2003, 42(10).

Bryson, S., W, Roberts. Prospective preliminary analysis of the development of autism and epilepsy in children with infantile spasms[J]. *Journal of child neurology*, 2003, 18(3): 165–170.

Buck, J. N. The H-T-P technique. A qualitative and quantitative scoring manual[J]. *Journal of clinical psychology*, 1948, 4(4): 317–317.

Buck, J. N. The h-t-p test[J]. *Journal of Clinical Psychology*, 1948, 4(2).

Buck, J. N., Hammer, E. F. *Advances in the house-tree-person technique: Variations and applications*[M]. Western Psychological Services, 1969.

Buss, A. H., Durkee, A. An inventory for assessing different kinds of hostility[J]. *Journal of Consulting Psychology*, 1957,21(4).

Carter, M. P. *Home, school and work*[M]. Pergamon, 1962.

Cattanach, A. *Introduction to play therapy*[M]. Psychology Press, 2003.

Cattell, R. *Abilities: Their structure, growth, and action*[M]. Boston, MA: Houghton Mifflin, 1971.

Cronbach, L. J. Coefficient alpha and the internal structure of tests[J]. *Psychometrika*, 1951,16(3).

Cronbach, L. J., & Meehl, P. E. Construct validity in psychological tests[J]. *Psychological Bulletin*, 1955,52(4).

Dearing, E., Hamilton, L. C. V. Contemporary advances and classic advice for analyzing mediating and moderating variables[J]. *Monographs of the Society for Research in Child Development*, 2006, 71(3): 88 – 104.

Deri, S. Introduction to the Szondi test: theory and practice[J]. *American Journal of Psychology*, 1950,63(1).

Duckworth, A. L, Seligman, M. E. P. Self-discipline outdoes IQ in predicting academic performance of adolescents[J]. *Psychological science*, 2005, 16(12): 939 – 944.

Eysenck, H. J., Eysenck, S. B. G. EPQ (Eysenck personality questionnaire)[J]. *Educational and Industrial Testing Service*. 1975,11(5).

Fosberg, I. A. Four experiments with the Szondi Test[J]. *Journal of consulting psychology*, 1951, 15(1): 39.

Frick, P. J., et al. Psychopathy and conduct problems in children[J]. *Journal of Abnormal Psychology*, 1994,103(4).

Frost R., et al. The dimensions of perfectionism[J]. *Cognitive Therapy and Research*, 1990(14).

Gardner, H. *Frames of mind*[M]. New York: Basic books Inc,1983.

Giuliani, C. (1949). Observations about the Szondi test[J]. *Rivista di Psicologia*, 45, 143 – 148.

Goddard, H. H. The Binet and Simon tests of intellectual capacity[J]. *The Training School Bulletin*, 1908,5(10).

Goldman, R. *Goldman Fristoe test of articulation*[M]. Circle Pines, MN: American Guidance Service, 1986.

Gordon, E. *Musical aptitude profile*[M]. Houghton Mifflin, 1965.

Greenwald, A. G., McGhee, D. E., Schwartz, J. L. Measuring individual differences in implicit cognition: the implicit association test[J]. *Journal of Personality and Social Psychology*, 1998,74(6).

H. B. Lyman. *Test Scores and What They Mean*[M]. Engle wood Cliffs, N. J., Prentice-Hall, 1971.

Hall, C S. Lindzey, Gardner. *Theories of personality. Theories of personality*[M]. Peking University Press, 2007.

Hathaway, S., McKinley, J. *Manual for administering and scoring the MMPI*[M]. Minneapolis: National Computer Systems, 1943.

Hollingsworth, M. W. Phlorizin glycosuria in the diagnosis of pregnancy[J]. *California State Journal of Medicine*, 1922, 20(10).

Horn, J. L, Noll, J. Human cognitive capabilities: Gf-Gc theory[J]. 1997.

Horn, J. L. A basis for research on age differences in cognitive capabilities[J]. *Human cognitive abilities in theory and practice*, 1998: 57 – 91.

Hoyt, C. Test reliability estimated by analysis of variance[J]. *Psychometrika*, 1941, 6(3): 153 – 160.

Jung, C. G. Principles of practical psychotherapy[J]. *Coll. wks*, 1935, 16.

Kaplan, S. L. Total Rewards in Action: Developing a Total Rewards Strategy[J]. *Benefits & Compensation Digest*, 2005.

Kelley, T. L. The selection of upper and lower groups for the validation of test items[J]. *Journal of Educational Psychology*, 1939, 30(1).

Kelley, T. L. The selection of upper and lower groups for the validation of test items[J]. *Journal of educational psychology*, 1939, 30(1): 17.

Kelly, E. L. Consistency of the adult personality[J]. *American Psychologist*, 1955, 10(11).

Krathwohl, D. R., Bloom, B. S., Masia, B. B. *Taxonomy of educational objectives, handbook ii: affective domain*[M]. New York: David McKay Company, 1964.

Kuder, G. F., Richardson, M. W. The theory of the estimation of test reliability [J]. *Psychometrika*, 1937, 2(3): 151 – 160.

Kurtines, W., & Greif, E. B. The development of moral thought: review and evaluation of kohlberg's approach[J]. *Psychological Bulletin*, 1974, 81(8).

Lawshe, C. H. What can industrial psychology do for small business (a symposium) 2. Employee selection[J]. *Personnel Psychology*, 1952.

Libbey, H. P. Measuring student relationships to school: Attachment, bonding, connectedness, and engagement[J]. *Journal of school health*, 2004, 74(7): 274 – 283.

Likert, R. A. A technique for the development of attitude scales[J]. *Educational and Psychological Measurement*, 1952, 12(2).

Longstaff, H. P., Beldo, L. A. Practice effect on the Minnesota Clerical Test when alternate forms are used[J]. *Journal of Applied Psychology*, 1958, 42(2): 109.

McDermott, Paul, A. Psychological corporation[J]. *Science*, 1944(99).

Meier, N. C. Factors in artistic aptitude: final summary of a ten-year study of a special ability [J]. *Psychological Monographs*, 1939, 51(5).

Mills, T. M. Power relations in three-person groups[J]. *American Sociological Review*, 1953, 18 (4): 351 – 357.

Morgan, C. D., Murray, H. A. A method for examining fantasies: The Thematic Apperception Test[J]. *Archives of Neurology and Psychiatry*, 1935(34).

Muller, D., Judd, C. M., Yzerbyt, V. Y. When moderation is mediated and mediation is moderated[J]. *Journal of personality and social psychology*, 2005, 89(6): 852.

Muris, P., Merckelbach, H., Walczak, S. Aggression and threat perception abnormalities in children with learning and behavior problems[J]. *Child Psychiatry & Human Development*, 2002, 33(2).

Muris, P., The revised version of the screen for child anxiety related emotional disorders (scared-r): further evidence for its reliability and validity[J]. *Anxiety Stress & Coping*, 1999, 12(4).

Murray, H. A., et al. *Explorations in personality*[M]. New York: Oxford University Press, 1938.

Neal, A. M., Lilly, R. S., Zakis, S. What are african american children afraid of a preliminary study[J]. *Journal of Anxiety Disorders*, 1993, 7(2).

Olweus, D. *Prevalence and incidence in the study of antisocial behavior: definitions and measurements*[M]. Springer Netherlands, 1989.

Pekrun, R., Elliot, A. J., Maier, M. A. Achievement goals and achievement emotions: testing a model of their joint relations with academic performance[J]. *Journal of Educational Psychology*, 2009, 101(1).

Prescott, J. F. *In Flanders fields: the story of John McCrae*[M]. Erin, Ont.: Boston Mills Press, 1985.

Rapaport, D. The Szondi test[J]. *Bulletin of the Menninger Clinic*, 1941.

Rosenzweig, S. Psychodiagnosis as a science[J]. 1949.

Satter, A., Wood, L. R., & Ortiz, R. Asset optimization concepts and practice[J]. *Journal of Petroleum Technology*, 1998, 50(8).

Schaie, K. W. Manual for the Schaie-Thurstone adult mental abilities test (STAMAT)[J]. 1985.

Schuler, C. L. *U. S. Patent No. 5,220,260*[M]. Washington, DC: U. S. Patent and Trademark Office, 1993.

Spearman, C. E. *The Abilities of Man, Their Nature and Measurement*[M]. Macmillan, 1927.

Stephenson, W. A statistical approach to typology; the study of trait-universes[J]. *Journal of Clinical psychology*, 1950.

Super, D. E., Crites, J. O. Appraising vocational fitness[J]. *Journal of Applied Psychology*, 1950, 34(2).

Thurstone, L. L. Primary mental abilities[J]. *Tuberculology*, 1938(7).

Wilson, T. D., Lindsey, S., Schooler, T. Y. A model of dual attitudes[J]. *Psychological Review*, 2000, 107(1).

中文部分

鲍振宙,张卫,李董平,等.校园氛围与青少年学业成就的关系:有调节的中介模型[J].发展与教育,2013,29(1).

博文.人鉴——曾国藩用人管人十大手段[M].呼和浩特:内蒙古人民出版社,2002.

曹中平,蒋欢.让儿童在游戏中"发泄"情绪[J].独生子女,2005(2).

柴辉.调查问卷设计中信度及效度检验方法研究[J].世界科技研究与发展,2010,32(4).

常金仓.周代礼俗研究[M].黑龙江人民出版社,2005.

车宏生,张美兰.心理科学系列——心理测量:读人的科学[M].北京:北京师范大学出版社,2000.

车文博.心理咨询大百科[M].杭州:浙江科学技术出版社,2001.

陈翠.神经性统整训练对学习困难儿童之干预研究[D].苏州大学硕士学位论文,2012.

陈宏.认知行为改变策略对情绪调节困难儿童社会技能成效研究[D].苏州大学硕士学位论文,2014.

陈洁琼.儿童焦虑情绪症状的影响因素及干预研究[D].苏州大学硕士学位论文,2012.

陈新,严由伟.心理咨询与治疗[M].南京:南京师范大学出版社,2001.

戴海崎,张峰,陈雪枫.心理与教育测量[M].广州:暨南大学出版社,2011.

戴海崎.心理与教育测量(第3版)学习精要与习题解析[M].北京:中国石化出版社,2012.

董奇,林崇德.中国6~15岁儿童青少年心理发育关键指标与测评[M].科学出版社,2011.

杜玉凤,李建明.医学心理学[M].天津:天津科学技术出版社,2002.

E.G.波林.实验心理学史[M].北京:北京商务印刷馆,1981.

费敏华.科学活动中幼儿自然观察智能的培养[J].苏幼教育,2012(1).

高峻岭.游戏治疗儿童心理障碍[J].中华儿科杂志,2002,40(5).

龚耀先,戴晓阳.中国-韦氏幼儿智力量表(C-WYCSI)的编制[J].心理学报,1988(4).

龚耀先.长一鞍团体智力测验手册[M],长沙:湖南医科大学,1997.

龚耀先.修订艾森克个性问卷手册[M].长沙:湖南医学院,1986,2.

顾海根.应用心理测量学[M].北京大学出版社,2010.

顾明远.教育大辞典(六)[M].上海教育出版社,1992.

顾明远.教育大辞典:1卷[M].上海教育出版社,1990.

顾艳.儿童感觉统合功能评估量表的编制及其常模的建立[D].苏州大学硕士学位论文,2012.

郭庆科,孟庆茂.罗夏墨迹测验在西方的发展历史与研究现状[J].心理科学进展,2003,11(3).

海根.学校心理测量学[M].南宁:广西教育出版社,1999.

胡桂枝.浅谈食品理化检验中的误差来源[J].实用医技杂志,2006,13(5).

胡梦璧.父母教养方式,个人完美主义对大学生强迫症状的影响研究[D].苏州大学,2013.

胡佩诚.临床心理学[M].北京:北京大学医学出版社,2009.

黄济,王晓燕.历史经验与教学改革[J].教育研究,2011,4.

黄希庭.心理学导论[M].北京:人民教育出版社,2007.

黄颖,林端宜.试卷分析研究现状综述[J].西北医学教育,2005,13(1).

霍涌泉,魏萍.西方理论心理学的演进及方法论意义[J].陕西师范大学学报(哲学社会科学版),2010(3).

姜文闵,韩宗礼.简明教育辞典[M].西安:陕西人民教育出版社,1988.

蒋乐兴.职业教育呼唤创新教育[J].中国教育报,2000,2.

金瑜.心理测量学[M].上海:华东师范大学出版社,2001.

靖新巧,赵守盈.多维尺度的效度和结构信度评述[J].中国考试,2008(1).

康菁菁. 小学教师自我表露调查及成因分析[D]. 首都师范大学硕士学位论文,2011.
亢升. 访谈法在高校《概论》课程中的运斥调查及改进之策[J]. 理论导刊,2012(12).
赖雪芳,黄钢,章小雷,等. 儿童游戏治疗研究及运用[J]. 医学综述,2009,15(3).
李灿,辛玲. 调查问卷的信度与效度的评价方法研究[J]. 中国卫生统计,2009(5).
李德明,刘昌,李贵芸. "基本认知能力测验"的编制及标准化工作[J]. 心理学报,2001,33(5).
李董平,张卫,李丹黎,王艳辉,甄霜菊. 教养方式,气质对青少年攻击的影响:独特,差别与中介效应检验[J]. 心理学报,2012,44(2):211-225.
李栋,徐涛,吴多文,等. SF-36量表应用于老年一般人群的信度和效度研究[J]. 中国康复医学杂志,2004,19(7).
李敏,瓮长水,毕素清,等. 计时"起立—行走"测验评估脑卒中患者功能性步行能力的信度和同时效度[J]. 中国临床康复,2005,8(31).
李万兵. 浅谈心理测量过程中应注意的几个问题[J]. 乐山师范学院学报,2005,20(1).
李伟健. 学校心理学[M]. 天津:南开大学出版社,2006.
李文波,许明智,高亚丽. 汉密顿抑郁量表6项版本(HAMD-6)的信度及效度研究[J]. 中国神经精神疾病杂志,2006,32(2).
李运檗. 病虫调查和实验数据的统计检验[J]. 湖北农业科学,1978(8).
廉串德,梁栩凌. 心理测量实践教程[M]. 北京:社会科学文献出版社,2011.
梁宁建. 心理学导论[M]. 上海:上海教育出版社,2006.
林崇德,辛涛,邹泓. 学校心理学[M]. 北京:人民教育出版社,2000.
林崇德. 中国优生优育优教百科全书:优教卷[M]. 广州:广东教育出版社,2000.
林传鼎,张厚粲. 韦氏儿童智力量表(中国修订本)[M]. 北京:北京师范大学出版社,1986.
刘冰. 语言测试术语及其运用——有关语言测试术语的几点介绍[J]. 安徽农业大学学报(社会科学版),2002,11(6).
刘兰英. 中国古代文学词典(第四卷)[M]. 南宁:广西教育出版社,1989.
刘帼,董兴义. 心理剧场——监狱心理剧心理辅导[M]. 广州:金城出版社,2011.
刘美凤,李福霞,于翠华,等. 中文版慢性疼痛自我效能感量表用于老年癌痛病人的信效度研究[J]. 护理学报,2012,19(12).
刘瑞霜. 护理人员科研能力自评量表信度和效度的研究[J]. 中国实用护理杂志,2004,20(15).
卢艳兰. 论德育功能的科学内涵[J]. 理论月刊,2008(2).
吕建国. 大学心理学[M]. 成都:四川大学出版社,2004.
吕京京. 初中生学业情绪现状及干预研究[D]. 苏州大学,2013.
吕世虎,迪米提. 哈、维、汉初中学生数学能力比较研究[J]. 西北师范大学学报(自然科学版),1993(2).
马惠霞,龚耀先. 多重成就测验的初步编制[J]. 中国临床心理学杂志,2003,11(2):81-85.
孟沛欣. 艺术疗法[M]. 北京:开明出版社,2012.
苗逢春. 信息技术教育评价:理念与实施[M]. 北京:高等教育出版社,2003.
宁维卫. 灾难心理学——灾区学校青少年心理教育与危机干预[M]. 成都:西南交通大学出版社,2011.

潘绮敏,张卫.青少年攻击性问卷的编制[J].心理与行为研究,2007,5(1).
彭永新,金树人,郑日昌.职业生涯信念测评的研究进展[J].教育研究与实验,2009(6).
钱含芬.学生心理素质与学业成就相关的研究[J].心理发展与教育,1996(1).
商慧颖.生活事件:认知情绪调节策略对高中生攻击性行为的影响及干预方案设计[D].天津师范大学硕士学位论文,2012.
沈德立.高效率学习的心理学研究[M].北京:教育科学出版社,2006.
沈浩.管理人员人力资源知识题解[M].北京:中国石化出版社,2013.
沈晓明,金星明.发育和行为儿科学[M].北京:人民卫生出版社,2005.
沈渔邨.精神病学(第四版)[M].北京:人民卫生出版社,2001.
史静琤,莫显昆,孙振球.量表编制中内容效度指数的应用[J].中南大学学报(医学版),2012,37(2).
史树林,曾艳,罗一凡,等.卡特尔文化公平智力测验与韦氏成人智力测验的相关性研究[J].中国民族民间医药,2014(12).
斯滕伯格.认知心理学(第三版)[M].杨炳钧,等,译.北京:中国轻工业出版社,2006.
宋铭.国家职业汉语能力测试的设计理念[J].中国职业技术教育,2008(11).
宋维珍.MMPI使用指导书[Z].中国科学院心理研究所,1989.
苏世同,钟胜凯,胡卫国.心理学教程[M].长沙:湖南大学出版社,1989.
眭莹.当代大学生隐性逃课现状及成因分析[D].苏州大学硕士学位论文 2014.
孙大强,郑日昌.幸福心理学[M].开明出版社,2012.
孙德金.语言测试专业硕士论文精选[Z].北京语言大学汉语水平考试中心,2005.
唐平.医学心理学[M].成都:四川科学技术出版社,2005.
田慧生,孙智昌.学业成就调查的原理与方法[M].北京:北京教育出版社,2012.
佟立纯,李四化.体育心理实验与测量指导手册[M].北京:北京体育大学出版社,2007.
童辉杰.投射技术:对适合中国人文化的心理测评技术的探索[M].黑龙江:黑龙江人民出版社,2004.
汪贤泽.基于课程标准的学业成就评价程序研究[D].华东师范大学博士学位论文,2008.
汪向东.心理卫生评定量表手册(增订版)[M].北京:中国心理卫生杂志社,1993.
王海涛,张月,宋娜.大学生宿舍人际关系结构及问卷编制[J].集美大学学报,2013,14(1).
王金玲.测量学基础(第二版)[M].北京:中国电力出版社 2011
王进礼,龚耀先.多项能力倾向测验的初步编制[J].中国临床心理学杂志,2004,12(2).
王素华,李立明,韦丽琴,等.SF-36健康调查量表在牧区老年人中的应用[J].中国行为医学科学,2001,10(3).
王晓程.利克特量表在生物学课程情感评价中的应用[J].生物学教学,2004,29(6).
王杏英,徐济达,钱锦.韦克斯勒儿童智力量表在南京市区应用分析[J].南京医科大学学报(自然科学版),1986(3).
王雅萍.现代语文教学技艺导论[M].北京:作家出版社,2001.
王岩,李凤英.单纯性肥胖初中生心理卫生状况的调查分析[J].内蒙古医学杂志,2007,39(8).
王岩,王红梅,吴振霞.短程情境游戏疗法改善小学生行为问题的方法探讨[J].包头医学院学报,2007,23(6).

温暖,金瑜.斯坦福-比奈智力量表第四版的特色研究[J].心理科学,2007,30(4).

文超,张卫,李董平,等.初中生感恩与学业成就的关系:学习投入的中介作用[J].心理发展与教育,2010,26(6):598-605.

吴传珍.游戏治疗的理论与策略[D].鲁东大学硕士学位论文,2007.

吴玲,王小丹,刘玉梅,等.SF-36量表用于老年人群信度及效度研究[J].中国老年学杂志,2008,28(11).

吴毅,胡永善,范文可,等.功能评定量表信度和效度的研究[J].中国康复医学杂志,2004,19(3).

吴毅,胡永善.康复医学功能评定量表信度和效度研究[J].中国临床康复,2002,6(3).

吴毅,胡永善.康复医学功能评定量表信度和效度研究[J].中国临床康复,2002,6(3).

谢小庆,张治灿,杨立谦,等.洞察人生:心理测量学[M].济南:山东教育出版社,1992.

谢小庆.心理测量学讲义[M].上海:华东师范大学出版社,1988.

谢珍珍.五年制师范学生考试焦虑与学业成绩的相关分析[J].教育艺术,2013(7).

忻仁娥,唐慧琴,林霞凤.全国22个省市26个单位24013名城市在校儿童行为问题调查之三——生物因素与儿童智力及精神卫生问题[J].上海精神医学,1992,5(1).

徐光兴.临床心理学:心理咨询的理论与技术[M].上海:上海教育出版社,2009.

徐天和.中华医学统计百科全书[M].北京:中国统计出版社,2013.

许嘉璐,陈启英,陈榴,等.中国古代礼俗辞典[M].北京:中国友谊出版公司,1991.

许军,陆艳,冯丽仪,等.中国公务员亚健康评定量表的常模研究[J].南方医科大学学报,2011,31(10).

许祖云,廖世承,陈鹤琴.《测验概要》:教育测验的一座丰碑[J].江苏教育,2002(19).

杨昇军.高等教育评价原理与方法[M].西安:陕西师范大学出版社,1988.

杨益生.关于智力、能力的概念和分类[J].教育与进修,1983(2).

杨治良.简明心理学辞典[M].上海:上海辞书出版社,2007.

耶格,朱益明.20年教育测量的变革[J].外国中小学教育,1992(1).

叶仁敏,洪德厚,保尔·托兰斯.《托兰斯创造性思维测验》(TTCT)的测试和中美学生的跨文化比较[J].应用心理学,1988(3).

叶奕乾,孔克勤,杨秀君.个性心理学[M].上海:华东师范大学出版社,2011.

叶奕乾.普通心理学[M].上海:华东师范大学出版社,1991.

易木.学生的标准化成就测验能说明什么[J].云南教育,2004(23).

曾五一,黄炳艺.调查问卷的可信度和有效度分析[J].统计与信息论坛,2005,20(6).

张大均.教育心理学[M].北京:人民教育出版社,2005.

张厚粲,孟庆茂.心理与教育统计[M].兰州:甘肃人民出版社,1982.

张厚粲,龚耀先.心理测量学[M].杭州:浙江教育出版社,2009.

张厚粲,徐建平.现代心理与教育统计学[M].北京:北京师范大学出版社,2009.

张力为.体育科学研究方法[M].北京:高等教育出版社,2002.

张耀翔.心理学文集[M].上海:上海人民出版社,1983.

张宗国.影响《国家学生体质健康标准》测试结果的主客观因素分析[J].体育科学,2009(9).

赵其娟,赵其顺.大学英语成绩测试中的信度和效度[J].吉首大学学报(社会科学版),2006(3).

郑晶晶.问卷调查法研究综述[J].理论观察,2014(10).

郑全全,陈秋燕.初中学生攻击行为的心理特征测量[J].心理科学,2002,25(6).

郑日昌,蔡永红,周益群.心理测量学[M].北京:人民教育出版社,1999.

郑日昌,吴九君.心理与教育测量[M].北京:人民教育出版社,2011.

郑日昌.心理测量[M].长沙:湖南教育出版社,1987.

郑日昌.心理测量与测验[M].北京:中国人民大学出版社,2008.

郑日昌.心理测验于评估[M].北京:高等教育出版社,2005.

郑日昌.心理与教育测量[M].北京:人民教育出版社,2011.

周丹丹.心理测量学[J].中国电大教育,1994(4).

朱燕波,折笠秀树,郑洁,等.心功能不全QOL量表中文译本信度效度的初步评价[J].中国行为医学科学,2004,13(3).

竺培梁.心理测量——理论与应用[M].合肥:中国科学技术大学出版社,2008.

后 记

完稿之际,百感交集。在两年的课题开展过程中遇到了诸多困难,克服这些困难离不开众多课题参与者的努力。在此,要感谢苏州大学研究生院及各行政部门师生的大力支持与配合,感谢团队成员在撰写本书过程中所付出的辛勤劳动,没有你们就没有本书的顺利付梓。

本书主要介绍了心理测量学的基本理论知识、心理测验的编制方法,尤其用生动的案例教学法重点介绍了心理测量学领域各种测量方法的应用,弥补了以往教材重理论而轻实践之不足。教材中所选案例让许多同学从应用角度认识了心理测量,跟随经典案例的脚步,亲自实践,深入学习探讨心理测量学的各种测量方法,这是编写本书的一大收获。

众所周知,目前高校愈来愈注重教学的实践性,这正顺应了当今社会需要高水平应用型人才的总趋势。大学不仅是传播理论的殿堂,更承担着传承文化与技能的职责。目前高级人才的不断涌现着实离不开高等教育的培养。但是,目前高校教育也面临诸多问题,比如学生实践能力差、教育资源不足、学生素质与企业需求不符等。如何解决这些困惑,是每一个高校工作者应当思考的问题。

少年智则国智,少年富则国富,少年强则国强。高校是培养精英的摇篮,高校学生就是祖国的未来。高校教师应从大局出发,不断努力提高高校教育品质,更好地培养学生,完成教师的使命!

陈羿君

2016 年 9 月 30 日于苏州大学